Newtons Koffer

Federico Di Trocchio

Newtons Koffer

Geniale Außenseiter,
die die Wissenschaft blamierten

*Aus dem Italienischen
von Andreas Simon*

**Campus Verlag
Frankfurt/New York**

Die Originalausgabe *Il genio incompresso. Uomini e idee che la scienza non ha capito* erschien 1997 bei Arnoldo Mondadori Editore S.p.A., Mailand.
Die deutsche Ausgabe wurde mit Erlaubnis des Autors um das zweite Kapitel und um einen kleinen Abschnitt des letzten Kapitels der italienischen Originalausgabe gekürzt.

Copyright © 1997 by Arnoldo Mondadori

Redaktion: Karin Beiküfner, Bad Soden

Die Deutsche Bibliothek – CIP-Einheitsaufnahme

Di Trocchio, Federico:
Newtons Koffer : geniale Außenseiter, die die Wissenschaft
blamierten. Aus dem Ital. von Andreas Simon. – 2. Aufl. –
Frankfurt/Main ; New York : Campus Verlag, 1998
Einheitssacht.: Il genio incompreso <dt.>
ISBN 3-593-35976-6

2. Auflage 1998

Das Werk einschließlich aller seiner Teile ist urheberrechtlich geschützt. Jede Verwertung ist ohne Zustimmung des Verlags unzulässig. Das gilt insbesondere für Vervielfältigungen, Übersetzungen, Mikroverfilmungen und die Einspeicherung und Verarbeitung in elektronischen Systemen.
Copyright © 1998 Campus Verlag GmbH, Frankfurt/Main
Umschlaggestaltung: Guido Klütsch
Umschlagabbildung: Harold Lloyd Trust/Archive Photos/Granata Press
Satz: Satzstudio Zeil, Frankfurt am Main
Druck und Bindung: Druckhaus Beltz, Hemsbach
Gedruckt auf säurefreiem und chlorfrei gebleichtem Papier.
Printed in Germany

Für meine Mutter Assunta

Inhalt

Vorwort 11

Danksagung 17

I. Verrückte oder unverstandene Genies? 19

Kolumbus, Prophet einer unwahrscheinlichen Weltkarte . 25
Ein Musiker in den Sternen: Kepler und das kosmische
    Konzert 32
Der geniale Mathematikstudent Galois: von der Schule,
    der Akademie und den Frauen verschmäht 41
Barkla: Der Verrückte, der den Nobelpreis erhielt 60

II. Die »kleine« Wissenschaft der Amateure und
Außenseiter 73

Catts Herausforderung 73
Heaviside, der »Wurm« der Elektrotechnik 79
Die Royal Society und Waterston: Die Geschichte einer
    »ehrlichen und leidenschaftslosen Prüfung« 85
Wer ist der Vater der Thermodynamik? 89
Ketzer, Amateure und Irre, die man einsperren muß 95

Die Akademie der Ausgeschlossenen oder: Wie man die
wissenschaftliche Häresie organisiert 101
Wer bezahlt für die Außenseiter? 109

III. Das ist unwissenschaftlich 117

Operation erfolgreich, Patient tot 117
»Weg mit dem Sonderling« 119
Die Karriere eines Ketzers 121
Die Geschichte des Mikroskops zwischen Illusion und
Realität 124
Alles noch einmal von vorn! 133
Wer hat Angst vor Dr. Hillman? 139
Die Internationale der Dissidenten 147
Die Mount-Wilson-Bande 149
Das Dogma des Big Bang 151
Arp: Von den Quasaren ruiniert 160
Andere Dissidenten 162
Hatte Dingle recht? 164
Piccardi: Ein Chemiker im Ruch der Astrologie 169
Wie man einen Ketzer marginalisiert 173
Ein Dekalog für Zensoren 178

IV. Wissenschaft und gesunder
Menschenverstand 181

Aristarchos von Samos, der erste große Ketzer 181
Wer verurteilte Galileo? 186
Religiöse Toleranz und wissenschaftliche Intoleranz 196
»Happy is the man . . . « 198
Die Akademie glaubt nicht an Meteoriten 206
Der Krieg der Bakterien 207
Koch: Der Mann, der den Bakterien zum Durchbruch
verhalf 212

Ruhm und Undank: Das Schicksal von Jenner und
  Semmelweis 214

V. Sag niemals nie 231

Hertz und Poincaré glauben nicht an das Radio 231
Die Glühbirne, das Flugzeug und andere unmögliche
  Träume 235
An den Grenzen der Wissenschaft 239
Infantile Fixierung 242
Wissenschaftler und Alchimisten 245
Newtons Koffer 250
Der wahre Wissenschaftler: Exorzist des Irrationalen
  und Prediger der Toleranz 254
Jenseits des elften Gebotes 260

Anmerkungen 269

Literatur 271

Personenregister 279

Vorwort

Jeder kann einmal eine gute Idee haben. Das Schwierige ist nur, die anderen davon zu überzeugen. Denn da gibt es jene, die sie einfach nicht verstehen, und andere, die sie aus den unterschiedlichsten Gründen, vom Neid bis zum Vorurteil, ablehnen. Wieder andere sind dagegen, weil sie die Idee stehlen oder eine ähnliche Idee selbst nutzen wollen. Schließlich sind da noch die Experten, die es mit Recht nicht gerne sehen, von Dilettanten und Außenseitern in den Schatten gestellt zu werden.

Zu Beginn der Zivilisation, als es weder Spezialisten noch Wissenschaftler gab, stand der Beruf des Genies noch allen offen. Der Erfinder des Rades war weder Ingenieur noch Professor für Mechanik, und obwohl sie ebenso inkompetent waren, verstanden seine Nachbarn sofort, daß es sich um eine geniale Idee handelte. Dann entwickelte sich die Zivilisation weiter, und die Probleme wurden immer komplexer, so komplex, daß sich nicht mehr jeder mit ihnen befassen konnte. Niemand erwartet heute, daß der Kaufmann von nebenan oder der Klempner um die Ecke etwas Neues und Vernünftiges über das Einstein-Podolsky-Rosen-Paradox oder die Biochemie der HIV-Infektion sagen könnten.

Es ist folglich richtig, daß sich Wissenschaftler um die Wissenschaft kümmern. Das heißt aber nicht, daß sie ein Monopol auf die Wahrheit haben und die anderen nur ehrfürchtig zuhören dürfen. Tatsächlich irren sich Wissenschaftler häufig, und auch die größten unter ihnen haben schon den Fehler begangen, geniale Amateure für verrückt zu erklären, ihre hervorragendsten Kollegen für inkompetent zu halten oder zu glauben, sie seien auf dem falschen Weg.

Archimedes irrte sich, als er das heliozentrische Weltbild von Aristarchos von Samos ablehnte; Cauchy und Poisson machten keine gute Figur, als sie die Gruppentheorie von Évariste Galois für unverständlich erklärten und ebensowenig Baden Powell, als er Waterstons Artikel über die kinetische Theorie der Gase als »völlig unsinnig« bezeichnete. Der große Pathologe Virchow machte einen Fehler, als er die Theorie von Semmelweis über das Kindbettfieber ablehnte, und der Chemiker Liebig, als er Schwanns Theorie über die Alkoholgärung verwarf. Die Wissenschaftlergemeinde hat sich auch gegenüber Peyton Rous wenig korrekt und anständig verhalten, den Entdecker onkogener Viren, über den bösartig getuschelt wurde, er habe eine Schraube locker. Barbara McClintocks Theorie über »springende Gene« wurde fast vierzig Jahre lang wirkungsvoll marginalisiert, und Roger Guillemins Aufsatz über die Entdeckung der Steuerungshormone der Hirnanhangdrüse wurde als »Frucht eines kranken Geistes« zurückgewiesen. Rous, McClintock und Guillemin erhielten später, wenn auch mit großer Verspätung, den Nobelpreis. Aber wer weiß, ob es nicht Fred Hoyle oder Halton Arp, die heute von den Anhängern der Big Bang-Theorie geächtet werden, ebenso ergehen wird?

Kurz, die Kompetenten erweisen sich häufig als nicht genügend kompetent, während in anderen Fällen Kompetenz geradezu ein Hindernis sein kann. Viele Entdeckungen erfordern nämlich eher Vorurteilslosigkeit, Kreativität und Offenheit als Kompetenz und Intelligenz im strengen Sinne. Kolumbus entdeckte Amerika, gerade weil er in Mathematik und Astronomie ein Dilettant war und sich bei der Berechnung des Erdumfangs irrte; und eben weil Guglielmo Marconi nicht die Gesetze der Ausbreitung elektromagnetischer Wellen beherrschte, plante er seine transatlantischen Übertragungen. Der große Henri Poincaré, dem diese Gesetze dagegen wohlbekannt waren, hatte vorausgesagt, daß die Reichweite der Radiowellen nur 300 Kilometer betragen und sie sich danach aufgrund der Krümmung der Erdoberfläche im Raum verlieren würden. Lord Kelvin, einer der größten Wissenschaftler des 19. Jahrhunderts, erklärte die »Luftschiffahrt« für unmöglich, während William Preece zwar den Wert der Vorschläge Marconis erahnte, aber Edisons Glühbirne als »eine völlig idiotische Idee« verwarf. Als Robert Goddard, dem heute eines der NASA-Zentren gewidmet ist, vorschlug, für die Raumfahrt den Raketenantrieb einzusetzen, wandten die Experten ein, daß ein Motor dieses Typs im Raum nicht funktionieren könne, weil es dort keinerlei Widerstand für den Schub gebe.

Es gibt also Situationen und Probleme, bei denen nicht nur die originellsten und besonders unangepaßten Wissenschaftler im Vorteil sind, sondern auch die Amateure und halbkompetenten Außenseiter, weil sie den Mut haben, gegen den Strom zu schwimmen und zu denken wagen, was andere für unmöglich halten.

Einstein sagte: »Wenn du ein wirklicher Wissenschaftler werden willst, denke wenigstens eine halbe Stunde am Tag das Gegenteil von dem, was deine Kollegen denken.« Wissenschaftliche Institutionen sind dagegen oft stumpfsinnig konformistisch: Sie sind nicht nur nicht in der Lage, anders zu denken, sondern weisen diejenigen, die es versuchen, auch noch zurück und grenzen sie aus. Warum dies so ist, hat mit einem der zentralen Probleme der Geschichte und Philosophie der Wissenschaft zu tun: dem Problem, wie man von einer alten zu einer neuen Theorie gelangt. Es geht, kurz gesagt, um den Mechanismus, der den wissenschaftlichen Fortschritt hervorbringt. Die Frage ist noch immer offen und in der Diskussion, auch wenn Thomas Kuhns Buch *Die Struktur der wissenschaftlichen Revolutionen* hier beachtliche Fortschritte gebracht hat.

Kuhn ging das Problem aus einem für viele noch zu abstrakten Blickwinkel an und betrachtete es vor allem aus der Perspektive von Theorien, die sich durchgesetzt haben. Das vorliegende Buch behandelt dagegen Theorien und Wissenschaftler, denen es *nicht* gelang, die Widerstände und Vorurteile der Wissenschaftsgemeinde zu überwinden. Auf diese Weise werden die konkreten Mechanismen (die oft wenig mit theoretischen Fragen zu tun haben) deutlicher, die den Fortschritt der Forschung verlangsamen und daher heute immer mehr an Bedeutung gewinnen. Deutlich wird dabei auch, daß diese Mechanismen nicht genau die gleichen sind, die das Verhalten von Wissenschaftlern im 19. Jahrhundert bestimmten, da heute ökonomische Aspekte in den Vordergrund gerückt sind. Die Anmaßung, im alleinigen Besitz der Wahrheit zu sein, hat das wissenschaftliche Establishment dazu verleitet, auch das Monopol der Wissenschaftsfinanzierung und der Veröffentlichungsmöglichkeiten zu fordern. Der Fall Arp und der noch dramatischere Fall Hillman, die im III. Kapitel behandelt werden, haben deutlich gezeigt, daß Wissenschaftler mit abweichender Meinung heute riskieren, die Finanzmittel und die für ihre Arbeit erforderlichen Instrumente zu verlieren, ganz zu schweigen von der Möglichkeit, ihre Ideen bekanntzumachen und zu verbreiten. Aber wenn nonkonformistische Wissenschaftler ihre Karriere riskieren, riskiert die westliche Gesellschaft Stagnation, oder, schlimmer noch, technologischen Rückschritt.

David Horrobin zum Beispiel hat Verbesserungen vorgeschlagen, die, wie mir scheint, nicht nur von einer intelligenten Analyse der Probleme inspiriert sind, sondern auch von intellektueller Redlichkeit und gebührendem Respekt vor öffentlichen Geldern. Daher werde ich sie hier wiedergeben, auch wenn sie paradox klingen mögen und schwer anzuwenden sind. Würden Horrobins Vorschläge umgesetzt, könnten auch jene zu Wort kommen, denen heute der Zugang zur Wissenschaft verwehrt ist: nicht nur die exkommunizierten, weil von der herrschenden Meinung abweichenden Wissenschaftler, sondern auch jene, die nicht einmal angehört werden, weil sie als »Wirrköpfe« oder, wie die Amerikaner sagen, als *cranks* klassifiziert werden.

Es ließe sich einwenden, daß es schon genug Wissenschaftler gibt und es daher nicht angebracht wäre, ihren Kreis auch noch zu vergrößern. Aber vielleicht stimmt das gar nicht. Dieses Buch kommt zu dem Schluß, daß es lediglich zu viele vorgebliche Wissenschaftler gibt, jene nämlich, denen wirkliche Berufung fehlt oder die ihre Originalität und Kreativität verloren haben. Es handelt sich im allgemeinen um seriöse und kompetente Profis, Garanten der sogenannten »normalen Wissenschaft« oder der wissenschaftlichen Routine. Ihnen kommt eine notwendige und unverzichtbare Funktion zu, die jedoch nicht die Forderung rechtfertigt, eine totale Kontrolle über das Wissenschaftssystem auszuüben. Diese Anmaßung, die heute allgemein für legitim gehalten wird, droht die Wissenschaft ihrer besten Köpfe zu berauben. Allzu häufig gründet sich das Verdikt gegen innovative, die »Kompetenz« der Experten übersteigende Ideen, sie seien unmöglich oder nicht schlüssig, allein auf diese Anmaßung (und nicht auf reale und streng wissenschaftliche Argumente). Im letzten Kapitel dieses Buches habe ich versucht zu erklären, warum dies so ist, und dabei auf eine alte These Jean Piagets zurückgegriffen, der die geistige Strenge des anerkannten Wissenschaftlers mit dem naiven Verhalten verglich, das ein Kind der Welt bis zum siebten Lebensjahr entgegenbringt.

Vorwort

Der bemerkenswerteste Aspekt bleibt jedoch, wie sehr die unkritische und wenig demokratische Haltung der Wissenschaftsgemeinde gegenüber Dissidenten der Haltung ähnelt, die Theologen früher gegen Ketzer einnahmen. Daher werden die ausgeschlossenen und marginalisierten Wissenschaftler auch nicht zu Unrecht als »Häretiker« bezeichnet, denn sie werden von einer Mehrheit, die sich im Besitz des Wahrheitsmonopols wähnt, verurteilt. Etwa drei Jahrhunderte lang war man der Auffassung, daß die Wissenschaft im Fall Galilei nur eine Opferrolle spielte und daraus keine Lehren zu ziehen hätte. Im IV. Kapitel habe ich versucht zu zeigen, wie Wissenschaftler in diesem unglücklichen Fall wie in anderen (häufig unsichtbare) Tribunale bildeten, die ebenso, wenn nicht grausamer als die Inquisition waren. Wenn dies richtig ist, bleibt nur der Schluß, daß heute die Intoleranz der Religion durch die Intoleranz der Wissenschaft ersetzt worden ist. So schrieb Halton Arp:

»Wir denken alle an den Fall Galileo, als hätte er sich in einer entfernten, barbarischen, längst vergangenen Zeit abgespielt. Aber das stimmt nicht: Was die Zeit betrifft, in der er lebte, hätte Galileo auch ein Fakultätsmitglied in Harvard sein können. Die Autorität auf dem Gebiet der Naturphilosophie ist heute von der Kirche auf die Wissenschaft übergegangen. Aber haben sich die Menschen, die Personen, aus denen diese Institutionen bestehen, in dieser relativ kurzen Zeitspanne verändert? Wie sehr werden denn heute deutlich abweichende Meinungen gefördert oder zumindest wahrgenommen?«

Ich glaube, daß Arp, jedenfalls in dieser Hinsicht, recht hat und die Wissenschaftsgemeinde noch auf eine demokratische Revolution wartet. Ich würde mich glücklich schätzen, wenn dieses Buch dazu einen kleinen Beitrag leisten könnte.

Danksagung

Es ist unter Wissenschaftlern üblich, der eigenen Frau für den Anteil an einem eben fertiggestellten Buch zu danken. Es handelt sich gewöhnlich um nicht allzu gewichtige Beiträge wie das Abtippen der Arbeit, das Fernhalten nerviger Kinder oder anderer Widrigkeiten. Kurz, um eine klassische treusorgende Hausfrau, die sich in einen »Engel der Schreibmaschine« verwandelt. Nur schwer könnte ich meine Frau Laura dieser Kategorie zuordnen, und dies nicht nur, weil ihr die Gabe der Fügsamkeit völlig abgeht. Meine Frau unterstützte mich vielmehr auf ganz andere Art durch ihre langjährige Erfahrung im *editing*. Dies gilt auch für Teile, die nicht direkt von ihr bearbeitet wurden, waren sie doch von vornherein so geschrieben, daß sie nicht ihre Kritik auf sich zogen und zu familiären Verstimmungen führten.

Um ihr zu danken, möchte ich die Worte von Immanuel Velikovsky zitieren, der sich auch mit seiner Danksagung von anderen Wissenschaftsautoren abhebt: »Ich glaube, es wäre nun, da das Buch in Druck geht, sehr undankbar, nicht an meine Frau zu erinnern, die ihm theoretisch wenigstens genausoviel Zeit gewidmet hat wie ich.«

Ebenfalls erinnert sei an die bibliographische Unterstützung von Gabriella Miggiano, Massimo Menna und Stefano Mura, die Anregungen von Marco Vigevani, Luigi und Daniela Bernabò und die Hilfsbereitschaft von Alfred De Grazia, Gordon Moran, Antonio Riello, Salvatore Casillo, Maria Grazia Ianniello, Franco De Cataldo, Ivor Catt, Harold Hillman und David Horrobin.

I

Verrückte oder unverstandene Genies?

Daß es zwischen Verrückten und Genies manchmal eine gewisse Ähnlichkeit gibt, ist ein recht banaler Gemeinplatz, den der italienische Psychiater und Anthropologe Cesare Lombroso seit 1864 in den Rang einer wissenschaftlichen Theorie zu erheben versuchte. Seine Schriften *Genie und Irrsinn* und *Der geniale Mensch* hatten weltweit einen beachtlichen Erfolg und brachten einen eigenständigen Forschungszweig mit einer Fülle von Publikationen hervor.

Lombroso versuchte zu zeigen, daß überragende Persönlichkeiten in Kunst und Wissenschaft Opfer von Wahnsinnsanfällen gewesen waren: Sie hätten Symptome von Wahn und Halluzinationen, Depressionen und manischen Zuständen gezeigt. In seinen letzten Arbeiten vertrat er die Meinung, daß die Merkmale des Genies mit der Epilepsie in Verbindung stünden. Die deutschen Psychiater Ernst Kretschmer und Wilhelm Lange-Eichbaum griffen diese Ideen auf und entwickelten sie weiter, aber die Theorie wurde 1952 endgültig desavouiert, als der ungarische Psychologe und Psychiater Géza Révész sie in seinem Buch *Talent und Genie* einer bündigen Kritik unterzog. Révész bewies, daß die Zahl der angeblich psychopathischen oder verwirrten Genies absolut nicht ausreichte, um eine Korrelation zwischen Genie und abnormer Geistesverfassung festzustellen. Seiner Meinung nach sind die gegenteiligen Beispiele so zahlreich, daß man psychisch kranke Genies für die Ausnahme halten müsse.

Obwohl man heute noch immer nicht genau weiß, was Intelligenz ist, und noch weniger Genialität, schließt man eher aus, daß es sich dabei um eine Form von Wahnsinn handeln könnte. Sicher ist dagegen, daß viele Wissenschaftler Charakterzüge aufweisen, die sie ein bißchen wunderlich erscheinen lassen und sie manchmal an den Rand der Normalität stellen. Newton war, wie übrigens auch Einstein, immer sehr zerstreut: Er erschien im Speisesaal des Trinity College häufig mit offenen Schnürsenkeln, rutschenden Hosen und ungekämmten Haaren. Einmal lief er etliche Kilometer zu Fuß mit den Zügeln seines Pferdes in der Hand, das sich losgerissen hatte und allein nach Hause zurückgekehrt war. Im Jahre 1693 zeigte er ernste Zeichen von Verwirrung und Aggressivität, die seine Freunde beunruhigten und das Ende seiner produktiven Zeit markierten. Ludwig Boltzmann und Alan Mathison Turing begingen Selbstmord, und vielleicht starb Ettore Majorana, den die Freunde, allen voran Enrico Fermi, einhellig für ein Genie hielten, auf die gleiche Weise. Kurt Gödel wurde 1934 in eine psychiatrische Klinik in Wien eingewiesen und sein Totenschein (datiert vom 14. Januar 1978, Princeton) stellt fest, daß er an »durch Persönlichkeitsstörungen verursachter Unterernährung und Schwäche« starb. Seit 1844, nach Vollendung seines 40. Lebensjahrs, litt Georg Cantor immer wieder an Depressionen und Anfällen von Aggressivität und verstarb am 6. Januar 1918 in einer Nervenklinik in Halle.

Es handelt sich bei diesen Beispielen jedoch um Störungen unterschiedlicher Natur und Ausprägung, und nichts berechtigt zu der Annahme, daß Depression, Wahnsinn und Selbstmordneigung unter Wissenschaftlern statistisch häufiger sind. In Wirklichkeit scheint es, daß Genies unter den gleichen Beschwerden leiden können wie Menschen mit mittelmäßiger oder auch entschieden niedriger Intelligenz. Es scheint somit keinerlei Beziehung zwischen Genialität und Geisteskrankheiten zu geben. Außerdem lassen sich sehr viele Fälle genialer Wissenschaftler anführen, die eine völlig normale Persönlichkeit und ausgeglichene Psyche hatten. Révész erinnert an Galilei und Leibniz, aber vielleicht kann man mehr als alle anderen Enrico Fermi als Prototyp des psychisch »normalen« Wissenschaftlers betrachten, auch wenn er meiner Meinung nach noch besser durch Ernst Mach verkörpert wird, der Vortrefflichkeit auf wissenschaftlichem Gebiet mit intellektueller Redlichkeit und einem tiefen und aufrichtigen politischen Engagement verband. Mach war eine zentrale Gestalt in der mitteleuropäischen Kultur des ausgehenden 19. Jahrhunderts und übte einen starken Einfluß nicht nur auf Einstein, sondern auch auf literarische und philosophische Strömungen und sogar auf die Kunst und Architektur seiner Zeit aus.

So kann man schlußfolgern, daß Wissenschaftler nicht nur in ihrer Mehrzahl geistig gesund und ganz normal sind, sondern im allgemeinen auch über ein beachtliches psychisches Gleichgewicht verfügen und es keine Geistesstörung gibt, die als Berufskrankheit der Genies betrachtet werden kann. Nach Révész gibt es jedoch eine Ausnahme: die Paranoia. Es handelt sich um eine »funktionale Psychose mit chronischem, luzidem und systematischem Delirium, die zu seltenen Halluzinationen führt, die Persönlichkeitsstruktur intakt läßt und keine Dissoziation verursacht, weshalb die formale Assoziationslogik korrekt bleibt«. Warum Paranoia häufig mit Genialität in Verbindung gebracht wird, erklärte Ende des 19. Jahrhunderts sehr einleuchtend der amerikanische Psychologe James Mark Baldwin. Er vertrat die Auffassung, das grundlegende Charakteristikum des Genies seien Ideen und Assoziationen, die für seine Zeitgenossen völlig neu und undenkbar sind. Dies erfordere in der Mehrzahl der Fälle außer einer mehr oder weniger entwickelten technischen Kompetenz auch eine große Einbildungskraft und vor allem eine Triebfeder, die diese Fähigkeit aktiviert und die nach Baldwin normalerweise gerade in einer der Formen der Paranoia bestehen kann. Üblicherweise handle es sich dabei um paranoiden Größenwahn, die am weitesten verbreitete Form von Paranoia, aber häufig trete auch Verfolgungswahn hinzu. In anderen Fällen verhält sich der Wissenschaftler wie ein klassischer streitsüchtiger Paranoiker, besessen von dem unkontrollierbaren Zwang, herrschende Ideen und dominante Persönlichkeiten anzugreifen. Zuweilen könne es vorkommen, daß die Triebfeder in der wahnhaften Zuspitzung eines religiösen oder mystischen Aberglaubens bestehe. Die Wirkung sei in jedem Fall eine hohe Produktion von anormalen, manchmal völlig abstrusen Ideen, die jedoch immer eine kohärente Binnenstruktur aufweisen.

Analysiert man die Tätigkeit vieler Wissenschaftler und den psychologischen Entstehungsprozeß ihrer Produktion, gewinnt man den Eindruck, daß hier eine manische Fixiertheit zugrundeliegt, von der nicht nur die notwendige psychische Energie für die Forschung ausgeht, sondern die auch den kreativen Anstrengungen Kohärenz verleiht und am Ende eine neue Hypothese oder eine neue Theorie hervorbringt, welche gerade aufgrund ihres seltsamen Ursprungs stark innovativen Charakter hat.

Die gleiche unablässige geistige Arbeit läßt sich jedoch bei jedem beliebigen Paranoiker beobachten, und es ist häufig schwierig, einen genialen Kreativen von einem Wirrkopf zu unterscheiden. Révész vertritt die Meinung, daß der »Unterschied zwischen einem genialen Menschen und einem Paranoiker grundsätzlich darin besteht, daß die manische Vorstellungswelt des Paranoikers widersinnig oder von unbedeutenden persönlichen Angelegenheiten des Patienten erfüllt ist, während die Ideen von Genies und talentierten Menschen in kreative Akte von hohem Wert münden«. Tatsächlich ist in vielen Fällen die wissenschaftliche Unhaltbarkeit von paranoiden Ideen offensichtlich, da jeder sofort bemerkt, einer überspannten Persönlichkeit gegenüberzustehen, die sympathisch und originell sein mag, aber sicher kein Genie. »Die Mehrzahl der Menschen, die wir *cranks* nennen«, sagt Baldwin, »gehört zu diesem Typus«. *Crank* ist ein angloamerikanisches Wort für sonderbare und verwirrte Persönlichkeiten, die dazu neigen, exzentrische Ideen oder undurchführbare Projekte zu verfolgen, oder von einer speziellen Manie oder einem Hobby besessen sind. Kurz, ein *crank* ist ein Exzentriker, der von einer oder mehreren fixen Ideen beherrscht wird. Im Hochenglischen zieht man das Wort *maverick* vor, das eine unabhängige, sehr individualistische Person bezeichnet, eine Art »Libero«, der seine eigenen Projekte verfolgt, ohne sich von Hindernissen oder gegenteiligen Meinungen beeinflussen zu lassen. *Crank* ist hier jedoch das prägnantere Wort, weil es seit 1882 auch eine eindeutigere »psychiatrische« Bedeutung bekommen hat und für Personen verwendet wird, die einen verwirrten Geist und verworrene Ideen haben. Den weniger glücklichen italienischen Bezeichnungen für Menschen, die ungewöhnliche, scheinbar absurde und inakzeptable Ideen vertreten, wie *pazzoide*, *fissato*, *bizzarro* oder das positivere *genialoide*, das auf mögliche, entfernt interessante Ideen verweist, entsprechen im Deutschen Wörter wie »Wirrkopf«, »Person mit fixen Ideen«, »Kauz« und »Halbgenie«. Diese Ausdrücke werden nie gebraucht, um einen Wissenschaftler im eigentlichen Sinn zu bezeichnen. Wir sind alle überzeugt, daß ein *crank* kein Genie ist, sondern sein genaues Gegenteil, und daß es leicht ist, den einen vom anderen zu unterscheiden.

Aber das ist nicht immer der Fall. Wenn jemand, vielleicht auf ungestüme und aggressive Weise, aber in einer adäquaten technischen Sprache, neue und scheinbar abwegige Ideen in einem sehr spezifi-

Verrückte oder unverstandene Genies? 23

schen Bereich der Wissenschaft vorschlägt, kann darüber strenggenommen nur eine kompetente Kommission von Wissenschaftlern
urteilen. Es kann jedoch sein, daß es sich um derart originelle Ideen
handelt, daß nicht einmal andere Wissenschaftler sie angemessen ein-
schätzen können. Baldwin gibt zu bedenken, daß ein Genie sich nicht
nur durch hochgradig innovative Ideen auszeichne und von einem
Wirrkopf unterscheide, sondern gerade auch dadurch, Ideen schon
bei ihrer Entstehung zu filtern und nur jene ins Kalkül zu ziehen, die
ihm brauchbar und kohärent erscheinen. Wenn diese Ideen in besonderer Weise revolutionär sind, ist die Wissenschaftsgemeinde gar
nicht in der Lage, ihre Kohärenz und Zweckmäßigkeit zu beurteilen,
und folglich ist das Genie zugleich sein einziger Richter. Es handelt
sich somit um ein subjektives Urteil, und solange seine Ideen nicht
akzeptiert werden, entspricht sein Status ganz und gar dem eines
crank. Weil er nicht zum Wissenschaftlerkorps gehört, sind Veröffentlichungen schwierig, die notwendig dilettantische Präsentation
und der aggressive Ton rechtfertigen eine oberflächliche Analyse seiner Ideen und machen ihre Ablehnung wahrscheinlicher. Was folgt,
ist eine Reihe von Diskriminierungen, die den Angegriffenen noch
aggressiver machen, und die Wahrscheinlichkeit, als Verrückter abgelehnt und an den Rand gedrängt zu werden, steigt erheblich.

Aufgrund der Aggressivität, mit der er seinen Professoren und
herausragenden Vertretern der zeitgenössischen Physik begegnete,
befand sich Einstein in den letzten Jahren seiner Studentenzeit in dieser Lage. Er war tatsächlich ein widerspenstiger und arroganter Student. Keiner seiner Professoren am Polytechnikum in Zürich schätzte
ihn besonders, und er brachte es fertig, sich auch bei Heinrich Weber,
dem Pionier der Elektrotechnik, alle Sympathien zu verspielen, der
als einziger seine außergewöhnliche Begabung erahnte. Dies er-
schwerte den Beginn seiner Karriere. Den Studenten, die das Polytechnikum abschlossen, garantierte man normalerweise eine Assi-
stentenstelle am Institut oder einer anderen Universität. Marcel
Grossmann zum Beispiel, einer der Freunde Einsteins, wurde Assistent bei Professor Wilhelm Fidler. Einstein hätte leicht Webers Assistent werden können, aber da er diesen gegen sich aufgebracht hatte,
zog man ihm einen frischdiplomierten Maschinenbauingenieur vor.

Der erste Schritt, den er unternahm, um sich in der Wissenschaftsgemeinde bekannt zu machen, war ein Angriff auf Paul Drude,

der eine Professur in Gießen innehielt und die damals wichtigste Fachzeitschrift für Physik herausgab, die *Annalen der Physik*. Drude hatte wichtige optische Forschungen betrieben und eine Elektronentheorie der Metalle aufgestellt, und gerade gegen diese richtete Einstein seine Kritik. Seine Einwände waren jedoch nicht stichhaltig, und Drude hatte keine Schwierigkeiten, sie abzuweisen. Einstein deutete die Antwort des namhaften Physikers als offenkundigen Beweis, daß sich alle Dummköpfe der Welt gegen ihn verbündet hatten. In einem Brief an seine zukünftige Frau Mileva erklärte er kühn, daß er beabsichtige, seine Kritik an Drude in einem für ihn demütigenden Aufsatz zu publizieren.

Eine ähnlich ungerechtfertigt feindselige Haltung nahm Einstein gegenüber Alfred Kleiner ein, Direktor der Fakultät für Physik an der Universität Zürich, der seine Diplomarbeit begleitet und Interesse an seiner theoretischen Arbeit gezeigt hatte. Weil Kleiner sich mit seinem Urteil über die Abschlußarbeit verspätete, stempelte Einstein ihn als alten Philister ab, als Bedrohung für jeden intelligenten jungen Menschen. Dessen ungeachtet war es gerade Kleiner, der Einstein riet, als Einstieg in die akademische Laufbahn freier Dozent zu werden. Er begab sich sogar nach Bern, wo Einstein eine freie Dozentur erhalten hatte, und als Kleiner die Bemerkung wagte, daß die Vorlesungen nicht für Studenten geeignet seien, erwiderte Einstein recht unverschämt: »Ich war es ja schließlich nicht, der zum Professor ernannt werden wollte.« Zu dieser Zeit hatte Einstein bereits fünf wichtige Aufsätze veröffentlicht (darunter jenen über die spezielle Relativitätstheorie, der völlig unbeachtet geblieben war), und sein Verhalten war sicher nicht das passendste, um das Interesse der Wissenschaftsgemeinde auf seine Forschung zu lenken. Die Situation entkrampfte sich erst, als Max Planck begann, seinen großen Einfluß geltend zu machen, um die anderen Wissenschaftler vom Wert der Ideen dieses aggressiven Jünglings zu überzeugen. Später erklärte Einstein, daß er zu dieser Zeit ernsthaft Gefahr lief, für die Wissenschaft verlorenzugehen.

Im allgemeinen stellt das Urteil der Wissenschaftsgemeinde eine verläßliche Grundlage dar, um einzuschätzen, ob jemand ein Verrückter oder ein Genie ist. Dennoch kommt es häufig zu Fehlurteilen, weil innovative Wissenschaftler in vielen Fällen wie *cranks* eine paranoide Persönlichkeitsstruktur haben: Ihre Ideen, die von der wissenschaftlichen Orthodoxie der Zeit als inkohärent beurteilt werden, erweisen sich im Lichte einer neuen theoretischen Perspektive dagegen als kohärent, und sie sind die ersten und häufig die einzigen, die dies begreifen. Zudem offenbart die historische Betrachtung der wissenschaftlichen Beurteilungspraxis Mängel, die behoben werden könnten.

Zuerst müßte man, in vertretbaren Grenzen, ein allgemeines Toleranzkriterium einführen und von den manchmal anormalen, oft anstößigen Charakterzügen schöpferischer Persönlichkeiten absehen, um die Aufmerksamkeit auf die mögliche wissenschaftliche Bedeutung ihrer Ideen zu konzentrieren. Man müßte sich bemühen, auch dort Gutes zu finden, wo man kolossalen Fehlern oder absolut unverständlichen Ideen gegenübersteht. Nicht selten nämlich haben eindeutig paranoide Persönlichkeiten fundamentale Beiträge zur Wissenschaft geleistet, manchmal gerade durch offenkundig irrige Gedankengänge; und andererseits ist es wenigstens schon einmal vorgekommen, daß einem *crank* der Nobelpreis verliehen wurde.

Kolumbus, Prophet einer unwahrscheinlichen Weltkarte

Der verblüffendste Fall ist in dieser Hinsicht natürlich die Entdeckung Amerikas. Trotz fünf Jahrhunderten Forschung, die eine immense Literatur produziert hat, konnten die Historiker bislang nicht die genauen Umstände klären, die Kolumbus dazu brachten, seine verrückte Reise zu planen, um China über den Atlantik zu erreichen. Die Quellen sind fragmentarisch und knapp, zuweilen widersprüchlich. Dies in einem Maße, daß die These plausibel erscheint, viele davon seien in einer Desinformationskampagne (mit Zustimmung von Papst Alexander VI., der gleichfalls Spanier war) von der spanischen Krone zerstört worden, um sich die vollen Ausbeutungsrechte der Entdeckung zu sichern. Eine erschöpfende und verläßliche historische Rekonstruktion ist daher unmöglich. Aber der wesentliche Kern des Unternehmens ist hinreichend klar: Kolumbus entdeckte Amerika aufgrund eines gravierenden, aber glücklichen Fehlers: Er dachte, die Erde sei viel kleiner als in Wirklichkeit, und überquerte daher den Atlantik, um erst Japan und dann China zu erreichen.

Auf diese Weise stieß er auf den amerikanischen Kontinent, ein Land, daß es nach seinen Berechnungen so wenig geben durfte, daß er seine Existenz bis zu seinem Tode leugnete. Kolumbus, Opfer einer Art geographischen Wahns, hielt Haiti, wo er am 6. Dezember 1492 an Land ging, für Japan, und im Frühjahr 1494 nötigte er nach einer fünfzigtägigen Erkundung der kubanischen Küste seiner Mannschaft in Gegenwart eines Notars den Schwur ab, es handle sich um China. Nachdem er seinen Irrtum eingesehen hatte, nahm er die Suche wieder auf, bis er drei Jahre vor seinem Tod vor der Küste Jamaikas, das er mit dem Paradies auf Erden verwechselte, Schiffbruch erlitt. Das war im Jahre 1503, dem Jahr, in dem Amerigo Vespucci in seinem *Mundus Novus (Von der new gefunne Region die wol ein welt genennt mag werden)* bewies, daß es sich um Land und Inseln eines neuen Kontinents handelte. Kolumbus hatte also nicht nur einen Fehler gemacht, sondern beharrte hartnäckig auf seinem Irrtum.

Er war nicht der einzige, der die Erde für so klein hielt, daß es auf ihr im Ozean zwischen Europa und Asien nichts Nennenswertes geben konnte, aber seine Berechnungen waren besonders ungenau. Die Ausmaße der Erde waren über 1600 Jahre zuvor von Eratosthenes ermittelt worden, einem 272 v. Chr. in Kyrene im heutigen Libyen geborenen ägyptischen Wissenschaftler. Eratosthenes war ein großer Mathematiker und Geograph, aber da er sich ein bißchen mit allem beschäftigte, besonders mit Literatur und Grammatik, und zu seiner Zeit Universalgenies nicht in Mode waren, gab man ihm den Spitznamen »Beta«, d. h. »der zweite«, weil er seinen böswilligen Zeitgenossen zufolge in allem der zweite und in nichts der erste war. Er war jedoch wenigstens darin der erste, den Erdumfang mit einem hervorragenden Näherungswert auf 250000 Stadien berechnet zu haben, das entspricht 39690 km, ein Wert, der dem tatsächlichen von 40076 km sehr nahe kommt.

Zu Kolumbus' Zeiten hielt man jedoch die Schätzung von Poseidonios von Apameia für richtig, ein Geograph, der kurz nach Eratosthenes lebte. Ihm zufolge betrug der Erdumfang ca. 32000 km. Die herrschende Meinung war also, daß die Erde um ein Fünftel kleiner sei als in Wirklichkeit. Kolumbus hielt sich annähernd an diesen Wert, aber mit weiteren Berechnungen ganz anderer Art kam er, nicht zuletzt aufgrund eines banalen Irrtums, zu einem noch kleineren Schätzwert für den Erdumfang.

Verrückte oder unverstandene Genies? 27

Zu jener Zeit berechnete man Entfernungen nicht mehr direkt, wie es noch Eratosthenes getan hatte, sondern in Graden, die dann in die Maße des jeweiligen Landes übertragen wurden. Diese Technik, die der jüdisch-portugiesische Astronom José Vizinho perfektioniert hatte, Zeitgenosse und harter Kritiker von Kolumbus, weist einige heikle Aspekte auf. Erforderlich war nämlich eine gewisse astronomische Kompetenz, eine gute Fähigkeit im Umgang mit dem Astrolabium und schließlich Aufmerksamkeit bei der Übertragung der Gradwerte in die Entfernungsmaßeinheit. Kolumbus war nie in der Lage, die Längengrade genau zu messen und beging einen großen Fehler bei der Umrechnung der Grade in Entfernungen. Die Korrespondenz zwischen Grad und Enfernungsmaßeinheit war allerdings ein Streitpunkt. Eratosthenes hatte den Erdumfang, wie gesehen, auf 250 000 Stadien geschätzt, die, geteilt durch 360 (d. h. durch die Zahl der Grade eines Kugelumfangs), dem Wert von etwa 700 Stadien für einen Grad zu Land oder auf dem Meer entsprachen. Ein Grad bei Poseidonios entsprach dagegen 500 Stadien.

Kompliziert wurde die Angelegenheit durch den Umstand, daß man zur Zeit von Kolumbus römische Meilen benutzte und noch keine Einigkeit darüber erzielt hatte, wie viele griechische Stadien einer römischen Meile entsprachen. So nahmen einige an, ein Grad seien umgerechnet 87,5 römische Meilen, andere gingen auf 70 herunter, während es wiederum welche gab, die auf einen (wirklich sehr niedrigen) Wert von 62,5 Meilen kamen, d. h. etwa 89 km. Und genau dies war der Wert, den Ptolemäus, der größte Astronom der Antike, einem Grad gab. Dieser Wert war falsch, denn die einem Parallelgrad zum Äquator entsprechende Länge beträgt 111,32 km.

Kolumbus hielt sich an keines dieser Maße und übernahm den Wert des arabischen Astronomen al-Farghani von 56 2/3 arabischen Meilen, die 111,8 km entsprechen. Es handelte sich um einen Näherungswert, der zu sehr auf Schätzungen beruhte, aber zur damaligen Zeit der beste war. Mit seiner Hilfe konnte man den Erdumfang auf 40 248 km schätzen, d. h. nur 172 km mehr als der wirkliche Wert. Wenn Kolumbus sich tatsächlich auf diese Zahlen gestützt hätte, hätte er seine Reise nie planen können. Zum Glück war er derart inkompetent, daß er die arabischen Meilen (von der jede ca. 2 km mißt) mit den römischen verwechselte (zirka 1,5 km) und so einen Wert von kaum 83 km für einen Grad erhielt. Das war der niedrigste je vorgeschlagene Wert, und der Erdumfang verminderte sich so auf nur etwa 30 000 km, d. h. ein Viertel weniger als der tatsächliche. Auf diesem Globus mit bereits stark verminderten Ausmaßen verschob Kolumbus Asien viel weiter nach Osten als seine Zeitgenossen und ortete Cypango (Japan), von dem Marco Polo gesprochen hatte, nochmals 30 Grade weiter östlich. Schließlich war er überzeugt, daß sich Cypango auf demselben Längengrad wie die Kanarischen Inseln befinden mußte und ging nicht mehr von 56 2/3, sondern von 50 Meilen aus, die – immer noch nach seinen Berechnungen – weniger als 74 km entsprachen. Ergebnis dieser Mischung aus Fehlern und gewagten Kalkulationen war, daß dem zukünftigen »Großadmiral des Ozeans« zufolge zwischen den Azoren und Japan nur 4 400 km Meer liegen sollten. Tatsächlich sind es 19 600 km, aber glücklicherweise befanden sich etwa dort, wo Kolumbus Japan vermutete, die Bahamas: Statt sich also im Ozean zu verlieren, ging er in die Geschichte ein, weil er etwas fand, was er nicht gesucht hatte und was nach seinen Berechnungen nicht einmal existieren konnte.

Es wäre jedoch falsch und verkürzend, wenn man annähme, daß Kolumbus Amerika nur durch einen Irrtum entdeckte. Heute wissen wir, daß er nicht als erster und nicht als einziger glaubte, die Reise nach Asien über den Atlantik sei viel schneller als die Umschiffung Afrikas. Er war jedoch der einzige, der sich derart sicher war, daß er mit Beharrlichkeit und Zähigkeit alle europäischen Höfe um die Finanzierung eines Unternehmens bat, das kompetenten Wissenschaftlern wie Vizinho zu Recht als Verrücktheit erschien. Für die wenigen, die ihn unterstützten, war die Reise über den Atlantik eine wahrscheinliche Hypothese; für Kolumbus dagegen war sie eine Gewißheit. Er sprach von jenen Ländern, als »hielte er sie in seiner Kammer unter Verschluß«, schreibt sein erster Biograph, Bartolomé de Las Casas. Woher nahm er diese Sicherheit?

Man hat vermutet, daß Kolumbus ein As im Ärmel versteckt hielt: einen geheimen und sicheren Beweis für Länder wenige tausend Kilometer von den europäischen Küsten entfernt. Die älteste Hypothese ist die des sogenannten »unbekannten Steuermanns«, nach der Kolumbus in seinem Haus in Madeira oder in Portosanto einen sterbenden Seemann beherbergt hatte, der bei der Rückkehr aus einem sehr fernen Land in einen Sturm geraten war und ihm eine Karte mit präzisen Positionsmessungen hinterlassen hatte. Andere meinen, daß der Genueser die Karten des türkischen Admirals Achmet Muhieddin, bekannter unter dem Namen Piri Re'is, in Händen gehabt hatte, die mit außerordentlicher Genauigkeit die Küsten Nord- und Südamerikas sowie der Antarktis und der Karibik beschrieben. Es handelt sich um Karten, die in Wirklichkeit auf das Jahr 1513 zurückgehen, als Kolumbus bereits tot war, aber sie sind derart präzise, daß alle Forscher der Meinung sind, sie könnten weder auf der Grundlage der Entdeckungen von Kolumbus noch Amerigo Vespuccis gezeichnet worden sein und müßten aus einer früheren Zeit stammen.

In jüngerer Zeit hat der norwegische Historiker Thor Heyerdahl die These aufgestellt, daß Kolumbus bereits vor dem Jahr 1492, genauer gesagt 1467, im Gefolge einer dänisch-portugiesischen Expedition, eine erste geheime Reise unternommen hatte, in deren Verlauf er die Existenz von Ländern jenseits des Atlantiks feststellte.

Keine dieser Hypothesen kann mit Sicherheit ausgeschlossen werden, aber die erhaltenen Quellen legen nahe, daß die eigentümliche unerschütterliche Gewißheit von Kolumbus rein psychologische Gründe hatte. Er hatte die Gewißheit eines Visionärs: Er war zu der Überzeugung gelangt, ein Ausersehener zu sein, den Gott erwählt hatte, um das letzte große Werk vor dem Ende der Welt zu vollbringen: die Wiedereroberung Jerusalems und die Vereinigung der Völker im christlichen Glauben. Das Gold Cypangos sollte dazu dienen, einen großen Kreuzzug zu finanzieren, um das Heilige Land zurückzuerobern. Sein Vorhaben ähnelte eher einer mystisch-religiösen Obsession als einer geographischen Forschungsreise. Auch die wohlgesonnensten Biographen haben die manische Seite seines Charakters und seinen an Lächerlichkeit grenzenden Größenwahn hervorgehoben, die ihn dazu trieben, übermäßige Forderungen an das spanische Königshaus zu stellen. Sein chiliastischer Mystizismus mußte selbst an einem so bigotten Hof wie dem kastilischen übertrieben erscheinen, und seine Schiffsbesatzung mußte ihn für leicht verrückt halten, wenn er sich, um ihren ungläubigen Spott zu zügeln, gezwungen sah, jedem eine Strafe von tausend Maravedis und das Abschneiden der Zunge anzudrohen, der zu behaupten wagte, daß Kuba nicht das gesuchte Kathai[1] sei. Als guter Genueser war er natürlich auch geizig und ein bißchen prahlerisch, wie Seeleute häufig. In einigen schwierigen Momenten durchlitt er tiefe depressive Krisen, von denen er sich nur mit Mühe durch die Überzeugung erholte, ein Auserwählter des

Herrn zu sein. Zudem war er aufbrausend und liebte es, sich in Geheimnisse zu hüllen.

Diese Aspekte seines Charakters wurden kürzlich auch von einer Reihe graphologischer Analysen bestärkt, nach denen Angstabwehr sein beherrschendes Persönlichkeitsmerkmal war. Danach mußte Kolumbus etwas Großes vollbringen, um die ihn peinigende Unruhe zu besiegen, und diesen Antrieb durch Unterdrückung seiner Sexualität und Aggressivität kontrollieren – ein nach Freud anal-obsessiver Charakter.

Das aussagekräftigste Dokument des Selbstüberhöhungs- und Größenwahns, aus dem sein Vorhaben entstand, bleibt das unvollendete *Libro de las profecias* (»Das Buch der Prophezeiungen«), in dem Kolumbus alle Textstellen aus dem Alten und Neuen Testament bis zur jüngeren Literatur zusammentragen wollte, die seiner Meinung nach offenkundige Weissagungen enthielten, in denen sich seine große Entdeckung ankündigte. Wies Isaias vielleicht nicht auf ihn voraus, wenn er Gott sagen ließ: »Sieh, mein Knecht, den ich halte, mein Erwählter, der mir gefällt! Ich legte auf ihn meinen Geist; er bringt den Völkern das Recht [...] und auf seine Weisung [harren] die Inseln«? Und spielte das Johannesevangelium etwa nicht auf die von ihm entdeckten Völker an, wenn Jesus sagte: »Und ich habe [noch] andere Schafe, die nicht aus diesem Stalle sind; auch sie muß ich führen, und sie werden auf meine Stimme hören, und es wird eine Herde, ein Hirt werden«? Und hatte Joachim von Fiore nicht vorausgesagt, daß jener, welcher das Haus auf dem Berg Zion wiedererrichten würde, aus Spanien kommen würde?

Verstand man sie nur richtig zu lesen (d. h. las man allzuviel in sie hinein), prophezeiten auch heidnische Autoren das große Ereignis. In einer der Tragödien Senecas zum Beispiel singt der Chor Verse, die Kolumbus wie folgt übersetzt:

»Es kommen die letzten Jahre der Welt, eine präzise Zeit, wo der Ozean die Verbindung der Dinge löst und sich ein großes Land auftun wird; und ein neuer Seemann, wie jener, der Jasons Lotse war und Tifi gehießen ward, wird eine neue Welt entdecken, und sodann wird die Insel Thule nicht länger das letzte der Länder sein.«

Und weiter wiesen, genau betrachtet, Name und Nachname des Großadmirals eindeutig auf die hohe Funktion hin, die er in der göttlichen Vorsehung einnehmen sollte. Heißt »Christoph« denn nicht

»Christusträger«? Um seine ungläubigen Verleumder daran zu erinnern, begann Kolumbus ab 1493 mit einem seltsamen Kryptogramm zu unterschreiben, das immer mit der Signatur »Xpo FERENS« endete, d. h. »Christo Ferens«, also »jener, der Christus trägt«, oder besser, »jener, der zu Christus trägt«.

Auf diese Signatur türmte Kolumbus dann eine Pyramide von Buchstaben, über deren Bedeutung Ströme von Tinte vergossen worden sind. Die unterste Zeile enthielt die Buchstaben X M Y, in der zweiten erschienen die Buchstaben S A S und in der dritten Zeile ein S zwischen zwei Punkten, das direkt über das A gesetzt war. Vor und hinter jedem der drei S stand ein Punkt. Nach der jüngsten Interpretation von Geo Pistarino sollte das Kryptogramm die Mission von Kolumbus in direkte Beziehung zu Gott setzen: Die drei S würden danach unmittelbar auf die Allerheiligste (»Santissima«) Dreieinigkeit anspielen, im besonderen auf den Vater (A = »Altissimo«, »der Höchste«), der vermittels der Jungfrau Maria (M) Jesus Christus schuf (X Y = Christus Yesus), während ihm, Christoph (Xpo FERENS) die Aufgabe des Christusträgers zufallen würde. Ein weiteres Zeichen seiner Bestimmung für diese Mission wäre sein Nachname Kolumbus (»Taube«), da der Heilige Geist üblicherweise gerade durch die Taube dargestellt wurde.

Kurz, die Entdeckung Amerikas war nach Kolumbus keine Eroberung, die sich der menschlichen Vernunft verdankte, sondern die Erfüllung göttlicher Vorsehung. Im Entwurf des Briefes, den er seinen Prophezeiungen als Widmung für das Königspaar von Spanien voranstellen wollte, sagt er dies ausdrücklich:

»Für die Durchführung des indischen Unternehmens dienten mir nicht Vernunft und auch nicht Mathematik und Weltkarten; gänzlich bewahrheitete sich, was Isaias sagte [...]. All jene, die von meinem Unterfangen erfuhren, lachten darüber, verleumdeten es und machten sich über mich lustig.«

Und dennoch war er es gewesen, Kolumbus, der die größte Entdeckung in der ganzen Menschheitsgeschichte gemacht hatte, nicht die Wissenschaftler, die ihn als »unwissenden Seemann« verhöhnt hatten: weil Gott, so rief er in Erinnerung, die Unwissenden und die geistig Armen vorziehe. Stand etwa nicht im Evangelium des Matthäus, daß der Herr viele Dinge vor den Weisen verborgen hält, sie den Unschuldigen aber offenbart?

Es ist also offenkundig, daß die Entdeckung von Kolumbus Ergebnis einer einzigartigen Mischung aus wissenschaftlicher Inkompetenz und visionärem Größenwahn war. Diese Formel hat auch in anderen Fällen zu großen Ergebnissen geführt, zum Beispiel bei der Entdeckung der Keplerschen Gesetze.

Ein Musiker in den Sternen:
Kepler und das kosmische Konzert

Im Unterschied zu Kolumbus hatte Kepler einen ordentlichen Universitätsabschluß: Er war, zuerst in Graz und dann in Linz, Professor für Mathematik und wurde in der Zwischenzeit von Rudolph II. zum kaiserlichen Mathematiker ernannt. Dies hinderte ihn jedoch nicht, häufig banale Fehler zu machen, die sich in den wichtigsten Fällen zum Glück gegenseitig aufhoben oder zumindest zum richtigen Ergebnis führten. Die einzigartige Vermengung von theologischer Metaphysik und Rationalismus, Astrologie und Astronomie, Zahlenmystik und Mathematik, Magie und Physik, die seinen Arbeitsstil kennzeichnete, trug ihm die Wertschätzung von Gelehrten ein, die vor allem der alten aristotelischen Tradition verbunden waren und nur mit Mühe die neue Richtung begriffen, welche die Wissenschaft eingeschlagen hatte. Seine gewundene, barocke und beseelte Prosa ist weit entfernt von der rationalen Klarheit der Gedankengänge Galileos, der ihn mehr oder weniger für einen Wahnsinnigen hielt. Galilei las seine Werke nicht oder blätterte sie höchstens durch, und nur zweimal antwortete er Kepler auf dessen zahlreiche Briefe. Er maß weder seinen drei Gesetzen irgendeinen Wert bei noch verstand er, daß die wahre Erklärung des Gezeitenwechsels gerade jene war, die Kepler in *Somnium seu astronomia lunaris* (»Traum oder Astronomie des Mondes«), einer Art wissenschaftlichen Roman über den Mond, dargelegt hatte. Galileo verhielt sich gegenüber Kepler wie Vizinho gegenüber Kolumbus.

Nach Bernhard Cohen scheint auch Newton Keplers Werke nie gelesen zu haben und gab sich mit Sekundärliteratur wie der *Astronomia Carolina* von Thomas Streete zufrieden. Während er Galileo für ein Genie erster Rangordnung hielt, zeigte er für den deutschen Ge-

Verrückte oder unverstandene Genies? 33

lehrten nie besondere Wertschätzung. Er zitierte ihn höchstens einmal bei astronomischen Tabellen und Beobachtungen über Novae und Kometen. Curtis Wilson, der sich mit der Entwicklung der Astronomie zwischen Kepler und Newton beschäftigt hat, zeigt, daß letzterer der Gültigkeit der Keplerschen Gesetze nicht ganz traute, sofern er sie nicht vorher selbst bewiesen hatte.

Für Galileo war Kepler ein Verrückter, der nichts wirklich Wichtiges hervorgebracht haben konnte; Newton hielt ihn wahrscheinlich für einen Wirrkopf, der durch reinen Zufall zur Formulierung seiner drei Gesetze gelangt war. Dies jedenfalls ist das heute gängige Urteil unter Wissenschaftlern und Historikern, so daß Arthur Koestler auch von Kepler sagen konnte, daß er »zur Suche nach Indien aufbrach und Amerika entdeckte«. In seinem Fall bestand Indien, wie wir sehen werden, in den verborgenen Symmetrien der kosmischen Architektur, während Amerika das Gravitationsgesetz war. Ein falsches oder zumindest unbedeutendes Vorhaben führte ihn zur Entdeckung von drei Inseln, seinen drei Gesetzen. Er konnte nicht ahnen, daß sie die offensichtlichsten Konsequenzen der Gravitationskraft waren, Grundpfeiler des damals noch unerforschten Kontinents der klassischen Mechanik. Wie Kolumbus erkannte auch er den neuen Kontinent nicht: Seine Ideen über die Gravitation blieben vage und ungenau. Kepler verhält sich zu Newton wie Kolumbus zu Amerigo Vespucci.

Keplers Forschungsprogramm wurde immer für unsinnig gehalten. Tatsächlich wollte er erklären, warum das Sonnensystem so ist, wie es ist, und nicht anders. Die Fragen, die er beantworten wollte, galten als wissenschaftlich irrelevant oder abwegig. Er fragte sich zum Beispiel, warum es nur sechs Planeten gab (so viele waren zu seiner Zeit bekannt), statt zwanzig oder hundert? Warum waren ihre wechselseitigen Entfernungen und ihre Geschwindigkeit so und nicht anders? Und vor allem: Welche Beziehung bestand zwischen der Entfernung eines bestimmten Planeten zur Sonne und der Länge seiner Jahresbahn, d. h. der Zeit, die er für einen vollständigen Umlauf um die Sonne brauchte? Saturn zum Beispiel ist im Verhältnis zu Jupiter zweimal so weit von der Sonne entfernt, und man würde erwarten, daß er für seine Umlaufbahn zweimal so viel Zeit benötigen würde, also 24 Jahre. Statt dessen beträgt die Umlaufzeit des Saturn 30 Jahre. Ähnliche Unstimmigkeiten fallen bei den anderen Planeten ins Auge.

Warum, so fragte sich Kepler, folgt dieses Verhältnis keinem genauen Gesetz? Sicher durfte man nicht annehmen, daß die Umlaufzeiten der Planeten nach dem Zufallsprinzip verteilt waren und keinerlei Beziehung zur Entfernung hatten, die sie von der Sonne trennt, um so weniger, als im Gegenteil die Bewegung der Planeten auf ihren Umlaufbahnen offensichtlich immer langsamer wurde, je weiter sie von der Sonne entfernt waren. Keplers Idee war, daß hinter dieser scheinbaren Verwirrung ein Gesetz liegen mußte, ein präzises Verteilungskriterium, und er machte sich daran, es zu finden.

Strenggenommen kann man nicht sagen, daß es sich um ein falsches Vorhaben handelte. Sich zu fragen, warum die Dinge so sind, wie sie sind, und ihnen eine mathematische Erklärung zu geben, ist ja gerade die Aufgabe der Wissenschaft. Das Falsche daran war nicht das Ziel, sondern die eingesetzte Methode, um es zu erreichen. Wenn Galilei sich dasselbe Problem gestellt hätte (was er nicht tat, weil er nicht häretisch oder verrückt genug war), hätte er eine Beobachtungs- und Experimentreihe entworfen. Diese wäre von Hypothesen geleitet worden, die er von Mal zu Mal aufgestellt und verworfen hätte, bis er eine mathematisch befriedigende und beweisbare Lösung erreicht hätte. Aber Kepler war kurzsichtig, er verfügte nicht über die Beobachtungsinstrumente (Galileo wollte ihm nie eins seiner Fernrohre schicken), und es war ein großes Glück für ihn, 18 Monate lang mit Tycho Brahe zusammenarbeiten zu können, den größten und genauesten Beobachter, den die Astronomie je hatte. Die Daten, die er in der Verwirrung nach dem Tod Brahes heimlich fortschaffte, trugen ihm zwar einen Prozeß durch dessen Schwiegersohn ein, aber sie waren für ihn äußerst hilfreich. Mit diesem Datenmaterial arbeitete er jedoch eher wie ein Kabbalist als ein Physiker.

Die allgemeinen Prinzipien, von denen er ausging, waren Vorurteile, die aus der antiken Pythagoreischen Lehre und seinem religiösen Mystizismus stammten: Kepler dachte vor allem, daß die Planeten nicht nach dem Zufallsprinzip verteilt sein konnten, ihr Verhalten vielmehr einem präzisen Plan des Schöpfers folgen mußte, in dem sich nur die Struktur der göttlichen Theologie selbst spiegeln konnte. Das sichtbare Universum war für ihn nichts anderes als Symbol und Signum der Dreieinigkeit, denn die Sonne repräsentierte den Vater, die Sphäre der Fixsterne den Sohn, während die unsichtbaren Kräfte, die vom Vater ausströmend im interstellaren Raum wirkten, den Heiligen Geist darstellten. Ebenso waren die drei Dimensionen des Raumes ein offenkundiger Reflex der Dreieinigkeit. Gott ist gleichzeitig der Schöpfer des Universums und sein Bewegungszentrum, und der Plan seiner Schöpfung kann daher nur geometrisch sein, weil die Geometrie ewig wie der Geist Gottes ist.

Diese Koexistenz und im Grunde Identifizierung von Gottheit und Geometrie stellte in Keplers Augen eine optimale Abkürzung für den Wissenschaftler dar. Wenn Gott nämlich die Welt nach einem geometrischen Modell geschaffen und gleichzeitig den Menschen mit einer geometrischen Intelligenz ausgestattet hatte, dann wird es möglich, *a priori* den Plan des ganzen Universums zu deduzieren, indem man sich auf geometrische Beweisführungen stützte. Statt sich auf lange und mühselige Beobachtungen oder lästige Experimente einzulassen, reicht es mit anderen Worten, über wenige verläßliche Beobachtungsdaten zu verfügen und über die geometrischen Beziehungen nachzudenken, um den Bauplan des Universums zu rekonstruieren.

Auf dieser Grundlage konnte Kepler beweisen, was er wollte, und er bewies tatsächlich eine beachtliche Zahl von Thesen, die zumeist falsch waren. 1596 begann er mit dem Versuch, zu beweisen, daß »Gott bei der Erschaffung des Universums die fünf platonischen Körper der Geometrie[2] im Sinn hatte« und dachte anfangs, daß die kreisrunden Umlaufbahnen der sechs damals bekannten Planeten diese fünf regulären festen Körper umschreiben würden. Die Umlaufbahn von Saturn umschrieb den Würfel, die des Jupiter das Tetraeder (Vierflächner), die des Mars das Dodekaeder (Zwölfflächner), die der Erde das Ikosaeder (Zwanzigflächner), die der Venus das Oktaeder (Achtflächner), in den wiederum die Umlaufbahn des Merkur eingeschrieben war. Diese Gliederung begründete wunderbarerweise die (falsche) Überzeugung, daß es nur sechs Planeten geben konnte, da es nur fünf reguläre feste Körper gab, aber sie wollte nicht recht zu den Daten der mittleren Entfernungen der Planeten passen. Nachdem er sie zuerst als große Entdeckung begrüßt hatte, gab Kepler sie daher auf. Das Problem quälte ihn jedoch weiter, und nach etwa zwanzig Jahren fand er die seiner Meinung nach richtige Lösung. Er war zu der Überzeugung gelangt, daß der Schlüssel nicht in der Geometrie, sondern in der Musik zu suchen sei. Die geometrischen Korrespondenzen waren nur gültig, wenn sie sich in ein numerisches musikalisches Schema einpassen ließen, d. h. wenn sie zur berühmten Harmonie der Sphären paßten, die Pythagoras angenommen hatte. So kam es, daß er in seiner *Harmonices mundi* (»Weltharmonik«) die Partitur umriß, nach der die Planeten ihr kosmisches Konzert erklingen lassen. So sehr John Louis Emil Dreyer, der versierteste Astronomiehistoriker, uns auch versichert, daß Kepler nicht wirklich an die himmlische Musik der Planeten glaubte, bleibt es doch eine Tatsache, daß *Harmonices mundi* eher ein Musikbuch als ein Werk der Astronomie ist und im achten Kapitel des Fünften Buches schwarz auf weiß geschrieben steht, daß Saturn und Jupiter Baß singen, Mars Tenor, Venus und die Erde Alt und Merkur Sopran.

Die Idee der Harmonie der Sphären war ebenso unwissenschaftlich wie der Ehrgeiz, die regulären geometrischen Körper in die planetarischen Umlaufbahnen einzuschachteln oder eine Analogie zwischen den Bestandteilen des Kosmos und den Wesenheiten der Trinität herzustellen. Es handelte sich um historisch erklärbare kulturelle Vorurteile, die jedoch bei Kepler zu typischen Wahnideen wurden.

Wahn ist gekennzeichnet durch die Unmöglichkeit, etwas anderes als Bestätigungen für eine fixe Idee zu finden: ein Teufelskreis, aus dem man nicht mehr herauskommt, sobald man einmal hineingeraten ist. Kepler jedoch fiel in seinen mystischen Wahn und fand wieder den Weg heraus. In Momenten des Überschwangs betrachtete er sich als Erleuchteten, bedauerte, kein Prophet sein zu können, und alles, was er tat, erschien ihm außergewöhnlich und von Gott inspiriert; wenn er jedoch in Depression verfiel, konnte er seine Forschungen mit mathematischer Erbarmungslosigkeit durchleuchten. Seine Bücher bewahren ein getreues Abbild dieses sich durch zahlreiche Frustrationen hindurchtastenden Vorgehens; ab und zu notiert er: »Ich Ärmster, ich habe einen großen Fehler gemacht!« oder: »Dies stimmt nicht im geringsten [...] Die Beweisführung im gesamten Kapitel ist falsch. Diese Frage ist überflüssig [...]. Da es keinen Widerspruch gibt, welchen Grund hatte ich, sie mir auszudenken? [...] Wenn meine falschen Ziffern den Tatsachen nahe gekommen sind, dann geschah es aus reinem Zufall.«

Nach Arthur Koestler war Kepler schizophren, während Curtis Wilson ihn nur als schizoid bezeichnete. Wenn dennoch bei alldem außergewöhnliche wissenschaftliche Ergebnisse herauskamen, die in manchen Fällen Galileis Resultaten überlegen waren, dann deshalb, weil er nach Aussage des großen Historikers Alistair Crombie immer mit ebenso großer Verbohrtheit seine auf wahnhaften Analogien basierenden Hypothesen zu kontrollieren versuchte, indem er sie mit genauen Beobachtungsdaten konfrontierte. Auch Robert Fludd und Athanasius Kircher glaubten an die Harmonie der Sphären, aber nur Kepler leitete aus dieser Überzeugung wissenschaftlich gültige astronomische Gesetze ab. Tatsächlich entstanden aus der inhärenten Dialektik dieses mystisch-mathematischen Wahns im Verlauf von zwanzig Jahren seine drei berühmten Gesetze.

Das erste stellt fest, daß die Umlaufbahnen der Planeten keine Kreise sind (wie alle zu seiner Zeit annahmen), sondern Ellipsen, in deren einem Brennpunkt die Sonne steht. Das zweite Gesetz stellt fest, daß die von der Sonne zu einem Planeten gezogene Linie (Fahrstrahl) in gleichen Zeiträumen gleiche Flächen überstreicht; die Flächen, die der Radiusvektor Sonne-Planet beschreibt, sind mit anderen Worten proportional zu den Zeitabschnitten, die es dauert, sie zu überstreichen. Das dritte Gesetz, das Kepler viel mehr Mühe und Zeit als die anderen bereitete, stellt fest, daß die dritte Potenz der Entfernung eines Planeten von der Sonne geteilt durch das Quadrat der Umlaufzeit für alle Planeten dieselbe Zahl ergibt, d. h. die Quadrate der Umlaufzeiten der Planeten um die Sonne sind proportional zu den dritten Potenzen der großen Halbachsen ihrer Bahnellipsen.

Heute werden diese drei Gesetze als Sonderfälle eines weit allgemeineren Gesetzes angesehen, das die wechselseitige Anziehung aller Objekte des Universums regelt und dessen bekanntester Teil die Fallbeschleunigung der Körper auf der Erde ist, die Galilei entdeckte. Die Prinzipien der klassischen Mechanik wurden von Newton formuliert, der mit einem Fuß auf der Schulter Galileis und mit dem anderen auf der Schulter Keplers stand. Im nachhinein ist alles klar und es reicht, die Gravitationskraft vorauszusetzen, um davon das Verhalten der Planeten abzuleiten. Aber wie Kolumbus nichts von der Existenz Amerikas wußte, so wußte Kepler nichts von der Gravitationskraft; folglich konnte er auch nicht *a priori* die Existenz seiner drei Gesetze deduzieren, genausowenig, wie Kolumbus sich sicher sein konnte, irgendein Land in 4 400 km Entfernung von den Azoren zu erreichen.

Aber wie sind dann die Gesetze entstanden? Die Antwort der Historiker ist einfach, wenn auch wenig tröstlich für das Bild, das man sich gewöhnlich von einem Wissenschaftler macht: Kepler entdeckte die Gesetze im Verlauf einer langen Reihe herumtastender Versuche, bei denen er den verschiedenartigsten Fährten folgte. Kepler stürzte sich auf die Erforschung irgendeiner bedeutsamen Beziehung zwischen den Daten von Umlaufbahnen, Geschwindigkeiten und Entfernungen der Planeten und ließ sich dabei von zufälligen Ahnungen und häufig von Fehlern leiten. Alles, was den Eindruck von Regelhaftigkeit vermittelte, einer Konstante und selbst einer Zufälligkeit, brachte ihn sofort zu der Überzeugung, eine der verborgenen Symmetrien erkannt zu haben, welche die Hand des Schöpfers geleitet hatten. Und sofort gründete er darauf seine Beweisführung. Die Mehrzahl stellte sich dann als falsch heraus. In drei Fällen dagegen traf er ins Schwarze.

Das erste Gesetz ging von einer numerischen Koinzidenz aus (oder besser einer Quasi-Koinzidenz) zwischen den Zahlen 0,00429 und 1,00429. Die erste bezeichnete die Beziehung zwischen der äußersten Ausdehnung des Halbmondes zwischen der Eiform, die nach Kepler die Umlaufbahn des Mars bildete, und der »kopernikanischen« Umlaufbahn des Planeten innerhalb der Ellipse. Die zweite Zahl dagegen war der Wert des Schnittes durch den größten Winkel, den die Geraden bildeten, von denen eine den Mars mit dem Zentrum seiner Umlaufbahn um die Sonne verband, die andere mit der Sonne selbst. Indem er dieser dürftigen Spur folgte, die er zufällig und noch darüber hinaus durch einen Rechenfehler entdeckt hatte, erkannte Kepler schließlich die richtige Beziehung: Auf allen Punkten der Umlaufbahn des Mars ließ sich die Beziehung zwischen diesem Winkel und der Entfernung des Mars vom Zentrum seiner Umlaufbahn mit einer Gleichung beschreiben, die genau eine Ellipse definiert.

Zu seinem zweiten Gesetz (das in Wirklichkeit das erste war, das er formulierte) gelangte Kepler auf noch ungewöhnlichere Weise. Die Beobachtungen der Astronomen zeigten, daß die Erde in ihrer Umlaufbahn keiner gleichmäßigen Bewegung folgte, sondern je nach Abstand von der Sonne beschleunigte und verlangsamte. Um herauszufinden, welche Beziehung diesen Geschwindigkeitswechseln zugrunde lag, zeichnete Kepler eine kreisrunde Umlaufbahn (noch hatte er nicht bewiesen, daß die Umlaufbahnen der Planeten immer elliptisch sind) mit einem verlagerten Zentrum. Es war, als hätte er eine Uhr mit einem dezentrierten Zeiger gebaut, der in seinem Lauf um den Bogen des Zifferblatts länger oder kürzer wurde, je nachdem, ob er weiter weg oder näher am Zapfen war. Es ging nun darum, die Beziehung zwischen der Zeit zu berechnen, die der Zeiger brauchte, um das nähere Bogenfeld zu durchlaufen im Verhältnis zur Zeit, die er brauchte, um das vom exzentrischen Zeigerzapfen entferntere Bogenfeld zu durchlaufen. Das schien eine leichte Aufgabe, tatsächlich aber war sie zu Keplers Zeit noch nicht zu bewältigen, da die Lösung den Gebrauch der Infinitesimalrechnung voraussetzte, die noch nicht entwickelt worden war. Einen Näherungswert erreichte man, wenn man den Kreis in 360 Teile unterteilte (ein akzeptabler Näherungswert für die 365 Tage des Sonnenjahres) und annahm (auch dies akzeptabel), daß die Geschwindigkeit und der Fahrstrahl konstant blieben, während ein Grad durchlaufen wurde. So begann Kepler Grad um Grad die Entfernungen zu berechnen, die er dann am Ende summieren wollte. Bald jedoch ermüdete ihn diese beschwerliche Arbeit, und er begann sich zu fragen, wie er sie schneller erledigen könnte. Die Abkürzung, die er sich ausdachte, führte zu einer mathematisch falschen, aber wirkungsvollen Lösung:

»Ich erinnerte mich, daß Archimedes den Kreis in unendlich viele Dreiecke unterteilte, um die Beziehung von Umfang und Durchmesser herauszufinden [...]. Statt also wie zuvor den Umfang in 360 Teile zu unterteilen, vollzog ich die gleiche Operation, dieses Mal jedoch mit der Fläche des Exzenters.«

Scheinbar gab es keinen nennenswerten Unterschied, aber der Vorteil war erheblich, bot sich doch so eine unmittelbare und intuitive Lösung ohne lange Berechnungen. Sofort wurde Kepler klar, daß nicht der beschriebene Bogen wichtig war, sondern die überstrichene Fläche: Bögen unterschiedlicher Umlaufbahnen wurden in gleichen Zeitspannen durchmessen, weil sie aufgrund der Exzentrizität gleiche Flächen überstrichen. Es war also offenkundig, daß die Beziehung oder das gesuchte Gesetz darin bestand, daß die Radiusvektoren der Planeten in gleichen Zeiten gleiche Areale überstrichen. Eine geniale Lösung, auf die Kepler jedoch mit einer falschen mathematischen Beweisführung kam. Tatsächlich war die Umlaufbahn, wie er später selbst entdeckte, nicht kreisförmig, und außerdem waren zwei der fundamentalen Prämissen falsch, von denen er ausgegangen war: daß die Kraft proportional zur Geschwindigkeit und daß die Geschwindigkeit umgekehrt proportional zum Radiusvektor war. Einige dieser Fehler bemerkte er sofort selbst, aber er begriff auch, daß sie sich am Ende aufhoben und die Lösung daher trotz allem richtig blieb.

Am deutlichsten verstieß Kepler jedoch gegen eine wissenschaftliche Vorgehensweise bei der Entdeckung des dritten Gesetzes, mit dem er die Beziehung zwischen der Dauer eines vollständigen Umlaufs eines Planeten um die Sonne und seine Entfernung von ihr herausfand. In diesem Fall erzählt uns Kepler nicht, wie er vorging, er sagt nur, daß ihn dieses Problem seit 1596 quälte und er es erst nach vielen Jahren löste; dann fügt er hinzu:

>Wenn Sie wissen wollen, zu welchem Datum, so kann ich sagen, daß es der 8. März 1618 war; aber die Berechnungen überzeugten mich nicht, so daß ich zunächst die Lösung wieder verwarf; dann erscheint sie mir wieder gültig und verjagt am 15. Mai im Sturmlauf die letzten Schatten des Zweifels. Zwischen der 17jährigen Arbeit mit den Beobachtungen von Brahe und der Lösung gab es eine solche Korrespondenz, daß ich im ersten Moment fürchtete, nur geträumt oder eine *Petitio principii*[3] begangen zu haben. Es ist jedoch absolut sicher, daß die Beziehung zwischen den Umlaufzeiten zweier beliebiger Planeten zwei zu drei im Verhältnis zu den mittleren Distanzen beträgt.«

D. h. die Quadrate der Umlaufzeiten sind proportional zu den dritten Potenzen der großen Halbachsen ihrer Umlaufbahnen. Aber wie hatte Kepler das herausgefunden?

Nach der Rekonstruktion von Bernhard Cohen begann Kepler, auf jede nur erdenkliche Weise mit den Zahlen der Umlaufzeiten der einzelnen Planeten und ihren mittleren Entfernungen zur Sonne herumzuspielen. Da die wirklichen Maße dieser Parameter keinerlei Beziehung zueinander zu haben schienen, versuchte es Kepler damit, sie zum Quadrat zu erheben. Aber auch damit hatte er keinen Erfolg: Es kam noch keine bedeutsame Beziehung zum Vorschein. Auch in der dritten Potenz erhielt er kein Resultat. Als er jedoch schließlich die dritte Potenz der mittleren Entfernungen dem Quadrat der Umlaufzeiten gegenüberstellte, bemerkte Kepler zu seiner großen Überraschung, daß die Werte identisch waren. Die dritte Potenz der mittleren Entfernung Merkurs zur Sonne war in astronomischen Einheiten 0,058 und das Quadrat seiner Umlaufzeit betrug genau 0,058 Jahre; die dritte Potenz der mittleren Entfernung von Jupiter zur Sonne war 140 astronomische Einheiten und das Quadrat seiner Umlaufzeit 140 Erdjahre. Die Quadrate der Umlaufzeiten sind also proportional zur dritten Potenz ihrer mittleren Entfernung von der Sonne.

Am Ende seiner Mühen konnte Kepler vollauf zufrieden sein. Dies jedoch sicher nicht wegen der Entdeckung der drei Gesetze, die für ihn ebenso unwichtig waren wie die kleinen Bahamas, an denen Kolumbus gelandet war. Was ihn mit Stolz erfüllte, war die Überzeugung, bewiesen zu haben, daß das Universum tatsächlich einen symmetrischen geometrischen, eindeutig in der Sphärenmusik impliziten Bauplan aufwies. Diese Idee war jedoch genauso illusorisch wie jene von Kolumbus, Cypango entdeckt zu haben. In Wirklichkeit war er nur einen Schritt vom Gravitationsgesetz entfernt, ohne es formulieren zu können, genau wie Kolumbus sich darauf versteift hatte, daß die von ihm entdeckten Länder nicht zu einem neuen Kontinent gehören konnten.

Jean-Baptiste Delambre, der erste große Astronomiehistoriker, kommentiert bitter: »Man ist überrascht und bestürzt, wenn man entdeckt, daß Kepler mit Gedankengängen dieser Art seine bewundernswerten Gesetze entdeckte.« Und Edgar Allan Poe, der von diesem systematischen Visionär fasziniert war, schrieb über ihn:

»Hätte man ihn gefragt, ob er auf induktivem oder deduktivem Wege zu seinen Gesetzen gelangt sei, wäre seine Antwort gewesen: ›Ich weiß nichts von Wegen, ich kenne den Aufbau des Universums. Hier ist er. Mein Verstand hat ihn allein durch den Gebrauch der Intuition erfaßt.‹«

Tatsächlich erklärt nur eine ungeheure intuitive Begabung, wie es Kepler, geleitet von absolut unbegründeten Meinungen über die theologische und mystische Bedeutung astronomischer Größen, gelingen konnte, eine beachtliche Menge von Wahnideen hervorzubringen, um dann diejenigen unter ihnen auszuwählen, die auch die offizielle Wissenschaft nach einem halben Jahrhundert als richtig anerkennen würde.

Der geniale Mathematikstudent Galois: von der Schule, der Akademie und den Frauen verschmäht

Aber der überraschendste Fall eines offensichtlich ungefestigten und verwirrten Amateurs, der einen grundlegenden und außergewöhnlichen Beitrag zur Wissenschaft leistete, war unzweifelhaft Évariste Galois. Dies umso mehr, als es sich bei ihm um einen lustlosen, undisziplinierten und unbeständigen Studenten handelte, der zum erstenmal mit 17 Jahren mit der Mathematik in Berührung kam, drei Jahre später bei einem Duell starb und 60 Seiten Aufzeichnungen hinterließ, welche die Algebra revolutionieren sollten. Sein Leben war äußerst kurz, stürmisch und glühend, wie er selbst es in einem eleganten lateinischen Motto zum Ausdruck brachte, eine Art Epitaph, das er in der Nacht vor seinem Tod in seine Aufzeichnungen kritzelte: *Nitens lux, horrenda procella tenebris aeternis involuta* (»Ein blendendes Licht, ein schrecklicher Sturm, umhüllt von ewiger Nacht«).

Évariste Galois wurde am 25. Oktober 1811 in Bourg-la-Reine geboren, einem kleinen Vorort von Paris. Der Vater, Nicholas-Gabriel Galois, war Eigentümer eines Universitätspensionats, Anhänger Napoleons und Führer der liberalen Partei des Ortes. 1815, während der Hundert Tage (der ersten Rückkehr Napoleons aus dem Exil), wurde er zum Bürgermeister gewählt, ein Amt, in dem er auch nach der Rückkehr von Ludwig XVIII. am 8. Juli 1815 bestätigt wurde. Seine liberalen Ideen und sein Laizismus waren jedoch den Royalisten, die die politische Kontrolle des Städtchens zurückerobern wollten, ein Dorn im Auge. Die Lage spitzte sich zu, als zu Beginn des Jahres 1829 ein junger Geistlicher zum Pfarrer von Bourg-la-Reine ernannt wurde, der sich mit einem royalistischen Stadtrat verbündete. Der Plan der beiden war, unanständige Gedichte mit der Unterschrift des Bürgermeisters in Umlauf zu bringen. So wollten sie die politische Karriere des Vaters von Galois kompromittieren, indem sie dessen zweifelhafte Moral bewiesen. Nicholas-Gabriel Galois, der einen recht verletzlichen Charakter gehabt haben muß, konnte den Skandal nicht ertragen und entschied sich trotz der Hochachtung und des Rückhalts, den er weiterhin in der Bevölkerung genoß, nach Paris zu ziehen. Dort beging er am 12. Juli, als er allein zu Hause war, Selbstmord.

Évariste war ein kleiner, zarter Junge mit ängstlichem Blick. Wesentlichen Einfluß auf seinen Charakter übte seine besitzergreifende Mutter aus. Mit zehn schickte ihn die Familie auf eine Schule in Reims, aber nachdem der Junge bereits die Aufnahmeprüfung mit Erfolg bestanden hatte, überlegte es sich die Mutter noch einmal und wollte ihn für weitere zwei Jahre bei sich haben, da sie ihn für noch zu klein und wehrlos hielt.

Adélaide-Marie Demante war eine sehr gebildete und intelligente Frau, die Tochter eines Juraprofessors an der Sorbonne und leidenschaftlichen Latinisten, der ihr eine sehr gute klassische Bildung angedeihen ließ. So geschah es, daß Évariste Galois bis zum Alter von 12 Jahren keine öffentliche Schule besuchte und sich unter der wohl übertriebenen Fürsorglichkeit der Mutter eine Bildung aneignete, die auf den griechischen und lateinischen Klassikern, auf den liberalen Ideen der Revolution und auf einer gewissen Skepsis gegenüber der offiziellen Religion basierte.

Seine Biographen haben gewöhnlich den verhängnisvollen Einfluß der Mutter vernachlässigt. Es ist recht offenkundig, daß der im wesentlichen klassisch-literarische Charakter seiner ersten Erziehungsphase die Entdeckung seines Talents verzögerte, das sich erst 1826 zeigte, als Évariste am Gymnasium Louis-le-Grand an seiner ersten Mathematikstunde teilnehmen konnte.

Hier entdeckte Galois die einzigen beiden Leidenschaften seines kurzen Lebens: die Politik und die Mathematik. Ihnen verschrieb er sich mit einer Begeisterung, die selbst für einen Jungen von 16 Jahren übertrieben erschien, und machte einen tiefgreifenden Persönlichkeitswandel durch, der ihn in Gegensatz zum herrschenden politischen Zeitgeist, zu seinen Lehrern und zur prestigeträchtigsten Institution der französischen Wissenschaft brachte, der Akademie der Wissenschaft. In den ersten beiden Jahren war er ein vorbildlicher Schüler, aber mit der Entdeckung der Mathematik im dritten Jahr seiner Schulzeit änderte sich sein Verhalten deutlich: Er begann, die anderen Fächer zu vernachlässigen und zog sich die Feindseligkeit der Lehrer der humanistischen Disziplinen zu. Seine Beurteilungen wurden einhellig negativ:

»Er arbeitet nur aus Angst vor Strafe [...]. Sehr schlechtes Betragen, wenig offener Charakter, hätte die Mittel, sich hervorzutun, strengt sich aber in den humanistischen Fächern nicht im geringsten an, steht allzu sehr im Banne der Mathematik [...]. Der Ehrgeiz, die häufig zur Schau getragene Originalität und die Grillenhaftigkeit seines Charakters entfernen ihn von den Schulkameraden.«

Nur die Mathematiklehrer Charles Camus, Jean-Hippolyte Vernier und Louis Richard waren nicht nur vollauf mit ihm zufrieden, sondern wiederholten vor den ungläubigen Kollegen immer wieder, daß es sich um einen Jungen von außerordentlicher Intelligenz handele. Damit hatten sie recht. Zu jener Zeit, im Alter von nur 17 Jahren, hatte sich Galois bereits alles angeeignet, was aus den Schulbüchern zu lernen war und setzte sich bereits mit den größten Mathematikern der Epoche auseinander. Während seine Lehrer noch darüber nachdachten, ob sie ihn versetzen sollten oder nicht, arbeitete er an einem wichtigen Problem, das in drei Jahrhunderten noch kein Mathematiker hatte lösen können: einer Formel für die Lösung von Gleichungen des fünften Grades. Unter den Lehrern war Richard es, der die außergewöhnliche Begabung von Galois am besten begriff. Obwohl er sich darüber beklagte, daß sich dieser seltsame Schüler nur mit den kompliziertesten Problemen der Mathematik beschäftigte, bescheinigte er ihm in seinen Beurteilungen eine klare Überlegenheit gegenüber seinen Schulkameraden. Richard war es denn auch, der im März 1829 den ersten Artikel von Galois veröffentlichen ließ, und er war es, der Galois riet, sich an der École Polytechnique einzuschreiben, der bedeutendsten Wissenschaftsschule Frankreichs. Es handelte sich um eine Schule auf Universitätsniveau, in der jedoch die Qualität der Lehre wissenschaftlicher Fächer deutlich besser als an den Universitäten war. Aufgenommen wurde man durch eine Prüfung, die man im Falle des Scheiterns nur einmal wiederholen durfte. Galois machte die Prüfung zweimal und fiel zweimal durch. Dieser doppelte Mißerfolg ist derart ausgeschmückt worden, daß er schließlich zu einem Mythos oder einer Legende der Mathematikgeschichte wurde, die beispielhaft die Gefährlichkeit mittelmäßiger Geister für den wissenschaftlichen Fortschritt belegen sollte. Die Legende entstand etwa 25 Jahre nach dem Tod von Galois, als Obry Terquem, Herausgeber einer Zeitschrift für die Schüler der École Polytechnique, anläßlich des Mißerfolgs eines Prüflings an das weit berühmtere Scheitern von Galois erinnerte und den Schluß zog:

»Ein Prüfling mit überlegener Intelligenz ist verloren, wenn er auf einen Prüfer mit mittelmäßiger Intelligenz trifft. *Hic ego barbarus sum quia non intelligor illis* [Ich bin für sie ein Barbar, weil sie mich nicht verstehen].«

Daß die Prüfer von Galois mittelmäßige Geister waren und ihn ungerechtfertigterweise durchfallen ließen, steht außer Frage, aber die historische Bedeutung des Vorfalls wird verfälscht, wenn man nicht die Umstände und Motive seines Scheiterns zu verstehen versucht. Da die Dokumente verlorengingen, ist eine verläßliche Rekonstruktion der ersten Prüfung nicht möglich. Von der zweiten dagegen kennen wir die Details. Die Prüfer waren Louis-Etienne Lefébure de Fourcy und Jacques Binet. Die beiden gehörten nicht zu den Besten und standen in dem Ruf, Folterknechte zu sein. Sie gehörten zu jener Kategorie von Lehrern, die die Schüler mit Fragen über zweitrangige und banale Aspekte in die Irre führen und desorientieren, die bei den Schülern den Verdacht nähren, daß ihre Lösung zu einfach ist und sie zwingen, panisch nach allen möglichen Ausflüchten zu greifen und Antworten zu geben, die der Einfachheit der Frage absolut unangemessen sind.

Évariste wurde gebeten, die Logarithmusregeln darzulegen. Bei seiner Antwort folgte er nicht der traditionellen Linie der Lehr- und Prüfungsbücher, und die Prüfer, besonders Binet, machten eine Reihe von Beanstandungen, die nach Meinung des Mathematikhistorikers Eric Temple Bell falsch und unangebracht waren. Daraus entstand ein Wortwechsel, und Évariste, vor allem deshalb aufgebracht, weil er sicher war, recht zu haben, nahm den Tafelschwamm, warf ihn Binet an den Kopf und schrie: »Das ist meine Antwort auf Ihre Frage!«

Dies waren also die Umstände von Galois' nichtbestandener Prüfung: Sie scheinen die Legende voll und ganz zu bestätigen. Aber der amerikanische Mathematiker Tony Rothman hat darauf aufmerksam gemacht, daß die romantisierten Versionen des Lebens von Galois bei dieser Episode einige wichtige Dinge vernachlässigen. Vor allem werde vergessen, daß Galois, obzwar mit Sicherheit genial und in den mathematischen Problemen bewandert, mit denen er sich befaßte, nur unzusammenhängend studiert hatte und ihm einige Grundbegriffe fehlten. Sein Lehrer Vernier war sich dessen sehr wohl bewußt und riet ihm, sich systematischer auf die Prüfung vorzubereiten. Aber Galois folgte dem Rat nicht und zeigte Vernier gegenüber immer eine gewisse Abneigung. Er band sich dagegen sehr an Richard, der zwar die Wissenslücken seines Schülers kannte, aber dazu neigte, sie zu übersehen, weil er von seiner Genialität geblendet war. Richard bat sogar die École Polytechnique brieflich, Galois ohne Prüfung aufzunehmen. Kurz, statt die Bildung von Galois zu vervollständigen, ermutigte er seinen Ehrgeiz, seinen Stolz und die zwar nicht unbegründete, aber bereits mit paranoiden Zügen behaftete Überzeugung von der eigenen Überlegenheit und Genialität. Es ist mit anderen Worten recht offensichtlich, daß Galois, hätte er nur einen fügsameren Charakter oder das Glück gehabt, auf einen weiseren und fähigeren Lehrer zu treffen, die im Grunde banale Prüfung von Binet und Fourcy problemlos geschafft hätte.

Leider häuften sich, wie es oft geschieht, unglückliche Umstände und Ereignisse zu dem, was zusammengenommen nur als tragisches Schicksal erscheinen kann. Das zweite unglückliche Examen fiel mit dem Selbstmord des Vaters von Évariste zusammen. So mußte er sich widerwillig an der École Normale einschreiben, eine zweijährige Schule, die auf den Unterricht an den *collèges* vorbereitete. Auch in diesem Fall mußte man jedoch eine Aufnahmeprüfung bestehen und danach den Titel eines Bakkalaureus in humanistischen und wissenschaftlichen Fächern erwerben. Galois bestand das Aufnahmeexamen mit Leichtigkeit, aber am 9. Dezember 1829 fiel er beim ersten Versuch, das Bakkalaureat zu erhalten, durch. Er versuchte es nochmals eine Woche später, und die Prüfungskommission, zu der erneut Fourcy gehörte, beschloß aufgrund des guten Ergebnisses bei der mündlichen Prüfung in Mathematik ein Auge zuzudrücken. Der Mathematiker Charles-Antoine-François Leroy ließ ein schmeichelhaftes Urteil über Galois ins Protokoll aufnehmen:

»Dieser Student läßt manchmal einige dunkle Punkte bei der Darlegung seiner Ideen, aber er ist intelligent und offenbart einen beachtlichen Forschergeist. Durch ihn habe ich neue Einsichten über die angewandte Analysis gewonnen.«

Die ersatzweise Einschreibung an der École Normale brachte Galois kein Glück. Einige Monate später wurde er wegen seiner politischen Unmäßigkeit von der Schule verwiesen. Nachdem er die liberalen Ideen seines Elternhauses aufgegeben hatte, schloß er sich einer Gruppe von Saint-Simonisten an und gründete dann mit anderen glühenden republikanischen jungen Männern die Société des Amis du Peuple (Gesellschaft der Freunde des Volkes). Dies gerade in jener unruhigen Zeit, die 1830 in die Juli-Revolution, die Abdankung von Karl X. und die Herrschaft von Louis Philippe münden sollte, mit der das Finanzbürgertum schließlich die Oberhand behielt.

Im Verlauf dieser Revolution, die in Wahrheit von der Hochfinanz und der liberalen Partei gewollt war, waren die republikanischen Ideale von Galois dazu verurteilt, erst instrumentalisiert und dann beiseite geschoben zu werden. Wie immer in Momenten großer Gärung waren radikale und gewagte Aktionen nicht ratsam. So spielte man leicht anderen in die Hände, während man noch überzeugt war, für die eigenen Ideale zu kämpfen. Aber Galois, obwohl ein genialer Mathematiker, war zu kühlem und besonnenem Kalkül

Verrückte oder unverstandene Genies?   47

nicht fähig. Er war ganz erfüllt von den Geschichten über heroische Tugend und patriotische Opferbereitschaft bei den alten Römern, für die seine Mutter geschwärmt hatte. Seine natürliche jugendliche Überschwenglichkeit verkehrte sich in eine Art Überdrehtheit, eine politische Paranoia, die ihn bis zu dem zwanghaften Wunsch trieb, sich »für die Sache« zu opfern. Verschiedene Male erklärte er, bereit zu sein, wenn die Republik einen Toten brauche. Die Republik hatte nicht den geringsten Bedarf für seinen Leichnam, aber er bot ihn ihr, wie wir sehen werden, dennoch an – wahrscheinlich wie bei seinem Vater ein triebhafter Todeswunsch.

Am 27. Juli 1830 erließ Karl X. einige einschränkende Dekrete, besonders im Hinblick auf die Pressefreiheit. Sie waren der Anlaß für die liberale Partei, eine kurze, aber gewalttätige Revolution auszulösen, die nach drei Tage dauernden Kämpfen Louis Philippe auf den Thron brachte. Entscheidend für den Sieg der Liberalen war die Beteiligung der Massen. Sie wurden von den Republikanern mobilisiert, die auch die Studenten und besonders jene der École Polytechnique erreichten. Die Schüler der École Normale wurden dagegen vom Direktor der Schule, Guigniaut, zurückgehalten; Galois trat ihm mehrere Male entgegen und bat um Uniformen und Waffen für sich und seine Kameraden sowie die Erlaubnis, auf die Straße zu gehen. Guigniaut, ein heimlicher Sympathisant der Royalisten, der vor seinen Schülern ständig wiederholte, daß sich ein guter Student nicht um Politik kümmere, blieb ungerührt. Aufgebracht durch diese Weigerung griff Galois ihn auf den Seiten der *Gazette des Écoles* an, eine Zeitung, die der Mathematiklehrer des Gymnasiums Louis-le-Grand, Achille Guillard, gerade zur Organisation der studentischen Opposition ins Leben gerufen hatte. Die Antwort von Guigniaut war entschlossen: Galois wurde von der Schule verwiesen. Die Universität hatte so endgültig einen der größten Mathematiker aller Zeiten abgelehnt und verhindert, daß er einer Arbeit nachgehen konnte, von der man sich in Anbetracht seines jugendlichen Alters noch Außerordentliches versprechen durfte. Auch die Akademie der Wissenschaften erkannte aufgrund einer unglücklichen Reihe von Umständen nicht die Verdienste von Galois und drängte ihn damit noch mehr ins Abseits.

Zwischen Frühjahr und Sommer 1829 hatte Galois eine erste, noch unvollständige Lösung des Problems der allgemeinen Bedingungen für die Auflösbarkeit von Gleichungen gefunden. Richard, sein Lehrer, war begeistert und glaubte nicht zu Unrecht, daß die einzige wissenschaftliche Institution, die diese Arbeit beurteilen konnte, die Akademie der Wissenschaften war. Er drängte daher seinen jungen und genialen Schüler, zwei Abhandlungen über das Thema einzureichen. Damit eine wissenschaftliche Arbeit einer ernsthaften Prüfung unterzogen werden konnte, sah die Praxis der Akademie vor, daß eines ihrer eigenen Mitglieder sie kurz präsentierte und dann die Bildung einer Studienkommission empfahl, um sie mit größerer Aufmerksamkeit zu durchleuchten und zu einem abschließenden Urteil zu gelangen.

Richard gelang es, Augustin-Louis Cauchy zu überzeugen, der Akademie die Arbeit seines jungen Schülers zu präsentieren, ein Wissenschaftler, der vergleichbare, aber zahlreichere und umfänglichere Beiträge zur Mathematik geleistet hat als Galois. Cauchy war zwar genial, aber auch bigott und eifersüchtig und hatte bis dahin erst einmal der Versammlung eine wissenschaftliche Arbeit präsentiert, die nicht seine eigene war. Galois' Arbeit war, wie es scheint, die zweite und letzte Ausnahme von dieser Regel. Am 25. Mai und am 1. Juni 1829 erläuterte er seinen Kollegen kurz den Sinn der Forschungen von Galois und bat um die Bildung einer Untersuchungskommission, die im folgenden gebildet wurde und Cauchy und einen anderen bedeutenden Wissenschaftler, Denis Poisson, mit der ersten analytischen Untersuchung der Arbeiten von Galois betraute.

Aber Cauchy nahm das Manuskriptbündel von Galois mit nach Hause und von jenem Moment an ward es nicht mehr gesehen. Die Akademie wartete umsonst auf den detaillierten Bericht über die Arbeiten von Galois, den Cauchy in einem Brief vom 18. Januar 1830 erneut dem Präsidenten versprochen hatte. Von da an nominierte Cauchy Galois nicht mehr, und dieser wartete vergeblich auf das ersehnte Urteil der Akademie und erhielt seine Manuskripte nie zurück. Es war nicht das erste Mal, daß Cauchy sich so verhielt: Das gleiche geschah bereits 1828 mit einem anderen unverstandenen Genie der Mathematik, Niels Henrik Abel, gegenüber dessen originellen Arbeiten Cauchy eine seltsame Nachlässigkeit an den Tag gelegt hatte. Im Falle von Galois läßt sich vermuten, daß Cauchy sich gedrängt fühlte, die öffentliche Anerkennung seiner Verdienste zu vermeiden, weil er ihn für einen gefährlichen Hitzkopf und einen lästi-

Verrückte oder unverstandene Genies? 49

gen Dilettanten hielt. Aus den Briefen von Sophie Germaine, einer Mathematikerin der Zeit, wissen wir, daß Galois regelmäßig an den Sitzungen der Akademie teilnahm, häufig intervenierte und die Redner beleidigte. Er betrug sich mit anderen Worten wie jene Wirrköpfe, die Kongresse, Konferenzen oder Universitätsvorlesungen besuchen, um Gelegenheit zu haben, ihre »genialen« Ideen auf zumeist konfuse und polemische Weise vorzutragen.

Aber Galois und sein Lehrer Richard gaben nicht auf. Im Jahre 1828 bot sich ihnen eine wahrhaft günstige Gelegenheit, die sie zu nutzen versuchten. Die Akademie hatte einen Grand Prix de Mathématique für dasjenige handgeschriebene oder gedruckte Werk ausgesetzt, das die wichtigste Anwendung von mathematischen Theorien auf die allgemeine Physik oder Astronomie präsentierte oder eine wichtige Entdeckung auf dem Gebiet der analytischen Mathematik enthielt. Tatsächlich hatte Galois eine der wichtigsten Entdeckungen in der Tasche, die je auf dem Gebiet der mathematischen Analysis gemacht wurden, und alles deutete darauf hin, daß er den Preis trotz der harten Konkurrenz gewinnen würde. Die Kommission wurde im Januar 1830 gebildet, konnte aber den Beitrag von Galois, eine neue Version der Arbeit, die in den Händen Cauchys geblieben war, nicht in Betracht ziehen. Jean-Baptiste-Joseph Fourier nämlich, der auch ständiger Sekretär der Akademie war, hatte entgegen allen Gepflogenheiten das Manuskript mit nach Hause genommen und verstarb leider plötzlich am 16. Mai 1830, ohne noch die Zeit gefunden zu haben, es zu prüfen. Zum größten Unglück konnte die Abhandlung zwischen den Papieren, die Fourier hinterließ, nicht aufgefunden werden, und Galois wurde daher vom Wettbewerb ausgeschlossen. Am 28. Juni 1830 wurde der Preis an Carl Gustav Jacob Jacobi und posthum an Niels Henrik Abel verliehen.

Aber die unglückseligen Beziehungen von Galois zur Akademie waren damit noch nicht zu Ende. 1831 hatte Poisson Gelegenheit, den Aufsatz von Galois zu lesen, der im *Bulletin de Férrussac* erschienen war, bat den jungen Mann um eine weitere Kopie seiner Untersuchung und versprach, sie der Akademie der Wissenschaften zu präsentieren. Mitte Januar 1831 schrieb Galois noch einmal seine Abhandlung über die allgemeinen Bedingungen der Auflösbarkeit von Gleichungen und übergab sie der Akademie. Drei Monate später hatte Poisson immer noch keine Zeit gehabt, sie zu prüfen. Galois schrieb in gekränktem Ton an den Präsidenten und erinnerte an die vorangegangenen unglücklichen Vorfälle, in denen seine Beiträge vernachlässigt worden waren, nur weil er ein Student war. Man habe ihn so beurteilt, als hätte er eine der vielen illusorischen Lösungen der Quadratur des Kreises präsentiert, das mathematische Äquivalent des Perpetuum Mobile.

»Soll dies etwa ewig so weitergehen?« fragte er am Ende des Briefes und fügte hinzu: »Herr Präsident, bitte zerstreuen Sie meine Befürchtungen und fordern Sie die Herren Lacroix und Poisson auf zu erklären, ob sie die Abhandlung verlegt haben oder beabsichtigen, der Akademie darüber Bericht zu erstatten.«

Mit dieser polemischen Mahnung schien Galois die Prüfer absichtlich verstimmen zu wollen, die auch tatsächlich ein negatives Urteil fällten, als sie ihren Bericht auf der Sitzung vom 4. Juli präsentierten. Ihrer Meinung nach enthielt die Abhandlung nicht, wie der Titel versprach, die Bedingung der Auflösbarkeit von Gleichungen durch Radikale, auch wenn sie zugaben, die Beweisführung nicht verstanden zu haben, mit der Galois sie zu demonstrieren versuchte:

»Wir haben alle möglichen Anstrengungen unternommen, um die Beweisführung von Herrn Galois zu verstehen. Aber sie ist weder klar noch hinreichend entwickelt, um ihre Genauigkeit zu überprüfen, und wir sind nicht einmal in der Lage, eine genaue Idee davon zu geben.«

Für Poisson stand der Vorschlag von Galois mit anderen Worten, wie dieser selbst ironisch nahegelegt hatte, auf einer Stufe mit den vielen Beweisen der Quadratur des Kreises. Galois war, kurz gesagt, kein mathematisches Genie, sondern, so Poisson, ein Wirrkopf.

Das Verdikt war klar und unmißverständlich, und so verstand es auch Galois. Einige Monate vor seinem Tod bereitete er seine Aufzeichnungen für die Veröffentlichung vor und schrieb in der Einleitung:

»Herr Poisson ging so weit, vor der Akademie zu erklären, er habe nichts verstanden. Dies beweist in meinen vom Stolz des Autors getrübten Augen schlicht, daß Poisson nicht verstehen wollte oder konnte, aber der Öffentlichkeit demonstriert es sicher, daß mein Buch keinerlei Wert hat. Alles hat sich gegen mich verschworen und trägt seinen Teil dazu bei, bei mir den Eindruck zu erwecken, meine hiermit der Öffentlichkeit unterbreitete Arbeit werde in der Wissenschaftswelt nur mit einem mitleidigen Lächeln aufgenommen. Die Nachsichtigsten werden mich bestenfalls als inkompetent betrachten und mich eine Zeitlang mit Wronski oder den unermüdlichen Visionären vergleichen, die jedes Jahr eine neue Lösung der Quadratur des Kreises finden.«

Der von Galois erwähnte Wronski (Jósef Marja Hoene-Wronski) war ein Sonderling, der sich 1812 mit der Veröffentlichung einer Abhandlung der Lächerlichkeit preisgegeben hatte, mit der er die allgemeine Auflösbarkeit von Gleichungen aller Grade demonstrieren wollte. In der Arbeit hatte es von Fehlern gewimmelt. Außerdem gelang dem italienischen Arzt Paolo Ruffini 1813 endgültig der Beweis, daß eine allgemeine algebraische Gleichung von höherem als dem 4. Grad nicht durch Radikale auflösbar war, d. h. indem man die Lösungswerte ausgehend von den Wurzelausdrücken der Koeffizienten konstruierte und eine begrenzte Zahl von Wurzelziehungen durchführte. Auch Hoene-Wronski war ein bißchen verrückt gewesen, aber das hatte ihn nicht daran gehindert, bedeutende Beiträge zur Mathematik zu leisten. Seine Zeitgenossen mißtrauten ihm jedoch zu Recht, weil seine mathematischen Werke von seiner mystischen Philosophie durchdrungen waren, ein Messianismus, der darauf zielte, auf Erden eine absolute Religion zu verwirklichen, eine Synthese zwischen den beiden gegensätzlichen Prinzipien des Konservativismus und des Liberalismus. All dies führte dazu, daß man ihn zu Lebzeiten von Galois als anmaßenden Wirrkopf betrachtete. Aber konnte man Galois wirklich mit Hoene-Wronski vergleichen?

Folgt man einer Tradition, die etwa zehn Jahre nach dem Tod von Galois entstand, konnte man das keinesfalls. Laura Toti Rigatelli etwa, die jüngste italienische Biographin von Galois, ist der Meinung, daß zumindest die letzten Abhandlungen hinreichend klar waren. Cauchy mußte sie verstanden haben, aber aus Neid oder vielleicht aus falschem Stolz leugnete er ihren Wert, genau wie zuvor bei den Arbeiten von Niels Henrik Abel. Poisson dagegen wäre danach schuldig, keinerlei Anstrengung unternommen zu haben, um die Theorie zu verstehen. Sicher überstieg sie nicht seinen intellektuellen Horizont, aber er unterzog die Beweisführungen von Galois einer grundlosen und ungerechten Kritik. Hält man sich jedoch an Tony Rothman, ergibt sich ein ganz anderes Bild. Rothman weist darauf hin, daß die Lektüre der ursprünglichen Artikel und auch der Abhandlung von 1831, der bedeutendsten, für das Verständnis des Werkes von Galois nutzlos sei. »Die Beweisführungen von Galois sind derartig knapp gehalten, daß es extrem schwierig ist, ihnen zu folgen, und sie sind nicht frei von Fehlern.« In Übereinstimmung mit Peter Neumann von der Oxford-Universität vertritt er die Meinung, daß die von Poisson geäußerte Kritik an einer der Beweisführungen von Galois »absolut korrekt« ist. Wenn man ehrlich ist, so Rothman, läßt eine aufmerksame Bewertung der Aufzeichnungen von Galois, die heute in verschiedenen Editionen verfügbar sind, nur einen Schluß zu: Galois erahnte genial den Weg, durch den das Problem der allgemeinen Auflösbarkeit der Gleichungen geklärt werden konnte, er formulierte auch die drei fundamentalen Begriffe der Theorie korrekt, d.h. die der Gruppenpermutation (heute Galois-Gruppe genannt), der normalen Untergruppe und der auflösbaren Gruppe. Dies bedeutet jedoch nicht, daß er in der Lage war, sie vollständig und streng zu formulieren. Die vollständige und formal korrekte Konstruktion der Galois-Theorie gelang erst dem italienischen Mathematiker Enrico Betti im Jahr 1862 (auch wenn man andernorts Camille Jordan, Sophus Lie und Felix Klein als Vervollständiger der Galois-Theorie nennt). Strenggenommen war damals der Verdacht legitim, daß die Theorie inkonsistent und unhaltbar und das von Galois behandelte Problem genau wie die Quadratur des Kreises unlösbar war.

Heute wissen wir, daß die Quadratur des Kreises, d. h. die Konstruktion eines Quadrates, das einem gegebenen Kreis äquivalent ist, ein theoretisch unlösbares Problem ist, da der Wert des Umfangs und der Fläche eines Kreises vom Wert π abhängt, der, wie Johann Heinrich Lambert in der zweiten Hälfte des 18. Jahrhunderts bewiesen hatte, von keiner rationalen oder periodischen Dezimalzahl ausgedrückt werden kann. Das Problem der allgemeinen Auflösbarkeit von algebraischen Gleichungen hätte von derselben Art sein können. So groß waren die Rechenprobleme, je höher der Grad der Gleichungen wurde, daß niemand hätte sagen können, ob es nicht ein theoretisches Hindernis gab, aufgrund dessen es prinzipiell unmöglich wäre festzustellen, ob und unter welchen Bedingungen eine Gleichung allgemein auflösbar war. Heute wissen wir gerade dank der Arbeiten von Galois, daß kein solches Hindernis besteht und daß die Schwierigkeit des Problems im wesentlichen praktischer Natur war und in der enormen Menge und Komplexität der Berechnungen bestand, die man mit dem traditionellen Ansatz bewältigen mußte. Zur Zeit Galois' hatten die Mathematiker bereits drei Jahrhunderte erfolglos versucht, auf diesem Gebiet Fortschritte zu erzielen. Man muß in Erin-

Verrückte oder unverstandene Genies? 53

nerung behalten, daß es sich um algebraische Gleichungen handelt, d. h. um Gleichungen, die mit den vier arithmetischen Operationen gelöst werden müssen (Addition, Subtraktion, Multiplikation und Division) sowie durch Wurzelziehen. Die Gleichungen 1. und 2. Grades konnten bereits die Babylonier lösen. Sie hatten festgestellt, daß für eine Gleichung 1. Grades die vier elementaren Rechenoperationen genügten, während für die Auflösung einer Gleichung 2. Grades die Ziehung der Quadratwurzel einer Funktion seiner Koeffizienten erforderlich ist. Aber erst im 16. Jahrhundert bewiesen Scipione dal Ferro und Niccolò Fontana, bekannter unter dem Namen Tartaglia, daß eine Gleichung 3. Grades die Ziehung der Kubikwurzel der Koeffizienten erforderte, und Lodovico Ferrari zeigte, daß eine Gleichung 4. Grades die Ziehung der 4. Wurzel verlangt. All dies ließ vermuten, daß die Auflösung einer Gleichung des Grades n keine komplexeren Operationen erforderte als die Ziehung der n-ten Wurzel. Niemandem war jedoch je der Beweis gelungen, daß zum Beispiel eine Gleichung 5. Grades durch Wurzelziehung auflösbar war; vielmehr hatte Ruffini 1813 bewiesen (auch wenn nicht alle den Beweis akzeptierten, bis ihn Abel 1824 bestätigte), daß eine algebraische Gleichung mit einem höheren Grad als vier nicht durch Radikale auflösbar war. Damit war man jedoch noch nicht am Ende. Das Theorem Ruffini-Abel gilt nämlich nur für allgemeine algebraische Gleichungen, nicht aber für spezielle Gleichungen. Tatsächlich wußte man, daß es Sonderfälle von Gleichungen 5. Grades oder auch höherer Grade gab, die mit Operationen auflösbar waren, mit denen sich ihr Grad bis zum 4. oder noch tiefer senken ließ.

Es gab folglich kein Kriterium, das es erlaubt hätte, im vorhinein zu wissen, ob eine Gleichung 5. oder eines höheren Grades durch Radikale auflösbar war oder nicht. Nach einer recht verbreiteten Meinung neigte man dazu, dies im allgemeinen für unmöglich zu halten und betrachtete die gelegentlich gefundenen Auflösungen von Gleichungen 5. und auch 7. Grades als unbedeutende Ausnahmen. Das Ergebnis von Ruffini und Abel schien diese Überzeugung noch zu bestätigen.

Die Bedeutung der Galois-Theorie besteht darin, daß es ihm gelang, definitive Kriterien zu finden, um festzustellen, ob die Auflösungen einer bestimmten Gleichung durch Wurzelziehen gefunden werden konnten oder nicht. Es gelang ihm also, die allgemeinen Bedingungen der Auflösbarkeit oder Unauflösbarkeit von Gleichungen festzustellen. Der Weg, auf dem er diese Lösung fand, war absolut genial: Galois versuchte nicht einmal, die Auflösbarkeit dieses oder jenes Grades anzugehen, sondern schuf, basierend auf Permutationsoperationen zwischen den Koeffizienten der Gleichungen selbst, eine allgemeine Theorie von Gleichungsgruppen. Die Theorie erlaubt dann die Analyse von Untergruppen, die man mit dem Zerlegen einer Babuschka-Puppe vergleichen kann: Durch eine progressive Aufhebung der Koeffizienten gelangt man zu einer Minimalgleichung, die höchstens den Grad vier hat, d. h. sicher auflösbar ist. Schließlich versucht man, von dieser Gleichung ausgehend zur Hauptgruppe hochzugelangen, d. h. man versucht zu beweisen, daß die Hauptgruppe aus dieser Gleichung hervorgebracht werden kann. Gelingt dies, ist eine Gleichung des Grades n (bei der n größer als 4 ist) auflösbar, d. h. reduzierbar auf Gleichungen, die man durch Wurzelziehung lösen kann. Ist es dagegen unmöglich, von der auflösbaren Untergruppe zur Hauptgruppe zu gelangen, ist die Gleichung allgemein nicht auflösbar.

Die Idee war revolutionär, und auch Poisson hätte sie zweifellos auf Anhieb interessant gefunden, aber solange die Theorie nicht in allen ihren Teilen bewiesen war, war sie nicht akzeptabel. Man muß daran erinnern, daß sowohl Abel wie Galois zunächst überzeugt waren, die allgemeine Auflösbarkeit von Gleichungen 5. Grades durch Wurzelziehen bewiesen zu haben, was sich dann jedoch als unmöglich herausstellte. Im übrigen war sich auch Galois über die Unvollständigkeit seiner Theorie sehr wohl selbst im klaren. So schrieb er an seinen Freund Auguste Chevalier in der Nacht vor seinem Tod:

»Ich habe es im Laufe meines kurzen Lebens oft gewagt, Sätze aufzustellen, über die ich mir nicht sicher war. Aber alles, was ich hier geschrieben habe, geht mir schon seit mehr als einem Jahr durch den Kopf. Mir liegt zuviel daran, mir nichts vorzumachen, denn man könnte mir vorwerfen, Lehrsätze zu äußern, die ich nicht vollständig bewiesen habe.«

In einem Kommentar zu seiner grundlegenden Abhandlung sagt er: »Es gibt bei dieser Beweisführung noch etwas zu ergänzen. Aber ich habe nicht die Zeit dazu.« Diese Notiz, wie auch die Neuformulierung seines dritten Lehrsatzes, verfaßte Galois mit Sicherheit in der Nacht vor seinem tödlichen Duell. All dies läßt vermuten, daß Galois im Angesicht seines sicheren Todes die Lücken in seiner Theorie, die er auch selbst jedesmal bemerkte, wenn er den Text umschrieb, soweit wie möglich schließen wollte.

Es fällt auf, daß er damit nichts anderes tat, als Poissons Rat zu befolgen, wenn auch erst am Ende, nachdem er sich unrettbar ins Unglück gestürzt hatte. Seine fiebrigen Umarbeitungen können mit anderen Worten nicht als Beweis betrachtet werden, daß Galois gerade in der letzten Nacht seines Lebens seine Theorie skizzierte (tatsächlich ist dies noch heute die meistverbreitete Meinung, der Leopold Infeld mit seinem biographischen Roman *Whom the Gods Love* die höheren Weihen erteilte). Sie belegen statt dessen, daß Galois sein unglückliches Schicksal nicht nur der stumpfen und feindseligen akademischen Welt, sondern auch seinen deutlich paranoiden Charakterzügen verdankte, an denen eine geordnete und umfassende schulische Ausbildung scheiterte: Dieser Charakter ließ ihm keine Zeit, sein ganzes Potential zu entfalten und trieb ihn in unglückliche politische und amouröse Verstrickungen. Dies ist der dramatische und dunkelste Teil seines kurzen Lebens, und niemand konnte bisher die Ereignisse zweifelsfrei rekonstruieren. Sicher ist, daß es ein Pistolenduell gab, daß von den Waffen nur eine geladen war und Galois dabei erschossen wurde. Aber man weiß nicht, von wem und aus welchen Gründen. In einer Art offenem Brief an »alle Republikaner«, den er in der Nacht vor seinem Tod schrieb, beschuldigt Évariste eine Frau, deren Namen er nicht nennt:

»Ich sterbe durch die Schuld einer infamen Kokette und zweier ihrer Opfer. Eine elende Intrige ist es, die meinem Leben ein Ende setzt.«

Das Duell fand am 30. Mai 1832 statt: Mit einer schweren Wunde im Unterleib wurde Galois ins Cochin-Hospital gebracht, wo er um 10 Uhr des 31. Mai 1832 starb. Er hatte noch nicht sein 21. Lebensjahr vollendet.

Dies sind die Fakten. Aber wie sind sie zu deuten? Warum wurde Galois zum Duell herausgefordert? Warum war nur eine der Pistolen geladen? Aber vor allem: Wer war die »Kokette«? Dem uruguayischen Wissenschaftshistoriker Carlos Alberto Infantozzi zufolge handelte es sich um Stéphanie Poterin du Motel, die Nichte eines der Ärzte der Heilanstalt Faultrier, in die Galois im Februar 1832 nach einer Karzerhaft eingeliefert worden war. Galois verliebte sich in sie, aber es ist nicht klar, wie weit seine Liebe erwidert wurde. Die Beziehung dauerte jedenfalls nur einen Monat, und nur zwei Brieffragmente von Stéphanie an Galois sind davon erhalten, die jedoch nicht von der Hand des Mädchens sind, sondern Kopien von Évariste. Man nimmt an, daß dieser die Originale in einem Zornausbruch vernichtete, denn die Fragmente lassen klar erkennen, daß sie nichts mehr von ihm wissen wollte.

Die Entdeckung Infantozzis macht die älteste und meistverbreitete Hypothese glaubwürdiger, wonach Galois in einer Art Eifersuchtsdrama starb. Alles drehte sich danach um die »Kokette« Stéphanie: Galois, getrieben von Leidenschaft, ignorierte ihre Ablehnung, vergaß sich und verletzte ihre Ehre. Ihr Onkel Eugène du Motel sowie ein nicht näher identifizierter Verlobter, bei dem es sich um einen von zwei Freunden von Galois handeln soll (Vincent Duchâtelet oder Pescheux d'Herbinville), fühlten sich verpflichtet, sie zu rächen und den aufdringlichen Verehrer zum Duell herauszufordern. Diese Rekonstruktion ist glaubwürdig, hat aber einen entscheidenden Fehler: Sie erklärt nicht, warum nur eine der Pistolen geladen war. Dies ist eine der wenigen sicheren Tatsachen, die bereits am Tag nach dem Duell allgemein bekannt war, wie ein Artikel vom 5. Juni 1832 in der Lyoner Zeitung *Précurseur* drei Tage nach der Beerdigung von Évariste belegt.

Der französische Essayist und Filmemacher Alexandre Astruc hat unter Verwendung der Erinnerungen des Präfekten Henri Gisquet eine modifizierte Version vorgeschlagen, nach der das Eifersuchtsdrama von der Polizei ausgenutzt wurde. Durch seine Spitzel vom geplanten Duell unterrichtet, soll Gisquet es so eingerichtet haben, daß der Leiter des Duells, ein Vertrauter oder Agent, eine der beiden Pistolen entlud und sie Galois zuspielte. Liebesintrige und politische Intrige wären so ineinander verwoben gewesen.

Laura Toti Rigatelli hat dagegen eine rein politische Erklärung vorgebracht, die sich im wesentlichen auf die Erinnerungen von Lucienne de la Hodde stützt, einem Spion Louis Philippes. Nach Rigatelli war die Geschichte mit der *coquette* nur inszeniert. Die Ereignisse hätten sich danach wie folgt abgespielt: In einer Versammlung republikanischer Revolutionäre am 7. Mai in der Rue de l'Hôpital-Saint-Louis Nr. 18 wurde beschlossen, daß eine neue Volkserhebung nötig sei, um die Gefahr einer drohenden royalistischen Restauration abzu-

Verrückte oder unverstandene Genies? 57

wenden. Man mußte jedoch einen Vorwand finden, der gravierend genug wäre, um eine bewaffnete Reaktion der Massen auszulösen. Jemand bemerkte, daß dazu ein Toter geeignet wäre, ein Held und Märtyrer, dessen Namen man rufen könne, um das Volk in Aufruhr zu versetzen. Als hätte er auf nichts anderes gewartet, griff Galois hitzig in die Diskussion ein und sagte, daß der Kadaver, den man suche, sein eigener sei: Von der Wissenschaft und der Frau, die er liebte, verschmäht, fühlte er sich nutzlos und wollte sein Leben der einzigen Liebe opfern, die ihm blieb, der Liebe zu Frankreich. Die anderen versuchten, ihn davon abzubringen, aber am Ende gelang es Galois, seinen Willen durchzusetzen. Man faßte also einen Plan: Es sollte ein Duell mit einem Freund inszeniert werden und Galois sollte Briefe hinterlassen, die darauf schließen ließen, das Duell sei wegen einer Frau geführt worden, so daß die Polizei die wahren Motive nicht erahnen konnte. Unter das Volk wollte man dagegen die Version streuen, die Polizei habe das Duell provoziert und manipuliert, um einen Republikaner zu beseitigen.

Diese Version ist die komplizierteste, aber in Anbetracht aller Fakten auch die glaubwürdigste. Nicht nur deckt sie sich mit allen bekannten Dokumenten, sondern sie paßt auch zum psychologischen Profil von Galois, das sich anhand dieser Quellen rekonstruieren läßt. Rothman schreibt dazu:

»Der Eindruck, den man aus den Ereignissen dieser Zeit gewinnt, ist, daß Galois nicht so sehr Opfer der Umstände war, wie es die Legende will, sondern vielmehr ein ›Hitzkopf‹, der sich eigenhändig ins Unglück stürzte.«

Alles deutet darauf, daß Galois unter einer (gewiß nicht schweren) Form von Verfolgungswahn litt. Diesen Wahn nährten Ereignisse, die er selbst mit seinem unangepaßten, herablassenden, stolzen und leicht größenwahnsinnigen Charakter provozierte. So entfremdete sich Galois der schulischen Disziplin und den Konventionen der akademischen Welt. Einige Zeugnisse lassen auch auf sexuelle Probleme schließen, die nach Auskunft von Psychiatern im Falle von Paranoikern nicht selten sind. François-Vincent Raspail, sein Zellengenosse, erzählt in seinen Erinnerungen, daß Évariste während der Gefangenschaft den Spitznamen »Zanetto« erhielt, denselben Namen, mit dem eine venezianische Prostituierte Rousseau verabschiedet hatte, nachdem sie sein geringes sexuelles Interesse bemerkt hatte: »Zanetto, laß die Frauen und kehr zur Mathematik zurück.« Es scheint tatsächlich, daß alle wußten, daß der junge Galois noch keine Frau berührt hatte. Wenn das wahr ist, erklärt dies die ein wenig infantile Schwärmerei, die seine kurze Beziehung zu Stéphanie kennzeichnete. In seinen holprigen mathematischen Aufzeichnungen erscheint ab und zu ein Monogramm aus einem E, das sich mit einem S überschneidet, die Initialen von Évariste und Stéphanie, und an einer Stelle sieht man den Namen Évariste über den von Stéphanie geschrieben. Alles deutet darauf hin, daß er einer jener ein bißchen zu hartnäckigen und einfältigen Liebhaber war, die ihre Schmerzen und Qualen eher einem Tagebuch anvertrauen, als offen ihre Gefühle zu zeigen. So wird die Entscheidung des Mädchens verständlich, die Beziehung abzubrechen, ebenso wie die Verstörung, die dieser Bruch in der Psyche von Galois auslöste.

Wenn stimmt, was Raspail erzählt, scheint Galois seine Schwierigkeiten mit dem anderen Geschlecht in einer Art Verhüllungswahn verborgen zu haben. Nach einem Selbstmordversuch im Gefängnis soll er gesagt haben: »Ich liebe die Frauen nicht: Ich glaube, daß ich nur eine Tarpeia[4] oder eine Mutter der Gracchen[5] lieben könnte, und in Zukunft werdet ihr erfahren, daß ich in einem Duell aus Schuld einer gemeinen Kokette sterben werde.« Es ist nutzlos, weiter über diese Dinge zu spekulieren, aber man kann sich des Eindrucks nicht erwehren, daß sich Galois' Verhalten als eine Reaktion auf die bewußte, aber im Grunde ungerechtfertigte Überzeugung erklärt, nicht auf eine Frau hoffen zu dürfen, die das Ideal der Mutter oder einer der Heldinnen des alten Rom verkörperte, sondern statt dessen nur in die Arme einer Dirne zu fallen. Bezeichnenderweise verließ ihn seine Mutter, die mit ihm ein Haus in Paris bewohnte, gerade in dieser Zeit, weil sie seine Nähe nicht mehr ertrug.

All dies läßt vermuten, daß Galois einen unverträglichen Charakter hatte. Hätte sie ihn als großen Mathematiker anerkannt, hätte die akademische Welt im Hinblick auf diese Züge ein Auge zugedrückt. Man hätte ihn schlicht als einen Kauz betrachtet und seine polemischen Ausfälle wohlwollend akzeptiert. Zu seinem Unglück war Évariste Galois nur ein Student, und seine Arbeiten zeigten, auch wenn sie genial waren, eine deutlich lückenhafte Vorbereitung. Warum hätte Cauchy, der ebenso genial war und als einer der größten lebenden Mathematiker angesehen wurde, seinen verständlichen Stolz hintanstellen sollen? Warum hätte er sich vor einem Studenten verbeugen sollen, der sich allen überlegen fühlte, weil er etwas entdeckt hatte, das er jedoch nicht beweisen konnte? Und warum hätte sich Poisson den Kopf zerbrechen sollen, um inmitten von teilweise falschen und teilweise unvollständigen Beweisführungen eine revolutionäre Theorie zu entdecken, wenn ihr Autor alles tat, um sich unbeliebt zu machen?

Cauchy hatte sicherlich die Ideen von Galois verstanden, aber auch er hatte seine Fehler und entgegengesetzte politische Ideen. Er hätte die Karriere und das Leben von Évariste radikal ändern können und stand kurz davor, es zu tun. Aber nichts im Betragen des jungen Mannes ermutigte ihn dazu, und schließlich verging ihm die Lust. Sicher machte er sich durch sein Schweigen mitschuldig, aber durch die Umstände erscheint uns sein Verhalten wenigstens teilweise gerechtfertigt. Für Poisson war es schwieriger, die Revolution der Galois-Theorie zu verstehen, und als er die Abhandlung prüfte, konnte er nicht mehr Cauchys Meinung einholen, da dieser ins Exil gegangen war.

Der Mythos Galois als »marginalisierter Häretiker« beruht also auf einem allzu harten Urteil gegenüber Cauchy und Poisson. Tatsächlich ist es historisch weder richtig noch gerecht, die ganze Verantwortung für diesen unglücklichen Verlauf der Ereignisse dem akademischen Establishment zu geben. Auch der Charakter von Galois und die Umstände, nicht zuletzt die Erziehung durch die Mutter und die politische Situation, spielten eine entscheidende Rolle. Wirklich interessant und zu einem exemplarischen Fall für wissenschaftliche Häresie wird die ganze Geschichte, weil sie einen schweren Mangel des »Wissenschaftssystems« ans Licht bringt: die Unfähigkeit, den Wert einer Theorie unabhängig von den Umständen und dem Charakter dessen zu beurteilen, der sie aufstellt.

Man ginge wohl zu weit, wollte man verlangen, daß einzelne Wissenschaftler ihre persönlichen Abneigungen und Antipathien überwinden und sich bemühen sollten, das Gute in den noch vagen und unvollständigen Ideen einer Person zu sehen, die inkohärent und aggressiv ist und gleichzeitig dazu neigt, sich zum Opfer zu stilisieren. Wissenschaftler sind auch nur Menschen und haben ihre Fehler. Es wäre jedoch zu wünschen, daß das Wissenschaftssystem, nachdem das Problem einmal erkannt ist, korrigierende Mechanismen, Verhaltensnormen einführt, um die Wiederholung ähnlicher Fälle zu vermeiden. Galois zu marginalisieren, ihn nur als überspannten Menschen zu betrachten, war ein schwerwiegender Fehler nicht der einzelnen beteiligten Wissenschaftler, sondern des wissenschaftlichen Bewertungssystems. So liegt es nahe, eine Art »Toleranzprinzip gegenüber Abweichlern« einzuführen, das sich wie folgt formulieren ließe: Wenn man Ideen und Vorschläge vor sich hat, die sehr innovativ sind, ist das Urteil so lange auszusetzen, bis klar ist, daß alle vorurteilsbehafteten Erwägungen, die eine klare Beurteilung des rein wissenschaftlichen Verdienstes behindern können, ausgeschaltet sind (dies können persönliche Antipathien oder Irritation über die Mißachtung von gängigen Überzeugungen und Theorien sein, die für solide gehalten werden, oder auch Interessenkonflikte materieller Natur). In der Praxis müssen *cranks* toleriert werden, bis man sicher sein kann, daß sich die Unhaltbarkeit ihrer Ideen streng wissenschaftlich beweisen läßt.

Barkla: Der Verrückte, der den Nobelpreis erhielt

Daß die Wissenschaftsgemeinde einen Wirrkopf akzeptieren und sogar in ihren Reihen dulden kann, sollte nicht als gewagte oder paradoxe Behauptung abgetan werden. Tatsächlich ist es wenigstens einmal vorgekommen, daß ein *crank* sogar mit dem Nobelpreis belohnt wurde, statt verstoßen zu werden. Die Geschichte des Nobelpreises weist auch einige Unfälle auf: 1903 zum Beispiel erhielt Niels Ryberg Finsen den Preis für eine nicht stichhaltige Therapie der Hauttuberkulose, bei der die Kranken mit Lichtstrahlen behandelt wurden, und 1927 bekam der Wiener Julius Wagner-Jauregg den Preis für eine nutzlose und schmerzhafte Therapie der fortschreitenden Paralyse durch Syphilis. Jauregg impfte Syphilis-Kranke mit Malaria, um so ihre Lähmung zu heilen, nach der wenig wissenschaftlichen Methode »ein Übel treibt das andere aus«. Wenig überzeugend mutet im nachhinein auch die Begründung der Preisverleihung an den dänischen Arzt Johannes Andreas Fibiger im Jahre 1926 »für die Entdeckung des Pflasterzellkarzinoms des Vormagens« an.

Einen ebenso fragwürdigen Nobelpreis erhielt 1917 der englische Physiker Charles Glover Barkla. Auf Betreiben von Ernest Rutherford wurde Barkla die ersehnte Anerkennung vor allem deshalb verliehen, weil derjenige, der sie wirklich verdiente, Henry Gwyn Moseley, in der Dardanellen-Schlacht in der Türkei gefallen war. Schlimmer noch: als Barkla den Preis erhielt, hatte die Physikergemeinde mittlerweile Grund zu der Überzeugung, daß er vollständig verrückt geworden war. Er hatte sich nämlich darauf versteift, Aufsätze über ein gewisses »J-Phänomen« zu publizieren, an dessen Existenz niemand glaubte und das mit seinem Tod aus der Literatur verschwand.

Nach den Untersuchungen von Brian Wynne ist Charles Barkla für die Wissenschaftssoziologen ein klassischer Fall von »Normalisierung der Abweichung«, d. h. der Akzeptanz und notgedrungenen Tolerierung eines Wissenschaftlers, der von der Gelehrtengemeinde unter anderen Umständen als *crank* ausgestoßen worden wäre. Das Hauptmotiv dafür war, daß sich Barklas Abweichung im Unterschied zu Galois zeigte, als er bereits Teil des Wissenschaftskorps war und die damit verbundenen Privilegien genoß.

Barkla war ein schöner, schlanker Mann mit durchdringendem Blick und einer schönen Baritonstimme, die ihm als jungem Mann auch die Möglichkeit einer Gesangskarriere eröffnete, eine Perspektive, die er zugunsten der Physik aufgab. Er war ein vorbildlicher Student am University College von Liverpool, wo er unter Anleitung von Oliver Lodge sein erstes Diplom in Mathematik und experimenteller Physik ablegte. Danach erhielt er ein Stipendium für Cambridge, wo er Schüler des großen Joseph John Thomson wurde und die Möglichkeit hatte, drei Jahre am Cavendish Laboratory zu arbeiten, eine der Wiegen der modernen Physik. Nachdem er nach Liverpool zurückgekehrt war, erhielt er 1902 die Doktorwürde in Physik und wurde Versuchsleiter, Assistent und schließlich, im Jahre 1909, Professor zuerst am King's College in London und später an der Universität von Edinburgh, wo er für den Rest seines Lebens blieb.

Seine Karriere fiel in jene Hochzeit der Atomphysik, als die ersten konkreten Schritte hin zu einem Verständnis der Materie unternommen wurden: die Klärung der Atomstruktur. Die Physik, die sich zuvor nur mit makroskopischen Objekten befaßt hatte, konnte nun ihre faszinierende Forschungsreise in die mikroskopische Welt der fundamentalen Bausteine der Wirklichkeit antreten, eine Reise, die noch immer andauert.

Die Hypothese, daß die Materie aus Atomen bestehe, die jahrhundertelang eher einen philosophischen als einen wissenschaftlichen

Wert gehabt hatte, wurde 1804 erneut von John Dalton vorgeschlagen, aber es dauerte weitere 100 Jahre, bis sie ernsthaft in Erwägung gezogen wurde. Solange man die Atome als undurchdringliche Kugeln auffaßte, blieb unverständlich, wie sich eins an das andere binden konnte, um die Moleküle der chemischen Verbindungen und die verschiedenen Objekte der realen Welt zu bilden. Demokrit hatte zu seiner Zeit gedacht, daß die Kugeln dafür besonders geeignete Haken hätten, aber die Theorie galt nun als grob und unhaltbar, da gerade Dalton die präzisen mathematischen Proportionen chemischer Reaktionen entdeckt hatte. Es war nicht einsichtig, warum die »Haken« nach einer bestimmten Anzahl von Reaktionen nicht mehr funktionieren sollten.

Den Chemikern gelang es nicht, das Problem zu lösen, und so traten in der zweiten Hälfte des 19. Jahrhunderts die Physiker auf den Plan. Die Entdeckung der Elektrolyse hatte nämlich gezeigt, daß die Elektrizität der Weg war, dem man folgen mußte. Wenn sich – so hatte man begriffen – die Moleküle spalteten, die elektrischer Spannung ausgesetzt wurden, dann hieß dies, daß die »Haken«, mit denen die Atome untereinander zusammenhingen, nichts anderes waren als elektrische Verbindungen. Aber warum und wie vereinigten sich die Atome in elektrischen Umarmungen? Das Problem klärte sich erst, als man verstand, daß Atome keine unteilbaren und undurchdringlichen Kugeln waren, sondern komplexe Objekte, die für die Wissenschaftler viel mehr Überraschungen bereithielten, als sie sich hatten träumen lassen.

Der erste und aufregendste Teil der Reise der Wissenschaft ins Innere des Atoms, die sich zwischen 1903 und 1925 ereignete, führte zur Ausarbeitung der sogenannten Elektronentheorie der Materie, und Charles Barkla war einer ihrer Protagonisten. Tatsächlich waren seine Experimente ausschlaggebend für die Entdeckung eines Weges, ins Innere der Atome zu sehen. Das technische Problem, mit dem damals die Forschung zu kämpfen hatte, war gerade das Fehlen eines angemessenen Instrumentes: Es war nicht einmal denkbar, jemals über ein genügend starkes Mikroskop verfügen zu können, um das Innere eines Atoms zu beobachten. Gerade Thomson, der Lehrer Barklas, bewies, daß der Radius der Atome im Mittel 10^{-8} cm betrug. Wie sollte es gelingen, in ein derart kleines Objekt zu blicken? Niemand hatte in der zweiten Hälfte des 19. Jahrhunderts eine Idee, wie sich dieses Problem lösen ließe.

Verrückte oder unverstandene Genies? 63

Die Physik und die Chemie befanden sich am Ende des vergangenen Jahrhunderts in einer entmutigenden Lage: Die Zahl der Probleme war bei weitem größer als die der gesicherten Erkenntnisse. Man hatte entdeckt, daß die chemische Affinität ein elektrisches Phänomen war (noch 1906 schrieb Ambrose Bierce, eine der rätselhaftesten Persönlichkeiten der amerikanischen Literatur, in sein *Tagebuch des Teufels*: »Man weiß nicht, was Elektrizität ist, aber in jedem Fall leuchtet sie besser als ein Dampfroß und ist schneller als eine Gaslampe«). Man glaubte, daß die Objekte unserer alltäglichen Welt aus unterschiedlichen Zusammenballungen von Elementarteilchen bestanden, aber man wußte nicht, wie viele und welche natürlichen Elemente es gab. Einige Wissenschaftler vertraten die Meinung, daß diese Elemente ihrerseits aus Atomen bestanden, aber die Idee wurde von herausragenden Persönlichkeiten wie dem Physiker Ernst Mach oder dem Chemiker Wilhelm Ostwald bestritten. In jedem Fall gab es keine Möglichkeit herauszufinden, was diese Atome wirklich waren und wie sie aufgebaut waren.

Zudem begann man seit 1878 seltsame Dinge zu entdecken, Strahlungen, die etwas mit der Struktur der Materie zu tun zu haben schienen und folglich mit dem Atom: Niemand konnte jedoch sagen, woraus diese Strahlungen bestanden. Man hatte gesehen, wie es in einer Vakuumröhre, die von einer elektrischen Ladung durchquert wurde, zu einer eigenartigen Fluoreszenz kam, die der Emission von sogenannten »Kathodenstrahlen« zugeschrieben wurde. Das Bild komplizierte sich, als Röntgen 1895 bei der Arbeit mit diesen Strahlen andere produzierte, die er ehrlicherweise »X-Strahlen« nannte, eben weil er absolut nicht begriff, was sie waren. Die mysteriösen Phänomene schienen sich zu vervielfältigen. Wenige Monate danach entdeckte Henri Becquerel, Professor für Physik an der École Polytechnique, die so hartnäckig den Schüler Galois abgelehnt hatte, daß Uran spontan zwei andere Typen von Strahlen emittierte, die Ernest Rutherford »Alpha-« und »Betastrahlen« taufte. Schließlich fand der französische Wissenschaftler Paul Villard heraus, daß Uran, Thorium und Radium (die später radioaktiv genannt wurden) auch einen dritten Typ von Strahlen aussandten, die »Gammastrahlen«. Aber woraus bestanden all diese Strahlen? Und wie unterschieden sie sich voneinander?

Als wären sie in ein unbekanntes Schloß eingetreten und in totales Dunkel gehüllt, arbeiteten sich die Wissenschaftler tastend vorwärts, indem sie »blind« experimentierten. Man probierte etwas aus, nur um zu sehen, was geschah. So leitete man zum Beispiel elektrische Ladungen durch Magnetfelder, in der Hoffnung, Informationen über die Natur der Elektrizität zu gewinnen, oder man bombardierte Gas und andere bekannte Elemente mit X-Strahlen, um Indizien über die Konsistenz dieser Strahlen zu sammeln. Die beeindruckende Fülle von Problemen konnte langsam gelöst werden, indem man im Grunde Stoffe miteinander in Wechselwirkung brachte, deren jeweilige Natur man nicht kannte. In Anbetracht der Komplexität dieser Fragen kamen die Forscher insgesamt sehr schnell voran, und in etwa 30 Jahren, zwischen 1897 und 1925, hatte man sie zu den Akten gelegt und durch andere, weit schwierigere ersetzt, von denen ein Großteil noch heute ungelöst ist.

Man verstand vor allem, daß die Kathodenstrahlen nichts anderes als Ströme von Teilchen waren, die Elektronen genannt wurden und elektrische Ladungen transportierten. Sie wurden von der Kathode durch elektrische Abstoßung ausgesandt, durchquerten den beinahe leeren Vakuumrezipienten, trafen schließlich auf dessen Glaswand und gaben an ihre Atome Energie ab, die in Form von sichtbarem Licht wieder abgestrahlt wurde. Die Betastrahlen, so stellte sich heraus, hatten die gleiche Beschaffenheit wie die Kathodenstrahlen; sie bestanden aus Elektronen mit einer allerdings wesentlich höheren Geschwindigkeit. Die Alphastrahlen bestanden dagegen aus Atomkernen des Heliums, ein auf der Erde recht seltenes Element, das 1895 entdeckt und nach dem griechischen Wort *helios* (Sonne) benannt worden war, da es ein Gas ist, das auf der Sonnenoberfläche sehr verbreitet ist. Man hatte beobachtet, daß eine radioaktive Substanz wie das Radium bei der Explosion teilweise Energie in Form von Elektrizität und teilweise in Form von Helium abgab. X-Strahlen und Gammastrahlen schließlich waren wie Licht beschaffen. Sie bestanden mit anderen Worten aus elektromagnetischen Wellen hoher und höchster Frequenz und waren folglich im Gegensatz zum normalen Licht unsichtbar. All dies war 1914 bereits hinreichend klar, und die klügsten Geister begriffen, daß die Erforschung dieser Strahlen und die Aufklärung der Atomstruktur Hand in Hand gingen. Die X-Strahlen und besonders die Alphastrahlen erwiesen sich als optimale Instrumente, um in den Atomkern hineinzublicken. Gerade durch die Bombardierung verschiedener Elemente mit diesen Strahlen erhielt man die experimentellen Daten für eine verläßliche Theorie der Atomstruktur.

Den ersten Schritt machte 1897 Joseph John Thomson, Barklas Lehrer. Er demonstrierte, daß Elektrizität nichts anderes war als ein Strom von Elektronen, die sich offensichtlich im Atom befanden und seine Hauptbestandteile ausmachten. Die Vorstellung, die Thomson von der Struktur des Atoms hatte, verglich er selbst häufig mit einem Rosinenkuchen: im Inneren einer kontinuierlichen, positiv geladenen Matrix befand sich danach eine gewisse (von Element zu Element variable) Anzahl von Elektronen. Dieses Atommodell wurde zwischen 1899 und 1903 ausgearbeitet (genau in den Jahren, in denen die wissenschaftliche Karriere von Barkla begann), wurde jedoch 1911 durch Ernest Rutherford, 1913 durch Niels Bohr und 1915 durch Arnold Sommerfeld radikal modifiziert. Den letzten Schliff erhielt die Theorie 1925 durch Wolfgang Pauli. Aber im Kern war die heute akzeptierte Quantentheorie der Atomstruktur bereits 1915 ausgearbeitet. Entwickelt wurde sie durch Modifizierungen des Modells von Thomson, im direkten Anschluß an die Forschungen seines Schülers Charles Barkla, der sie jedoch nie verstand oder jedenfalls nie akzeptieren konnte. Er blieb strikt den Ideen von Thomson treu und legte, noch bevor er verrückt wurde, eine einzigartige theoretische Beschränktheit an den Tag. Man könnte sagen, daß Barkla bei der Ausarbeitung der Atomtheorie in vorderster Reihe stand, ohne es zu wissen, und tatsächlich wird sein Namen heute in Chemie- und Physikbüchern nur selten erwähnt.

1902, seinem letzten Jahr in Cambridge, wurde Barkla von Thomson beauftragt, die sekundäre Strahlung in Gasen zu untersuchen, die durch das Bombardement mit X-Strahlen entstand. Es handelte sich um ein scheinbar irrelevantes Phänomen, aber zu seinem Glück erwies es sich als äußerst interessant. Lenkt man X-Strahlen auf ein beliebiges Element, ist das auffälligste Phänomen die Verteilung oder Streuung der Strahlen selbst, die sich der Interaktion zwischen Photonen, aus denen die Strahlen bestehen, und den Elektronen im Inneren der Atome des beschossenen Elements verdankt. Diesem Phänomen gaben die Engländer die Bezeichnung *scattering* (Streuung). Schon 1897 wußte man jedoch, daß über dieses *scattering* der primären Strahlung hinaus auch eine sekundäre X-Strahlung auftrat. Die Aufgabe Barklas war es nun gerade, diese sekundäre Strahlung zu untersuchen, um zu sehen, ob sich aus ihr etwas über die Natur der X-Strahlen ableiten ließe.

Ein erstes Resultat erhielt Barkla 1903, als er bewies, daß die sekundäre Strahlung dieselbe Wellenlänge wie die Primärstrahlung hatte. Diese Tatsache schien für Thomsons Theorie über die Natur der X-Strahlen zu sprechen. Es handelte sich um eine ingeniöse, aber falsche Theorie, die auf den Begriffen des klassischen Elektromagnetismus fußte, besonders auf der Idee eines Äthers, einer nicht wahrnehmbaren Substanz, die einige der physikalischen Eigenschaften von Objekten aufweisen und den Gesetzen der klassischen Mechanik gehorchen sollte (später wurde die Äthertheorie sowohl von der Quantenmechanik als auch von der Relativitätstheorie verworfen). Nach Thomson konnten in diesem Äther Wellenphänomene auftreten. Kurz, er nahm an, daß die Elektronen von einem elektrischen Feld umgeben waren, dem Äther, und die X-Strahlen abgestrahlt wurden, wenn andere Elektronen, die aus der Kathode der Kathodenröhre stammten, von diesem Äther zurückprallten. Seiner Meinung nach vollzog sich also die Produktion und Streuung der X-Strahlen wie folgt: Die Kathode sandte Elektronen zur Antikathode aus, der Aufprall stoppte die Elektronen jedoch nicht völlig, sondern sie wurden nur negativ beschleunigt und zurückgestoßen; sie prallten vom Äther um die Elektronen des beschossenen Elements zurück wie flache Steine auf einer Wasserfläche, wobei sie eine Reihe von Kreisfrequenzen und Wellenstörungen produzierten.

In den folgenden Jahren erhielt Barkla weiterhin korrekte experimentelle Ergebnisse, die er jedoch fälschlich als Bestätigungen der Theorie seines Lehrers deutete. Danach mußten beispielsweise die Kreisfrequenzen des Äthers teilweise polarisiert sein, d. h. daß die Strahlung, die durch Streuung hervorgerufen wurde, eine minimale Feldstärke von 90 Grad im Hinblick auf den einfallenden X-Strahl aufwies. Und Barkla bewies 1904, daß es sich tatsächlich so verhielt. In Wirklichkeit zeigte das Experiment nur, daß sich X-Strahlen genau wie Licht polarisieren ließen; dies wurde später offenkundig, als es sich 1914 erwies, daß die X-Strahlen nichts anderes als Lichtstrahlen mit einer höheren Frequenz und im Vergleich zu normalem Licht geringeren Wellenlänge sind. Aber Barkla wollte nie glauben, daß die X-Strahlen Lichtwellen waren. Er fuhr stur fort, die Theorie der Ätherimpulse zu verfechten, auch als seine eigenen Experimente das Gegenteil zu zeigen begannen.

Verrückte oder unverstandene Genies? 67

Paradoxerweise tauchten die Widersprüche gerade in dem Moment auf, als Barkla seine wichtigste Entdeckung machte, die ihm den Nobelpreis einbringen sollte. 1906, als er an der Universität von Liverpool arbeitete, bemerkte er nämlich, daß die sekundäre Strahlung zwei Bestandteile hatte: die Strahlen der Primärstrahlung selbst nach ihrer Streuung und eine weniger durchdringende Strahlung, die von der bestrahlten Substanz rührte und für diese charakteristisch war. Diese Entdeckung war von so großer Bedeutung, weil die zweite Komponente der Strahlung der Wissenschaft endlich das so lange ersehnte Instrument zur Erforschung des Atominneren an die Hand gab. Jedes Element antwortete nämlich auf die Bombardierung mit X-Strahlen mit einer charakteristischen Reaktion, die von der inneren Struktur der Atome dieses Elements abhing. Die Spektrallinien, die diese Komponenten produzierten, waren wie hochpräzise Fotografien der Anzahl und Verteilung der Elektronen eines Atoms auf den verschiedenen Bahnen. Aber Barkla, der weiterhin an seine Kreisfrequenzen dachte, konnte dies nicht bemerken. Für ihn handelte es sich nur um eine anormale Strahlung, denn sie zeigte keinerlei Beziehung zur Richtung oder der Polarisierung des Primärstrahls und stellte somit einen offenkundigen Widerspruch zur Theorie dar. Folglich waren seine Bemühungen darauf gerichtet, die Theorie der Kreisfrequenzen des Äthers zu modifizieren, so daß auch die charakteristische Strahlung Platz in ihr fände.

Es war ein junger Physiker aus Manchester, Henry Moseley, der die Bedeutung dieser Entdeckung erkannte. Ihm wurde klar, daß man aus der Quadratwurzel der Frequenz der charakteristischen Strahlung, die von einem Element ausging, unmittelbar auf die Kernladung des Atoms dieses Elements und auf die Zahl der Elektronen schließen konnte, die es besaß. Auf diesem Weg beschrieb Moseley zwischen 1911 und 1914 die Merkmale der Atome aller bekannten Elemente und wies jedem eine Atomnummer zu, die den Wert der Kernladung und die Zahl seiner Elektronen ausdrückte. Moseley hatte eine außerordentliche Arbeit geleistet und hätte den Nobelpreis weit eher als Barkla verdient, der im Grunde die Bedeutung seiner Entdeckung nicht begriff. Aber Moseley, sehr jung und von patriotischem Geist erfüllt, verließ den Kongreß der British Association for the Advancement of Science, der in jenem Jahr in Australien abgehalten wurde, um überstürzt nach England zurückzukehren und sich freiwillig zum Korps der Royal Engineers zu melden. Er wurde in die Türkei abkommandiert und starb im August 1915 bei der Landung in Gallipoli (Gelibolu).

In der Zwischenzeit, gerade als Moseley seine grundlegenden Forschungen zur Kernladung abschloß, hatte Barkla eine weitere wichtige Entdeckung gemacht. Sie warf ebenfalls neues Licht auf den inneren Aufbau des Atoms, aber offenkundig begriff er sie nicht. Er bewies, daß bei den schweren Elementen die von ihm entdeckte charakteristische Strahlung aus zwei unterschiedlichen Typen bestand: einer durchdringenderen, die er K nannte, und einer weicheren, die er L nannte. Es handelte sich um Spektren, die von den Elektronen auf den beiden inneren der sieben möglichen, eben mit den Buchstaben K bis Q bezeichneten Elektronenbahnen von Atomen produziert werden. Aber um die Ergebnisse seiner Experimente auf diese Weise zu interpretieren, hätte Barkla wie Moseley die Atomtheorie von Bohr akzeptieren müssen, die sich auf eine bereits im Jahre 1900 von Max Planck geäußerte Hypothese gründete, wonach die Strahlungsenergie nur in diskreten Quantitäten (eben »Quanten«) absorbiert wird und die Bahnen, welche die Elektronen ziehen, gequantelt sind. Die totalen Energiewerte eines Elektrons können mit anderen Worten nach dieser Hypothese nicht um einen x-beliebigen kleinen Wert erhöht oder vermindert werden, sondern immer nur um bestimmte Werte. Die Elektronen können sich folglich nur auf bestimmten diskreten Bahnen befinden, die voneinander durch Quantensprünge getrennt sind. Leider akzeptierten die wichtigsten englischen Physiker der Epoche, Rutherford und Thomson, diese Idee nie und hielten sich zäh an den klassischen Elektromagnetismus. Thomson modifizierte geschickt seine eigene Theorie der Kreisfrequenzen des Äthers, um den beobachteten Quantenphänomenen Rechnung zu tragen. Barkla folgte offenkundig seinen Lehrern und verlor so noch einmal die Möglichkeit, die richtigen Folgerungen aus seinen Entdeckungen zu ziehen.

Offensichtlich hatte der unsichere und konfliktreiche Verlauf seiner Karriere eine verheerende Wirkung auf seine Psyche, denn von 1911 bis 1916 zeigte sich eine fortschreitende Verschlechterung seiner intellektuellen Fähigkeiten, so daß er bald von seinen Kollegen, wenn schon nicht als Verrückter, so doch mit Sicherheit als klassisches Beispiel eines *crank* angesehen wurde. Während es gelang, Barklas expe-

Verrückte oder unverstandene Genies? 69

rimentelle Ergebnisse und die Quantentheorie immer mehr in Übereinstimmung zu bringen, versteifte er sich auf die Begriffe des klassischen Elektromagnetismus und unternahm jede Anstrengung, um die alte Theorie der Kreisfrequenzen des Äthers aufrechtzuerhalten. Ab 1916 schließlich glaubte er einen anderen Effekt der charakteristischen Strahlung erkannt zu haben, den er »J-Phänomen« nannte. Es handelte sich um ein Phänomen, das es nicht gab und das kein anderer Forscher außer seinen Schülern (und nur solange sie in ihrer Arbeit von ihm abhängig waren) beweisen konnte. Wäre es bestätigt worden, hätte diese Entdeckung die Quantentheorie des Atoms widerlegt, weil es die Existenz einer Elektronenbahn auf einem Niveau zwischen einem Quantensprung bewiesen hätte, die noch näher am Kern gewesen wäre als die Bahn K. Er hätte mit anderen Worten bewiesen, daß die Brechungsspektren der X-Strahlen nicht mit den Quantenbahnen übereinstimmten und folglich die Interpretation des *scattering* der X-Strahlen, wie sie die Theorie der Ätherimpulse beschrieb, wahrscheinlicher war.

Das Phänomen gab es in Wirklichkeit überhaupt nicht: Selbst Barkla gab zu, daß es ihm manchmal nicht gelang, es nachzuweisen, auch, weil es seiner Meinung nach einem holistischen Effekt der X-Strahlung in ihrer Gesamtheit zu verdanken war, der nicht direkt aus der Summe der Effekte der einzelnen Komponenten resultierte. Es handelte sich also um eine Illusion, die klar bewies, wie jemand, der in den Jahren 1902 bis 1911 ein hervorragender und präziser Experimentator gewesen war, sich in einen jener visionären Wahnsinnigen verwandelt, die von der Wissenschaftsgemeinde üblicherweise mehr oder weniger höflich vor die Tür gesetzt werden.

Es ist daher sicher bemerkenswert, daß Barkla für den Nobelpreis vorgeschlagen und nicht ausgegrenzt wurde und 1917 den Preis auch wirklich erhielt, den er wegen des Krieges erst 1921 entgegennehmen konnte. 1917 war auch das Jahr, in dem Barkla seinen ersten Aufsatz über das J-Phänomen veröffentlichte. Es liegt also auf der Hand, daß bei dieser unglücklichen Verleihung der Faktor Zeit eine entscheidende Rolle spielte. Die Kandidatur von Barkla wurde 1915 und 1916 mit Nachdruck von Rutherford unterstützt, und zu jener Zeit galt Barkla, der öffentlich noch nicht durch seine seltsamen Ideen über das J-Phänomen kompromittiert war, als respektabler und fähiger, wenn auch zweifellos nicht genialer experimenteller Physiker; zugleich sprach die immense Arbeit zu seinen Gunsten, die Moseley auf der Grundlage seiner Entdeckung geleistet hatte.

In einem gewissen Sinn erhielt Charles Barkla den Nobelpreis, der Moseley gebührte, kurz bevor die veränderten Umstände seine Kandidatur unmöglich gemacht hätten. Wenn Rutherford nicht darauf bestanden hätte und das Nobelpreiskomitee die Verdienste Barklas mit der gleichen Langsamkeit bewertet hätte, mit der es zum Beispiel Einstein beurteilte, hätte sich die Entscheidung wenigstens bis zum Jahr 1922 hingezogen, und zu jener Zeit wäre seine Kandidatur mit Sicherheit abgelehnt worden. Tatsächlich wurde der Nobelpreis 1922 Niels Bohr verliehen, und dies entsprach der offiziellen Anerkennung der Quantentheorie des Atoms, gegen die sich Barkla weiterhin stemmte. Im selben Jahr bewies die Entdeckung des Compton-Effektes definitiv, daß Barkla völlig falsch lag, und die beinahe wahnhaften Attacken, die er im folgenden Jahr auf den Seiten von *Nature* gegen Compton lancierte, machten ihn zum Gespött der internationalen Forschergemeinde.

Zu jener Zeit hätte ihm also niemand mehr den Nobelpreis verliehen, aber zu seinem Glück und zur großen Schmach der Wissenschaftsgemeinde hatte Barkla ihn schon erhalten, und er bediente sich der damit verbundenen Autorität, um seine bereits überholten Theorien zu unterstützen. Sogar die Feier der Preisverleihung nutzte er, um eine Lanze für das J-Phänomen zu brechen. Von diesem Moment an hatte niemand mehr die Macht, ihn aufzuhalten: Weder konnte das *Philosophical Magazine*, die renommierteste Physikzeitschrift der Zeit, seine zwischen 1925 und 1933 verfaßten zehn Artikel über das Phänomen zurückweisen noch hatten seine Kollegen und Kritiker, darunter in vorderster Front Edmund Whittaker von der Universität von Edinburgh und Charles Galton Darwin, die Macht, die vierzehn Studenten durchfallen zu lassen, die ihre Abschlußprüfung bei Barkla über das J-Phänomen ablegten. Sie nicht bestehen zu lassen hätte bedeutet, den Prüfer anzugreifen, der die direkte Verantwortung für die Korrektheit der Arbeitsmethode und die Ergebnisse hatte, und wer konnte offen einen Nobelpreisträger kritisieren? Und doch handelte es sich um eindeutig falsche Diplomarbeiten, und auch die Studenten waren sich dessen bewußt.

Dies entdeckte Brian Wynne, als er ihre Karrieren zurückverfolgte. Die drei besten, Dunbar, Watson und Reekie, wurden Universitätsprofessoren, aber keiner von ihnen arbeitete mehr über das J-Phänomen und besonders Dunbar wurde einer seiner härtesten Kritiker, nachdem er den Lehrstuhl für Physik an der Universität von Cardiff erhalten hatte. Wynne entdeckte, daß zwei Studenten die Diplomarbeit sogar abgelehnt hatten. Einer von beiden, Carmichael, war nach Cambridge geflüchtet, während der andere, Paton, Barkla deutlich zu verstehen gegeben hatte, daß er bereit sei, jedwedes Thema für seine Diplomarbeit zu wählen, nur nicht das J-Phänomen.

Alle, auch die Studenten, wußten also, daß der illustre Professor Charles Barkla, Nobelpreisträger für Physik und Mitglied der Royal Society, den Verstand verloren hatte und in seinen Experimenten den Phantasmen der X-Strahlen hinterherjagte, aber niemand begann gegen ihn eine jener Kampagnen, welche die offizielle Wissenschaft normalerweise gegen *cranks* und Dissidenten führt.

Nach Wynne waren die Ächtung und die völlige Marginalisierung Barklas unmöglich, weil es sich in diesem Fall nicht um einen wehrlosen, dem Wissenschaftlerkorps völlig fremden Dilettanten, oder, schlimmer noch, um einen wirren Möchtegernwissenschaftler handelte. Dieses Mal war der »Abweichler« in jeder Hinsicht ein einflußreiches Mitglied der Gemeinschaft, der noch dazu mit der höchsten wissenschaftlichen Anerkennung geehrt worden war. Er war außerdem sehr mächtig, weil er Mittel für Forschung und Stipendien verwaltete und erheblichen Einfluß auf die Karriere junger Physiker haben konnte. Man konnte ihn nicht angreifen, ohne mit gefährlichen Reaktionen rechnen zu müssen, einen großen Skandal auszulösen und eine ernste Störung des Machtgleichgewichts in der Akademie zu bewirken. Wissenschaftler wie Oliver Lodge, Joseph John Thomson und Ernest Rutherford standen ihm bei, nicht weil sie an die Realität des J-Phänomens glaubten, sondern schlicht, weil er für das Überleben des klassischen Elektromagnetismus kämpfte; eine Verurteilung wegen Häresie hätte folglich zu einer Art Spaltung in der britischen Physikergemeinde führen können, die zu jener Zeit noch die am höchsten angesehene war.

Nach einigen keineswegs allzu heftigen Scharmützeln zwischen Compton und Barkla kam man zu einem *tacit agreement*, einer stillen Übereinkunft: Die orthodoxe Wissenschaft würde Barkla nicht exkommunizieren und tolerieren, daß er weiterhin seine Ideen aufrechterhielt und lehrte, jedoch nur im lokalen Umfeld, d. h. an der

Universität. Er mußte allerdings seine Attacken gegen die Quantentheorie mildern und die Veröffentlichungen über das J-Phänomen
auf das Minimum beschränken, das noch mit seiner Ehre als Wissenschaftler vereinbar war. Man billigte ihm also das Recht zu, intellek-
tuell zu überleben, unter der Bedingung, daß er die dominierende
Gruppe nicht öffentlich provozierte. Auf diese Weise konnte er alle
Vorrechte und Funktionen seines Status behalten und bis ans Ende
seiner Karriere weiterhin das Ansehen eines großen Wissenschaftlers
genießen.

Wynne hat recht, wenn er Barklas Fall für besonders interessant
hält. Dies gilt aber nicht nur, weil er einen seltenen und vielleicht einzigartigen Fall von »Normalisierung« darstellt, d. h. eine gewaltlose
Reaktion auf einen Angriff gegen die Orthodoxie. Er zeigt meiner
Meinung nach vielmehr auch, daß die Wissenschaftsgemeinde entge-
genkommend sein kann und unter ihren Mitgliedern sogar Forscher
akzeptiert, die völlig abwegige Ideen haben. Warum also nicht die
gleiche Toleranz gegenüber jenen üben, die auf dem richtigen Weg
sein könnten, auch wenn sie »verrückt« zu sein scheinen? Die Geschichte wissenschaftlicher Häresien scheint den Schluß zu rechtfertigen, daß das Wahrheitsinteresse niemals Ächtungen oder Verurteilungen erfordert. Das Wissen, daß häufig Abweichler und geradezu
Verrückte konkrete und zuweilen fundamentale Beiträge zur Wissenschaft leisten können, sollte die Repräsentanten der Orthodoxie dazu
bewegen, gegenüber *cranks* die gleiche Toleranz zu zeigen, die Barkla
entgegengebracht wurde.

II

Die »kleine« Wissenschaft der Amateure und Außenseiter

Catts Herausforderung

Im Juni 1993 erschien in *Electronics World* und *Wireless World* eine provozierende Anzeige von Ivor Catt mit dem Titel »The Catt's Challenge« (»Catts Herausforderung«). Dort war zu lesen:

»Es bedarf einer neuen Initiative, um aus der Stagnation herauszukommen, in der sich heute der Elektromagnetismus befindet. Von den Menschen, die auf diesem Gebiet arbeiten, bin ich wahrscheinlich der bekannteste, aber keiner der Fachleute wird zugeben, je etwas von meinen Theorien gehört oder gelesen zu haben, noch wird er sie vorteilhaft oder kritisch kommentieren. Insbesondere wird niemand zugeben, schon von der ›Cattschen Anomalie‹ gehört zu haben, die meiner Beweisführung zugrunde liegt und die ich 1987 bekanntgemacht habe. Folglich kann nicht einmal die Frage aufgeworfen werden, ob die Lehrbücher und die Inhalte von Universitätskursen geändert werden müssen oder nicht. Aus diesem Grund habe ich beschlossen, einen Fond zur Verteidigung der Theorie des klassischen Elektromagnetismus einzurichten, um ein Hindernis zu beseitigen, das nun schon seit einem Jahrzehnt besteht. In diesen Fond habe ich 100 Pfund Sterling eingezahlt, die an drei Experten des Elektromagnetismus ausgezahlt werden, wenn sie an einer Begegnung teilnehmen, bei der sie den klassischen Elektromagnetismus gegen die Cattsche Anomalie verteidigen müssen. Die Zusammenkunft wird aufgezeichnet, und jeder der Teilnehmer erhält eine Kopie der Kassette. Sie werden sowohl in dem Fall bezahlt, daß ihre Verteidigung erfolgreich ist, als auch im Falle ihres Scheiterns. Die Kritiker des klassischen Elektromagnetismus erhalten dagegen kein Geld. Vor dem Treffen werden angesehene und verläßliche Institutionen wie das Institut für Elektronik und das Institut für Physik die drei Experten autorisieren und bestätigen, daß sie die klassische Theorie angemessen verteidigen können. Wenn sich, wie ich annehme, niemand findet, der den klassischen Elektromagnetismus auf ehrenhafte Weise gegen die Cattsche Anomalie verteidigen kann, erhöht sich der Fond von Jahr zu Jahr. Letztlich wird die klassische Elektrodynamik so nach und nach aufgegeben und auf den Platz verwiesen werden müssen, der ihr zukommt, d. h. man wird sie mit Poltergeistern und anderem Schwachsinn auf den Müllhaufen werfen.«

Ton und Inhalt dieser Offerte könnten dazu verleiten, sie umstandslos zu den kuriosen (wenn auch manchmal anregenden) Produkten von Wirrköpfen zu rechnen, die sich am Rand der Wissenschaft tummeln. Der Unterzeichner, Ivor Catt, wäre jedoch nur mit Mühe als *crank* einzustufen, auch wenn er eine originelle und exzentrische Persönlichkeit ist. Catt, heute 60 Jahre alt, ist Elektroingenieur mit einem durch und durch ordentlichen Werdegang: Er machte 1959 in Cambridge sein Diplom und entwarf danach Hardware für einige der größten Computer-Hersteller Großbritanniens und Amerikas. 1972 ließ er sich die »Cattsche Spirale« patentieren, eine Verfahrenstechnik zum Bau eines innovativen Chips, der die Ära der sogenannten »*wafer stacks*-Integration« (WSI) einleitete. Die ersten Produkte der neuen Technik (die *wafer stacks* oder Halbleiterscheiben) wurden im Februar 1989 von dem anglo-japanischen Gemeinschaftsunternehmen der Firmen Anamartic von Sir Clive Sinclair und Fujitsu gebaut, die das Patent von Catt erwarben und verwerteten.

Der Mann, der den Elektromagnetismus revolutionieren will, kann also nicht nur als kompetenter Ingenieur gelten, sondern auch als kreativer und origineller Geist, der keine unbeträchtliche Verbesserung der Computertechnologie ersonnen hat. Darüber hinaus läßt es die hürdenreiche Geschichte der von der Informatikindustrie lange Zeit absichtlich ignorierten »Cattschen Spirale« angeraten erscheinen, die wissenschaftliche Verläßlichkeit der »Cattschen Anomalie« nicht voreilig von der Hand zu weisen. 25 Jahre lang haben sich nämlich die größten Computerhersteller geweigert, den Vorschlag Catts in Betracht zu ziehen, und keine Fachzeitschrift auf diesem Gebiet wollte je einen Artikel über das Thema annehmen. Die Cattsche Spirale war somit in den 70er Jahren eine ketzerische Idee, so wie heute die Cattsche Anomalie.

Bis zum Juli 1983, als Sinclair sich entschloß, in den Vorschlag von Ivor Catt zu investieren, galt dieser allgemein als klassischer *crank*, eine Art Schreckgespenst der Computer-Multis. Dies nicht nur wegen seiner originellen und unkonventionellen Ansichten, sondern auch, weil seine Hypothese bereits in den 60er Jahren von »Big Blue«

Die »kleine« Wissenschaft der Amateure und Außenseiter

(IBM) aufgegriffen und verworfen worden war, da zu teuer und technisch zu aufwendig. Ein Weg, kurz gesagt, den zu gehen sich nicht lohnte. Dafür gab es auch einen konkreten Beweis. Mitte der 70er Jahre hatte nämlich Gene Amdahl, einer der angesehensten und fähigsten Hardware-Entwerfer bei IBM, versucht, den Weg integrierter Halbleiterscheiben zu beschreiten, hatte Big Blue verlassen und die Firma Trilogy gegründet. Der gelang es, 240 Millionen Dollar von Sperry, Digital und der französischen Firma Bull zu erhalten, um den neuen Chip-Typ zu bauen. Im Juni 1984 mußte Amdahl zur großen Freude von IBM endgültig zugeben, daß es nicht möglich gewesen war, daß Projekt zu einem guten Abschluß zu bringen. Als sich daher 1983 Sinclair mit Catt einigte, in derselben Richtung zu arbeiten, gab es gute Gründe, die Sache für aussichtslos zu halten. Tatsächlich war man zu der Überzeugung gelangt, daß sich die Integration auf Halbleiterscheibenniveau kommerziell nur dann nutzen ließe, wenn man Halbleiter ohne Fehler produzieren konnte. Dies konnte nach Einschätzung von Amdahl jedoch erst in frühestens 100 Jahren gelingen. Amdahl war so pessimistisch, weil es ihm selbst nicht geglückt war, das Hauptproblem der *wafer stacks*-Integration zu lösen. Normalerweise werden die Chips auf der Basis einer Siliciumhalbleiterscheibe (*wafer*) von ca. 12 bis 13 cm gebaut. Weil diese »Waffeln« normalerweise defekte Teile enthalten, werden sie in hunderte kleine Chips zerteilt, um die guten von den nutzlosen zu trennen. Dann werden die funktionstüchtigen Chips auf einen Träger mit lithographierter Schaltung montiert, die sie miteinander verbindet. Ein solches Vorgehen erwies sich als schwierig und kostspielig, aber Amdahl konnte kein schnelleres und ökonomischeres Verfahren finden. Catt dagegen gelang dies. Bei dem von ihm erdachten System wird Software eingesetzt, welche die Siliciumscheibe testet, die funktionierenden Teile untereinander verbindet und dabei automatisch die nicht verwendbaren Teile ausschließt, ohne daß diese herausgebrochen und beseitigt werden müssen. Man wählt zu Beginn einen der möglichen Zugänge zur Halbleiterscheibe und testet den ersten Chip der Sequenz: Er wird nach dem Zufallsprinzip mit Daten beschickt und als gut eingestuft, wenn der Tester eine korrekte Botschaft zurückerhält. Beim zweiten Schritt instruiert der Tester den funktionierenden Chip, eine Verbindung zu einem der vier angrenzenden Chips herzustellen. Dann werden Daten übermittelt (immer über den ersten funktionsfähigen Chip), bis man eine angemessene Rückmeldung erhält, mit der die Funktionsfähigkeit des zweiten Chip bestätigt wird usw. Am Ende erhält man eine Chip-Spirale von sicher funktionierenden Chips, die in Sequenzordnung auf der kleinen Halbleiterscheibe liegen. Diese enthält eine erhebliche Anzahl funktionsuntüchtiger Segmente, die aber von der Verbindung ausgeschlossen sind: Damit entfällt die Notwendigkeit, die Chips auf einen Träger mit aufgeprägter Schaltung zu montieren. Die wesentlichen Vorteile bestehen in der Erhöhung der Speicherkapazität (der 1989 auf der International Solid State Circuits Conference in New York präsentierte Prototyp hatte einen Speicherplatz von 200 Millionen Byte in einer einzigen runden Halbleiterscheibe von zirka 13 cm) und in der leichten Integrierbarkeit in die Architektur der Computer. Die funktionierenden Halbleiterscheiben sind untereinander durch denselben Mechanismus verbunden, mit dem ihre Funktionsfähigkeit geprüft wird, und es ist nicht erforderlich, daß jede von ihnen unabhängige Schnittstellen hat. Die Verbindungen werden dadurch erheblich vereinfacht.

Wie so häufig liegt die Lösung erst im nachhinein auf der Hand. Ende der 60er Jahre hätte keiner der multinationalen Konzerne einen Pfennig in Catts Vorschlag investiert. Niemand nahm ihn ernst: Alle Firmen, für die er arbeitete, entließen ihn über kurz oder lang. In den sechs Jahren, die er in Amerika verbrachte, von 1962 bis 1968, arbeitete Catt für fünf Firmen in drei unterschiedlichen Staaten. Seine Erfahrungen mit der amerikanischen Industrie erwiesen sich als traumatisch: Es kam ihm vor, als sei er in ein gefährliches Irrenhaus geraten: großer Konkurrenzkampf, Neid, Schläge unter die Gürtellinie nach einem freundlichen Schulterklopfen, verrückte Karrieren, bei denen man heute eine Gehaltserhöhung und morgen die Kündigung erhält, Milliardenprojekte, die mit großen Hoffnungen begonnen und nach einigen Monaten aufgegeben werden, ständige Kündigungen, Streß bis an die Grenze des Erträglichen und eine seltsame Mischung aus Genialität und Oberflächlichkeit. Nach dieser Erfahrung war Catt nicht mehr derselbe, und 1971 entschloß er sich, sie in einem kleinen geistreichen Buch zu erzählen (*Das Catt-Konzept*), eine empfehlenswerte Lektüre nicht nur für Manager multinationaler Computerfirmen, sondern für alle Interessierten.

Catt zufolge besteht die Basis der amerikanischen Technologie, die sich über die ganze Welt ausbreitet, aus einem »neuen Industrie-Darwi-

Die »kleine« Wissenschaft der Amateure und Außenseiter 77

nismus«, aus dem Gesetz des Dschungels mit wenigen einfachen Regeln, die das individuelle Überleben sichern, aber den technologischen Fortschritt verhindern und die Menschen psychisch auslöschen.

Es ist das Vorherrschen dieser Logik, die nach Catt nicht nur das Leben der Informatiker zu einem Konkurrenzkampf macht und in eine Hölle verwandelt, sondern auch den Fortschritt in der Informationstechnologie verlangsamt und in die Irre führt. Nach der Patentierung seiner Spirale 1972 zog er sich daher aus der Computer-Welt zurück und lehrte Ingenieurtechnik am Polytechnikum von Hatfield. 1983 antwortete er dann auf ein Inserat der Firma von Sir Sinclair im Observer und bekam schließlich die Möglichkeit, sein Projekt zu verwirklichen. Die Veränderungen in seinem Privatleben, die sich in der Zwischenzeit ereignet hatten, waren jedoch nicht spurlos an ihm vorbeigegangen: Seine Frau Freda, müde vom einem Leben ständiger Kämpfe und dauernder Unsicherheit, hatte die Scheidung eingereicht, auch weil die manischen Züge in Ivor Catts Charakter (die ihn in den Augen eines seiner wenigen Bewunderer bereits zu einem Genie machten) deutlicher hervorgetreten waren. Zudem hatte er die Cattsche Anomalie entdeckt und war auf die Idee gekommen, den Elektromagnetismus völlig neu zu begründen. Aber worin besteht diese Anomalie, und warum soll sie das Wissen über Elektromagnetismus revolutionieren? Catt selbst erklärt den Kern seiner Entdeckung wie folgt:

»Betrachten wir die Erhöhung der Spannung einer elektromagnetischen Querwelle, die nach rechts durch zwei perfekte Leiter läuft. Vor der Variation des Potentials enden die Induktionslinien, die vom oberen (positiveren) Leiter ausgehen, im unteren Leiter in Elektronen (n mal cm der Länge des Leiters). Diese Elektronen gesellen sich zu den Elektronen (m mal cm), welche die Löcher in den Molekülen des unteren Leiters neutralisieren. Nach der Spannungsdifferenz sind dagegen m Elektronen mal cm der Länge des unteren Leiters vorhanden, die ebenfalls die Löcher neutralisieren. Während der folgenden 30stel Nanosekunde bewegt sich die Spannungserhöhung etwa einen Zentimeter vorwärts, so daß n neue Elektronen im entsprechenden Abschnitt des unteren Leiters erscheinen, um die neuen Induktionsflußröhren zwischen den beiden Leitern zu schließen. Woher kommen diese Elektronen? Nicht vom oberen Leiter, weil der Induktionsstrom *per definitionem* nicht aus einem Elektronenstrom besteht. Sie können auch nicht auf irgendeine Weise von links kommen, d. h. von hinter der Spannungsstufe, weil sich diese Elektronen mit Lichtgeschwindigkeit im Vakuum fortbewegen. Der klassische Elektromagnetismus behauptet: a) daß sich eine elektromagnetische Querwelle von zwei perfekten Leitern geleitet ohne jede Variation mit Lichtgeschwindigkeit im Vakuum fortbewegt; b) daß die elektrischen Stromlinien in elektrische Ladungen münden; c) daß die elektrische Ladung weder geschaffen noch zerstört werden kann; d) daß sich die elektrische Ladung mit einer deutlich niedrigeren Geschwindigkeit durch den Leiter bewegt als der Lichtgeschwindigkeit im Vakuum. Der klassische Elektromagnetismus ist folglich tot.«

Der Kern der Cattschen Behauptung ist, daß der heute übliche Begriff des elektrischen Stroms aufgegeben werden muß, weil er widersprüchlich ist und darüber hinaus eine Weiterentwicklung der wissenschaftlichen Erkenntnisse auf dem Gebiet des Elektromagnetismus verhindert. Statt auf die Drähte, entlang derer der elektrische Strom läuft, müsse man die Aufmerksamkeit auf das Geschehen außerhalb des Leiters richten. Wenn es ein Feld um den Draht gibt, so nur, wie man heute glaubt, aufgrund der Vorgänge im Leiter. Viele Indizien sprechen Catt zufolge hingegen für die Auffassung von Oliver Heaviside, wonach der durch den Draht laufende Strom von der Energie produziert wird, die im Raum um den Draht übertragen wird, was Heaviside »Stromkraft« nannte. Der Beweis dafür wäre eben die Anomalie, die Catt entdeckt hat. Wenn es sich herausstellen würde, daß diese Ansicht richtig ist, müßte man in der Tat die Theorie des Elektromagnetismus grundlegend neu formulieren.

Bis heute teilt die Wissenschaftsgemeinde offenbar nicht Catts Meinung, daß eine solche Revolution nötig ist. Zwar glaubt man allgemein, daß es die Anomalie wirklich gibt, daß sie aber wie die meisten Anomalien erklärt werden könne, ohne den Elektromagnetismus noch einmal ganz neu zu begründen. Eine mögliche Erklärung hat Professor Pepper vom angesehenen Cavendish Laboratory in Cambridge. Im Juni 1993 schrieb Pepper an Catt:

»Das Problem, das Sie aufgeworfen haben, besteht darin, daß man annehmen muß, die Ladung liege außerhalb des Drahtes, wenn die Welle vom Metall geleitet wird. Da sich die Welle mit Lichtgeschwindigkeit fortbewegt, müßte sich auch die Ladung, die außerhalb des Systems produziert wird, mit Lichtgeschwindigkeit bewegen, was offensichtlich unmöglich ist. Die Lösung des Problems liegt in der Betrachtung der Leitung in den Metallen. Hier haben wir einen Fluß positiv geladener Atome, umgeben von einem Meer freier Elektronen, die sich in Reaktion auf die Spannung eines elektrischen Feldes bewegen können. Diese Reaktion kann sehr schnell sein und eine Polarisierung der Spannung an der Oberfläche und im Inneren des Drahtes bewirken; bei Frequenzen, die höher als ω_p sind, kann das Elektronengas nicht reagieren, und dies erklärt die Durchlässigkeit der Metalle für ultraviolette Strahlung. Dennoch kann das Elektronengas bei den üblicherweise eingesetzten Frequenzen leicht auf die elektromagnetische Strahlung reagieren: Sein Reflektionswert beträgt 1. Wenn statt des Metalls ein schlechter Leiter benutzt wird, d. h. wenn es keine freien Elektronen gibt, dann gibt es auch keine Polarisierung. Die Ladung kann, wie Sie sagen, nicht ins System gelangen und man erhält kein Oberflächenfeld. Entsprechend kommt es bei solchen niedrigen Frequenzen nicht zu einer Reflexion der Strahlung und es entstehen keine Leitwellen. Ich hoffe, daß diese Bemerkungen für Sie eine befriedigende Erklärung darstellen. *Yours sincerely*, M. Pepper.«

In einem nicht abgeschickten Brief, den er aber unter seinen Freunden zirkulieren ließ, vertritt Catt die Auffassung, daß die vorgeschlagene Erklärung nicht trägt und vielmehr Peppers totale Inkompetenz belege. Seiner Meinung nach ist Pepper ein Experte für Halbleiter und Festkörperphysik, aber diese habe nichts mit seinem Problem zu tun, da »es einen tiefen Abgrund zwischen der Halbleitertheorie und der Theorie des Elektromagnetismus [gebe], der dem Problem der elektromagnetischen Querwellen zugrunde« liege. Kein Lehrbuch des Elektromagnetismus, protestiert Catt, »enthält ein Kapitel über Halbleiter, und umgekehrt enthalten die Handbücher über Halbleiter keinerlei Hinweis auf den Elektromagnetismus«. Aus technischer Sicht, so Catt, besteht die Lösung Peppers darin, die Gültigkeit des Theorems von Gauß zu leugnen, die Basis einer der grundlegenden Gleichungen von Maxwell, und dies obwohl er ein »Meer freier Elektronen ohne ihr elektrisches Feld« postuliere, die auf die Ankunft der elektromagnetischen Querwelle warteten. »Pepper«, so Catt polemisch, »sollte einen Blick auf die grundlegenden Werke der Physik werfen. In der Zwischenzeit täte er gut daran, sich aus der Diskussion herauszuhalten.«

Es ist schwierig zu sagen, ob Catt recht hat oder nicht, aber die Geschichte lehrt, daß man Ketzer (auch wenn sie manchmal polemisch und unangenehm werden) Gehör schenken sollte. Allzu oft war die Wissenschaft gezwungen, ein »*Mea culpa*« anzustimmen, weil sie Forscher mißachtete und eilig beiseite schob, deren Ideen sie später als richtig anerkennen mußte.

Heaviside, der »Wurm« der Elektrotechnik

Einer dieser Forscher war Oliver Heaviside, als dessen Reinkarnation sich Catt in gewisser Weise fühlt. Heaviside ist einer der außergewöhnlichsten Fälle genialer Wissenschaftler, die marginalisiert wurden, weil ihre Ideen so exzentrisch waren. Noch heute wird in Geschichten des Elektromagnetismus und der Elektrotechnik selten (und meistens nur flüchtig) an seinen Namen erinnert. Es gibt keine echte Biographie über ihn, und die einzigen Details über sein Leben und seine Gewohnheiten finden sich in einer Broschüre von George Searle (*Oliver Heaviside: The Man*), die Ivor Catt privat auf eigene Rechnung herausgegeben hat.

Hält man sich an das Bild, das Searle, der über 30 Jahre sein Freund war, von ihm zeichnet, dann war Heaviside der Prototyp eines Wissenschaftsamateurs: Er hatte kein ordentliches Studium absolviert und machte nie ein Diplom, trotzdem beherrschte er sehr gut Latein, das er zum Spaß in Briefen an seine Freunde benutzte, und eignete sich selbst die mathematischen Grundlagen an, die er für seine Studien des Elektromagnetismus benötigte. Diese autodidaktische Bildung führte manchmal zu unangenehmen, wenn auch nicht allzu tragischen Fehlern. Der kurioseste Ausrutscher, den seine Kritiker genüßlich hervorhoben, war, den griechischen Buchstaben λ (Lambda), der für einen der Parameter des Elektromagnetismus benutzt wurde, als »Lemma« zu lesen. Einem Widersacher, dessen Berechnungen er kritisiert hatte und der ihn aus Rache auf diesen linguistischen Fehler aufmerksam gemacht hatte, entgegnete er trocken: »Ihre Beweisführung ist akademisch und zusammenhanglos. Mit Elektrizität hat sie offenbar wenig zu tun. Sie sagen, daß ich falsch gelesen habe und daß es sich nicht um ein Lemma, sondern um ein Lambda handelt. Das mag schon sein, aber in jedem Fall ist Ihre Rechnung falsch.«

Es scheint, daß sein Interesse für die mathematische Physik elektromagnetischer Phänomene im Alter von 20 Jahren geweckt wurde, als er von 1870 bis 1874 als Telegraphist arbeitete. Es war die erste und einzige Anstellung, die er jemals hatte. Sein übriges Leben verbrachte er als Junggeselle auf Kosten seines Bruders, erst in einem Haus in Paington in Devonshire, versorgt vom alten Hausmädchen seiner Eltern, und später bei Miss Mary Eliza Jons Way, der Schwester einer Schwägerin, die ihn in ihrem eigenen Haus in Homefield, Torquay, als »zahlenden Gast« aufnahm und seine Quälereien acht lange Jahre ertragen mußte.

Die Frau war fast 70, aber Heaviside nannte sie »*baby*« und benahm sich wie der Hausherr. Er war es, der entschied, wie und wann

Die »kleine« Wissenschaft der Amateure und Außenseiter 81

der Garten zu pflegen war, er kontrollierte die Freundschaften seiner Gastgeberin, wann sie spätestens im Haus zu sein hatte (in den seltenen Fällen, in denen er ihr Ausgang gewährte), und er hatte immer etwas an den Mahlzeiten zu mäkeln. Natürlich stritten sie sich oft und sprachen dann ein paar Tage nicht miteinander. In solchen Fällen versorgte Miss Way ihren widerborstigen Gast nicht mehr, und das Haus verwandelte sich in einen Schweinestall. Trotz allem kümmerte sie sich weiter um ihn, solange sie konnte, da er nicht bösartig war, sondern nur exzentrisch und selbstsüchtig zugleich. Sah man von seinen Wahnsinnsanfällen ab, war er sogar sympathisch, denn er hatte viel Phantasie und Humor und sein Sprachgebrauch war äußerst originell. Er liebte es zum Beispiel, das Englische zu latinisieren, und wenn er gute Laune hatte, nannte er Miss Way »mulier bestissima« (beste/verbiestertste aller Frauen). Seit 1920 hängte er an seinen Namen die Abkürzung WORM, um sich über die englische Sitte lustig zu machen, akademische Titel wie MA (Magister Artium, Diplom in Geisteswissenschaften), MD (Medicinae Doctor) oder FRS (Fellow of the Royal Society, Mitglied der Royal Society) zu tragen. Als er gefragt wurde, welchen Titel die Buchstaben abkürzten, erklärte er, daß es sich gar nicht um einen Titel, sondern nur um eine andere Art handelte, das Wort *worm* (Wurm) zu schreiben, das er gewählt habe, weil ihn alle wie einen Wurm verachteten. Zweifellos ging seine Egozentrik oft in Paranoia über. Als zum Beispiel Miss Way beschloß, ihn zu verlassen, weil ihr Alter und ihre Gicht ihr nicht mehr erlaubten, sich um ihn zu kümmern, glaubte er nicht an die Begründung, fühlte sich zu Unrecht verlassen und rächte sich, indem er allen sagte, daß die Frau verrückt geworden sei. Searle, der ihn weiterhin besuchte, bekräftigt dagegen, daß Miss Way geistig völlig gesund war.

Es konnte also kein Zweifel bestehen, daß Heaviside ein seltsamer Kauz war. Dennoch hatte dieser Mann, der voller Hirngespinste und Eigenheiten steckte, der nahezu allein in einer Hütte auf dem Land lebte und unfähig war, sich um sich selbst zu kümmern, bemerkenswerte Fähigkeiten als mathematischer Physiker und kann heute als einer der Nachfolger von James Clerk Maxwell angesehen werden, vor allem, was die Probleme der praktischen Anwendung des Elektromagnetismus angeht. Sein größter Verdienst ist es, Begriffe und grundlegende Rechenverfahren, die er aus der Theorie von Maxwell ableitete, in verschiedene Bereiche der Elektrotechnik eingeführt und für diese definiert zu haben. Tatsächlich war er der erste, der Operatoren vergleichbar den Transformierten von Fourier in der Elektrizitätslehre verwendete, auch wenn das Notationssystem (das er erfunden hatte) nicht mehr dem heutigen entspricht. Seine Gleichung ist es, die das Funktionieren des Telegraphen ermöglichte, er prägte Begriffe wie Impedanz, Konduktanz, Kapazitanz und Induktivität. Ohne daß ihm jemand Gehör schenkte, schlug er auch ein System elektromagnetischer Einheiten analog zum MKS-System (Meter/Kilogramm/Sekunde) vor, das noch heute benutzt wird. Er war es, der 1901 erklärte, wie es Marconi hatte gelingen können, Signale von der einen Seite des Atlantiks zur anderen zu übertragen, ohne daß sich aufgrund der Erdkrümmung die Wellen im Raum verloren: Als erster sagte er die Existenz einer ionisierten Schicht in der Atmosphäre voraus, die elektromagnetische Wellen reflektiert. Er war auch der erste, der die Masseerhöhungen einer sich mit großer Geschwindigkeit bewegenden Spannung vorhersah.

Heaviside stand folglich in der Mitte zwischen einem sehr begabten Elektroingenieur und einem Theoretiker des Elektromagnetismus von der Statur eines James Clerk Maxwell. Anfangs wurden diese Fähigkeiten auch gewürdigt, vor allem in der wachsenden Gemeinde der Elektroingenieure, für die er bald eine Art Orakel wurde. Zwischen 1885 und 1887 veröffentlichte die Zeitschrift *The Electrician* viele seiner Aufsätze, bis seine Theorien ihn in Opposition zu denen von William H. Preece brachten, dem mächtigen Chefingenieur des britischen General Post Office. Fortan senkte sich Schweigen über ihn: Er wurde nicht nur von den wissenschaftlichen Debatten ausgeschlossen, sondern er verlor auch die Stellung, die ihm in der Geschichte des Elektromagnetismus zugekommen wäre.

Die Einzelheiten der Polemik hat viele Jahre später, 1929, der große Physiker Edmund Whittaker rekonstruiert. Preece war ein mächtiger und einflußreicher Mann. Er war Schüler von Michael Faraday gewesen und wurde als einer der kompetentesten Gelehrten auf dem Gebiet der Elektrotechnik angesehen. Seine Entscheidungen lenkten die britische Politik auf den Gebieten der Telegrafie, des Telefonnetzes und der Radiotechnik, und ihm ist das große Verdienst anzurechnen, Guglielmo Marconi, der sich 1896 an ihn gewandt hatte,

Die »kleine« Wissenschaft der Amateure und Außenseiter

in der schwierigsten und unsichersten Phase der Entwicklung des Radios ermutigt zu haben. Durch seine institutionelle Rolle, seine rhetorischen Fähigkeiten und seine imponierende Gestalt (deren Autorität noch durch einen dichten Bart unterstrichen wurde) genoß Preece, zweimaliger Präsident der Institution of Electrical Engineers, unter den britischen Elektroingenieuren höchstes Prestige. Seine Verdienste für das Land wurden sogar mit der Ernennung zum Baronet gewürdigt. Er gehörte jedoch zu einer Generation von Ingenieuren, die theoretisch nicht sonderlich beschlagen war, und auch auf dem Gebiet der Anwendung machte er gravierende Fehler.

Preece nahm Heaviside nicht sonderlich ernst und verhielt sich ihm gegenüber zumeist recht unfair. Die Meinungsverschiedenheit zwischen den beiden bezog sich auf die Rolle der Induktivität bei der Verbesserung elektrischer Verbindungsleitungen. Man hatte entdeckt, daß sich in den Telegraphen- und Telefonkabeln das Signal nach und nach abschwächte, je größer die Distanz wurde. Dies stellte ein ernsthaftes Problem für die Entwicklung der Telekommunikation dar. Als zum Beispiel Graham Bell, der nach Europa gekommen war, um das Telefon zu verbreiten, von Königin Viktoria gebeten wurde, ein Telefon im Osborne House auf der Isle of Wight zu installieren, betrug die Reichweite des Telefonnetzes nur wenige Kilometer. Da außerdem die Mikrophone noch kaum entwickelt waren, mußte man schreien, um sich verständlich zu machen.

Oliver Heaviside fand heraus, wie das Problem zu lösen war: Er bewies mathematisch, daß es genügte, Induktionsspulen in bestimmten Abständen an den Fernkabeln anzubringen. Preece und sein Mitarbeiter waren der Auffassung, daß der Beweis nicht standhielt und die Induktivität keinerlei Einfluß auf die Reichweite des Kabels haben konnte. Es war, wie Whittaker bemerkt, ein ungleicher Kampf: auf der einen Seite die größte britische Autorität auf dem Gebiet der Elektrotechnik, der Chefingenieur der britischen Post, auf der anderen Seite der ehemalige Telegraphist, ein *self-educated maverick*, ein verschrobener und exzentrischer Amateur, mittellos und ohne Rückhalt. So kam es, daß Heaviside marginalisiert wurde. Natürlich konnte man weder seine Karriere ruinieren, da er keinerlei Anstellung oder Amt hatte, noch ihn von der Universität jagen oder aus wissenschaftlichen Gesellschaften oder Akademien ausschließen, da er nirgendwo Mitglied war. Man konnte ihn jedoch zum Schweigen bringen, und Preece hielt es für seine Pflicht, ihn daran zu hindern, seine »Dummheiten« zu veröffentlichen. So zwang er *The Electrician*, keine Artikel von Heaviside mehr anzunehmen; um jedes Risiko auszuschließen, wurde sogar der Chefredakteur der Zeitschrift, der in der Vergangenheit Aufsätze von diesem ungebildeten Dilettanten gedruckt hatte, entlassen.

Wenigstens hatte Heaviside das Glück, zu jener Kategorie von Ketzern zu gehören, deren Verdienste am Ende doch noch anerkannt werden. Aber dies soll nicht heißen, daß er je seinen Frieden mit der etablierten Wissenschaft schloß, obwohl er 1912 zusammen mit Hendrik Antoon Lorentz, Ernst Mach und Max Planck sogar für den Nobelpreis nominiert wurde. Die älteste und prestigeträchtigste Akademie der Welt, die Royal Society, entschied sich 1889, das Unrecht gutzumachen, das ihm die Wissenschaftsgemeinde angetan hatte, und ihn zu ihrem Mitglied zu wählen. Aber als ihn Oliver Lodge am 27. Januar dieses Jahres über den Vorschlag informierte, kam er mit allen möglichen Einwänden: Er antwortete Lodge, daß er aus sieben Gründen (die aufzulisten er keine Lust habe) die Wahl ablehne. Er erwähnte nur das seiner Meinung nach wichtigste Argument: Er wußte, daß man normalerweise nicht beim ersten Mal gewählt wurde und oft Jahre warten mußte; aber er hatte keine Lust, sich wie ein Bittsteller in die Reihe zu stellen. Entweder also garantierte man ihm die Wahl bei der ersten Abstimmung, oder er lehnte ab. Es folgten monatelange Verhandlungen und Briefwechsel. Am Ende beugte sich die Royal Society, und Heaviside wurde 1891 beim ersten Antrag gewählt, wie er es wollte. Seine umstrittenen Arbeiten wurden nach und nach auf Kosten der Akademie in zwei Bänden mit dem Titel *Electric Papers* veröffentlicht, bis auf einen Teil eines wichtigen Artikels von 1893 mit dem Titel »On Operators on Physical Mathematics«, der als unverständlich angesehen wurde: Das reichte aus, um ihn erneut tödlich zu beleidigen. In einem der Briefe an Lodge rechtfertigte er seine launische Haltung mit einem Satz, der als Motto für alle verrückten Erfinder und Häretiker dienen könnte:

»Es gibt immer jemanden, der sich nicht anpassen will und die ›guten alten Regeln‹ nicht akzeptiert. Solche Menschen sind sicher ein bißchen verrückt und exzentrisch, aber sie bereiten den Weg für wünschenswerte Veränderungen.«

Die Royal Society und Waterston: Die Geschichte einer »ehrlichen und leidenschaftslosen Prüfung«

An der Geschichte von Heaviside ist etwas unverwechselbar Englisches, das über die Exzentrizität dieses Forschers hinausgeht. Was wissenschaftliche Häresie angeht, scheint es fast, als sei England die Wahlheimat der Ketzer oder zumindest jenes besonderen Typs von Häretikern, die man als »geniale Amateure« bezeichnen könnte. Es sind jene Forscher, die nicht die Gelegenheit hatten, eine reguläre Bildung zu erwerben und die in der Mehrzahl der Fälle außerhalb der großen Institutionen arbeiten, die offiziell als Zentren der wissenschaftlichen Forschung anerkannt sind. Nicht nur einige der aufsehenerregendsten und beispielhaftesten Fälle dieses Typs von Ketzerei kommen aus Großbritannien, sondern hier gab es auch die ersten ernsthaften Untersuchungen über wissenschaftliche Häresie, zuerst von John William Strutt, besser bekannt als Lord Rayleigh, und dann von Robert Murray, publiziert in seinem Buch *Science and Scientists in the Nineteenth Century*.

1891 stieß Rayleigh, einer der kreativsten und originellsten Physiker am Ende des 19. Jahrhunderts, der beachtliche Beiträge zur Mathematik, zur Optik und Akustik sowie zur Theorie der Gase geleistet hatte (er erhielt den Nobelpreis für die Entdeckung des ersten seltenen Gases in der Atmosphäre, dem Argon), auf einen Aufsatz über den Schall, der im Jahre 1858 von einem obskuren Forscher verfaßt worden war: John James Waterston. In diesem Artikel bezog sich der Autor, der acht Jahre zuvor gestorben war, auf ein Manuskript über die Theorie der Gase, das er im Dezember 1845 der Royal Society zur Veröffentlichung in ihren Sitzungsberichten zugesandt hatte, das aber abgelehnt worden war. Der Artikel trug den Titel »Über die Physik von Mischsubstanzen aus freien und elastischen Molekülen« und war nach der Ablehnung dem Autor nicht zurückgeschickt worden, der ihn nun anderswo nicht veröffentlichen konnte, da er keine Kopie besaß. Rayleigh, der damals Präsident der Royal Society war, dachte, daß sich dieser Artikel noch in den Archiven der Akademie finden müsse, wenn er nicht wortwörtlich in den Papierkorb geworfen worden war, und ließ ihn suchen. Als er ihn las, wurde ihm klar, daß er die grundlegenden Ideen der kinetischen Gastheorie enthielt, deren Ausarbeitung bis heute nicht Waterston, sondern James Joule, Rudolf Clausius und James Clerk Maxwell zugeschrieben wird, Vertreter einer Forschungsrichtung, die 1848 aus der Taufe gehoben worden war.

Die kinetische Theorie der Gase war ein Meilenstein der Physik, weil sie zum erstenmal erlaubte, das Verhalten des dritten Zustands der Materie, des gasförmigen Zustands, über den es bis dahin noch keine zuverlässige Theorie gab, zu begreifen und gezielt zu beeinflussen. Die Mechanik und die Dynamik ermöglichten es, das Verhalten fester Körper zu erklären, die Mechanik der Flüssigkeiten erklärte das Verhalten von flüssigen Stoffen, aber es gab keine mathematische Theorie, mit der sich das gesetzmäßige Verhalten der Gase formulieren ließ. Die kinetische Theorie der Gase tut genau dies: Sie leitet präzise Gesetze aus einigen schlichten Postulaten ab (die Moleküle können als materielle Punkte betrachtet werden, die sich nicht wechselseitig beeinflussen; ihre Bewegung unterliegt den Gesetzen der Dynamik; die Zusammenstöße von einem Molekül und der Wand des Behälters sind vollständig elastisch).

Rayleigh stellte zu seiner Überraschung fest, daß Waterston einen Großteil der Arbeit der drei Begründer der kinetischen Gastheorie vorweggenommen hatte: Er hatte zum ersten Mal die Idee geäußert, daß die Temperatur der Gase durch die von ihm so genannte *vis viva* gemessen werden könne (d. h. die kinetische Energie kollidierender Moleküle) und hatte erstmals die Geschwindigkeit der Moleküle berechnet. Außerdem hatte er das Prinzip formuliert, mit dem sich das spezifische Gewicht der Moleküle bestimmen läßt, die in einer Gasmischung vorhanden sind.

Aber wie hatte es geschehen können, daß ein so wichtiger Artikel von der Royal Society abgelehnt worden war und in den Archiven verschwand? Rayleigh ließ Nachforschungen anstellen und entdeckte, daß es sich nicht um einen Irrtum gehandelt hatte und die Frage gewissenhaft nach der damals geltenden Praxis geprüft worden war. Da Waterston kein Mitglied der Royal Society war, hätte sein Artikel nur veröffentlicht werden können, wenn eine Kommission aus zwei Referenten ihn für sachdienlich, wichtig und würdig befunden hätte, die Aufmerksamkeit der Wissenschaftsgemeinde zu finden. Die mit der Prüfung beauftragten Gelehrten waren der betagte Baden Powell, Geometrieprofessor in Oxford, und der Astronom Sir John William Lubbock gewesen. Baden Powell meinte, das von Waterston postu-

Die »kleine« Wissenschaft der Amateure und Außenseiter

lierte fundamentale Prinzip, wonach der Druck eines Gases durch
den Anprall der Moleküle gegen die Wände des Gefäßes verursacht
wurde, sei »äußerst schwer nachzuvollziehen und noch weniger als
befriedigende Basis für eine mathematische Theorie zu betrachten«.
Lubbock war oberflächlicher gewesen und hatte wörtlich erklärt:
»Dieser Aufsatz ist ganz und gar unsinnig.«

Rayleigh wollte das Unrecht wieder gutmachen, das die Gesellschaft, deren Präsident er war, begangen hatte, und beschloß, den Aufsatz in eben der Zeitschrift zu veröffentlichen, die ihn beinahe 50 Jahre
zuvor abgelehnt hatte. Er wollte außerdem wissen, was der Autor, von
dem man nur wußte, daß er Schotte war, für ein Mensch gewesen war
und wie er gelebt hatte. Er schrieb daher an einen Freund in Edinburgh und schließlich gelang es ihm, mit George Waterston, einem
Neffen von James, in Kontakt zu treten. So erfuhr er, daß Waterston
Sohn eines Edinburgher Drogisten gewesen war und mit Robert Sandeman verwandt war, dem Begründer einer religiösen Sekte, sowie
mit George Sandeman, dem Gründer einer noch heute existierenden
Portwein-Firma. James, das sechste von neun Geschwistern, hatte In-
genieurwissenschaft studiert, aus Interesse aber auch Mathematik-,
Physik-, Chemie-, Anatomie- und Chirurgievorlesungen besucht. Mit
29 Jahren zog er nach London, wo er bei der britischen Eisenbahnge-
sellschaft arbeitete, um dann ins Hydrographische Institut der Admi-
ralität zu wechseln. 1839 bewarb er sich auf den Posten eines Lehrers
an der Schiffahrtsschule der East India Company in Bombay. Die
Grundlinien seiner kinetischen Theorie der Gase gehen auf seine Zeit
als Lehrer in Bombay zurück. 1843 schickte er ein seltsames Buch
nach Edinburgh, um es veröffentlichen zu lassen, *Thoughts on the Men-
tal Functions*, im wesentlichen ein Versuch, das menschliche Verhalten
aus physikalisch-mathematischer Sicht zu erklären. Am Ende des Buches befand sich eine Anmerkung mit der kompletten und akkuraten
kinetischen Gastheorie.

Niemand scheint sich jedoch für das Buch interessiert zu haben,
noch weniger für die Anmerkung, und daher entschloß sich Waterston zwei Jahre später, den Appendix zu überarbeiten und daraus den
Artikel zu machen, den er der Royal Society schickte. In seinem Be-
gleitbrief sah er voraus, daß seine Grundhypothese »Mathematiker
wahrscheinlich abstoßen wird«, aber er sei zuversichtlich, daß die
Royal Society sie nur nach einer »ehrlichen und leidenschaftslosen

Prüfung« ablehnen würde. Eine Prüfung gab es tatsächlich, aber sie läßt sich kaum als ehrlich und leidenschaftslos bezeichnen. 1857 gab Waterston seine Lehrerstelle auf und kehrte nach Schottland zurück. Er übte keinerlei Beruf mehr aus und widmete sich nur noch privat und als Amateur der wissenschaftlichen Forschung. Er heiratete nie und hatte nach Auskunft seines Neffen nur drei weitere Leidenschaften: Musik, Schach und Billard. Die Weigerung der Royal Society, seinen Aufsatz zu veröffentlichen, verletzte ihn tief, so sehr, daß er, wie sein Neffe George an Rayleigh schrieb, gewöhnlich von der Gesellschaft »in derart starken Ausdrücken sprach, daß mir die Erziehung verbietet, sie zu wiederholen«.

Nachdem Rayleigh die Geschichte von Waterston ausgegraben hatte, wurde sie zu einem klassischen Beispiel für die Marginalisierung eines kaum bekannten Forschers ohne vorzeigbare Karriere durch eine offizielle und angesehene wissenschaftliche Institution. Robert Murray, der zu Beginn dieses Jahrhunderts schrieb und sich also vor allem auf das 19. Jahrhundert bezog, gelangte schon damals zu der Auffassung, daß die Liste der Beurteilungsfehler der Wissenschaft sehr lang sein mußte und fügte hinzu: »Heute mag die Wissenschaft, wenn sie will, behaupten, daß sie auf Ketzerverbrennungen verzichtet. Sie kann sogar behaupten, nie zu ihnen Zuflucht genommen zu haben. Ich bin mir da allerdings nicht so sicher.« Es steht außer Zweifel, daß der Dogmatismus in Verbindung mit einem falsch verstandenen Korpsgeist (und nicht selten mit Arroganz) die Wissenschaft vieler fruchtbarer Geister beraubt hat, deren einziger Fehler es war, aus Mangel an Bildung oder durch persönliche Eigenheiten ihre Argumente nicht zur Geltung bringen zu können. Es ist, so Murray, als stünde an den Toren der Universitäten und Akademien geschrieben: »Laßt alle Hoffnung fahren, ihr, denen einzutreten nicht gelang.«

Dennoch werden die großen Ideen manchmal an den unterschiedlichsten Orten außerhalb der weihevollen Hallen der wissenschaftlichen Akademien und fern der Universitätslabors geboren – von verschrobenen Geistern ohne geeignete Ausbildung, denen die professionellen Wissenschaftler nicht folgen können und nicht selten mit ungerechtfertigtem Spott und Ausgrenzung begegnen. Es ist, als gäbe es neben der offiziellen Wissenschaft, die vom ausgedehnten Netz der Universitäten, Akademien und renommierten Forschungsinstitute repräsentiert wird, eine »kleinere«, ungeordnete und mittellose Wissenschaft; eine arme Wissenschaft, die keine Stipendien vergibt, keine Anerkennungen verteilt und statt dessen ihren Vertretern Verleumdung, Erfolglosigkeit und ewige Vergessenheit garantiert. Die Ideen aus dieser Akademie ohne Sitz und Titel sterben oft mit ihren Schöpfern. Für sie gibt es weder Fachzeitschriften zu ihrer Verbreitung noch Gremien oder Institutionen, die bereit wären, sie zu finanzieren.

Im gegenwärtigen System wissenschaftlicher Forschung gibt es keinen Platz für Amateure, so genial sie auch sein mögen. Dies gilt vor allem, wenn sie radikal innovative Ideen haben, die im Gegensatz zu den herrschenden Ideen stehen. Der geniale Amateur wird als Fremdkörper abgelehnt und ausgegrenzt, und sogar die Erinnerung an ihn und seine Ideen geht verloren. Nur von denen bleibt eine Spur, die durch einen glücklichen Zufall dem unglücklichen Schicksal des Unverstandenseins und der Vergessenheit entronnen sind. Dies war zum Beispiel bei Michael Faraday und Georg Ohm der Fall, beide Söhne von Schmieden, die aufgrund der Umstände eine irreguläre und fragmentarische Ausbildung hatten. Viele Jahre wurden sie vom wissenschaftlichen Establishment marginalisiert und liefen ernstlich Gefahr, für die Wissenschaft verloren zu gehen. Zu dieser Kategorie von Amateuren, die mehr oder weniger verspätet gewürdigt und als legitime Kinder der offiziellen Wissenschaft anerkannt wurden, gehört im Grunde auch Oliver Heaviside, während John James Waterston, dessen Verdienste erst nach seinem Tod Anerkennung fanden, der Prototyp des unverstandenen Genies ist.

Wer ist der Vater der Thermodynamik?

Nur durch lange und mühsame Nachforschungen würde man herausfinden, wie viele Waterstons es gibt, die keinen Rayleigh fanden und daher für immer auf dem Friedhof des Unbekannten Wissenschaftlers ruhen. Ein ebenso, wenn nicht noch unglücklicherer Fall war sicher der von Robert Mayer, der 1842 das erste Prinzip der Thermodynamik entdeckte und formulierte, also die Äquivalenz von mechanischer Arbeit und Wärme (d. h. die Möglichkeit der Umwandlung der einen in die andere und umgekehrt) als Verallgemeinerung des Prinzips der Erhaltung der Energie feststellte.

Mayer war Sohn eines Apothekers. Nach dem Medizinstudium an der Universität Tübingen heuerte er 1838 als Schiffsarzt auf der »Giava« an, einem Kriegsschiff der niederländischen Ostindien-Kompanie. Das Schiff, dessen Mannschaft aus 28 Männern bestand, die alle bei bester Gesundheit waren, nahm Kurs auf Jakarta auf der Insel Java. Die Reise begann im Februar 1840, und lange Monate hatte Mayer nichts zu tun, so daß er sich entschloß, seine wissenschaftlichen Kenntnisse zu vertiefen und aufmerksam die Naturphänomene zu beobachten und aufzuzeichnen, die ihm unter die Augen kamen. Besonders die Tatsache, daß windbewegte Wellen im allgemeinen wärmer waren als ruhiges Meer, erweckte sein Interesse. Er begann sich zu fragen, welchen Grund es dafür geben könnte. Es war im Grunde der Versuch, dieses Problem zu lösen, der Mayer zur Formulierung des fundamentalen Prinzips der Thermodynamik brachte. Aber auf dem langen und gewundenen Weg dorthin mußte er erst ein anderes Rätsel lösen.

Anfang Juni erreichte die »Giava« ihren Bestimmungsort, und viele Mitglieder der Mannschaft erkrankten an einer akuten Lungeninfektion. Die Behandlungspraxis zu jener Zeit sah unter anderem den Aderlaß vor. Als er seine Patienten zur Ader ließ, bemerkte Mayer, daß aus ihren Venen rotes und nicht wie gewöhnlich bläuliches Blut floß. Einigen deutschen Ärzten, die in Java lebten, war das Phänomen bereits bekannt, auch wenn es niemand erklären konnte. Mayer dachte monatelang darüber nach und fand am Ende die Lösung. Seine Argumentationskette war ungefähr die folgende: Man weiß, daß die tierische Wärme das Ergebnis eines Oxidationsprozesses ist, folglich muß die Änderung der Farbe des Blutes von den Arteriengefäßen zu den Venen das sichtbare Zeichen der Oxidation sein, die im Gewebe stattfindet. Um Wärme zu produzieren, entziehen die Organe dem Blut Sauerstoff, und dieses färbt sich beim Übergang von den Arterien zu den Venen von rot zu bläulich. Aber in den wärmeren Klimazonen muß das Gewebe weniger Wärme produzieren, und die Oxidationsprozesse verringern sich. Daher unterscheiden sich arterielles Blut und venöses Blut weniger voneinander und weisen eine nahezu ununterscheidbare rötliche Farbe auf.

Nachdem er das Phänomen der fehlenden Farbänderung des Blutes erklärt hatte, forschte Mayer weiter und entdeckte so schließlich, warum das Wasser windbewegter Wellen wärmer war als ruhiges

Wasser. Durch die genauere Erforschung der Oxidation suchte er nach einer Möglichkeit, die Wärmeproduktion eines Organismus mathematisch zu berechnen. Für solche Berechnungen war jedoch ein Prinzip erforderlich, mit dem sich die Bewegung einer Flüssigkeit wie etwa Blut mit der Wärmeproduktion in Beziehung setzen ließ, und Mayer fand es, als er das Geheimnis der Wellen aufklärte. Er dachte, der Grund für die Erhöhung der Temperatur windbewegten Wassers könne nur in der durch den Wind bewirkten mechanischen Bewegung der Moleküle liegen, aus denen es besteht. Wenn dies stimmt, dachte Mayer, dann kann man die Äquivalenz von mechanischer Bewegung und Wärme annehmen, und diese Annahme kann als Prinzip für die Berechnungen der Wärmeproduktion dienen.

Der Gedankengang war richtig, aber der Artikel vom Februar 1841, in dem Mayer ihn präsentierte, wurde von Johann Christian Poggendorff abgelehnt, dem Gründer, Namensgeber und Direktor von *Poggendorffs Annalen*, der damals wichtigsten Physikzeitschrift. Über diese Ablehnung ist viel spekuliert worden, aber zur (jedenfalls teilweisen) Rechtfertigung Poggendorffs muß man sagen, daß dieser erste Text von Mayer, obwohl im Kern korrekt, einige schwerwiegende Fehler enthielt und nicht sehr klar war. Mayer war offensichtlich in der Physik nicht sehr bewandert und nahm als Wert der kinetischen Energie (um die Arbeit zu berechnen, die man benötigte, um mit der Geschwindigkeit v einen Körper mit der Masse m in Bewegung zu setzen) nicht $1/2\, mv^2$, sondern mv^2 an. Durch diesen und andere kleinere Fehler kam er auf Lösungen, die sein Prinzip beinahe widerlegten.

Nicht frei von Fehlern ist auch der folgende Artikel von 1842, »Bemerkungen über die Kräfte der unbelebten Natur«, der von den *Annalen für Chemie und Pharmacie* von Justus Liebig und Friedrich Wöhler akzeptiert und veröffentlicht wurde. Mayers Beweisführung war technisch nicht präzise und basierte im wesentlichen auf manchmal vagen theoretischen Intuitionen, die er keiner experimentellen Prüfung unterziehen konnte. Es war ihm zum Beispiel nicht in den Sinn gekommen (bis Nörremberg, ein Tübinger Physiker, ihn darauf hinwies), daß seine Idee der Äquivalenz von mechanischer Arbeit und Wärme, die aus der Beobachtung der Temperatur der Meereswellen geboren worden war, verifiziert werden konnte, indem man bewies, daß sich eine Wassermenge erwärmt, wenn man das Gefäß schüttelt, in dem sie sich befindet. Unter diesem Gesichtspunkt waren die Widerstände der Wissenschaftswelt also nicht ganz unbegründet. Die Akademie der Wissenschaften in Paris, der Mayer 1846 einen anderen Artikel geschickt hatte, antwortete ihm nicht einmal, während die Akademien in München und Wien, denen er 1851 eine präzise und konsistente Abhandlung schickte (*Bemerkungen über das mechanische Äquivalent der Wärme*) den Empfang bestätigten und sie archivierten.

In der Zwischenzeit wurde James Prescott Joule, der mit tadellosen Experimenten und Berechnungen die Äquivalenz von Wärme und mechanischer Arbeit bewiesen hatte, als Entdecker des ersten Prinzips der Thermodynamik gefeiert, und Mayer fand sich in der Lage, seinen Vorrang aus einer offenkundig unvorteilhaften Position einklagen zu müssen. Durch den damit verbundenen Streß verschlechterte sich seine (ohnehin schon nicht sehr stabile) geistige Verfassung. Im Mai 1850 versuchte er sich das Leben zu nehmen und mußte in eine Nervenklinik eingewiesen werden. Der große Liebig, der seine Forschungen immer positiv bewertet hatte, sagte sogar auf einem Vortrag, den er am 19. März 1858 in München hielt, daß Mayer in der Nervenheilanstalt gestorben sei. Die Nachricht wurde auch von den Zeitungen übernommen, zuerst von der *Allgemeinen Zeitung* am 3. April 1858. Tatsächlich war Mayer, wenn auch nicht ganz geheilt, nach einigen Jahren in passablem Zustand aus der Heilanstalt entlassen worden und starb erst zwanzig Jahre später. Paradoxerweise scheint sein vermeintlicher Tod unter so schmerzlichen Umständen die Anerkennung seiner Verdienste begünstigt zu haben. Dies vielleicht aus einem gewissen Schuldgefühl heraus, oder einfach nur, weil die Wissenschaftsgemeinde den Toten mehr Wohlwollen entgegenbringt als den Lebenden.

Der erste, der zu Beginn der 60er Jahre des 19. Jahrhunderts Mayers Arbeit neu bewertete, war Hermann von Helmholtz, einer der größten Wissenschaftler aller Zeiten, der unter anderem ebenfalls einen Beitrag zur Begründung der Thermodynamik leistete. Von Helmholtz' Position ist besonders interessant, weil er die Verdienste und Schwächen von Mayers Arbeiten gewissenhaft gewichtete und mit James Joule verglich, statt eine völlig unkritische positive oder negative Haltung einzunehmen. Sein Verhalten war nicht nur menschlich gerecht, sondern auch wissenschaftlich korrekt und sollte daher als

Die »kleine« Wissenschaft der Amateure und Außenseiter   93

Vorbild dienen, wenn es um die Beurteilung von innovativen Theorien geht, die aufgrund der verwirrten und unvollständigen Art, mit der sie präsentiert werden, den Anschein von Häresien erwecken.

Die Analyse von Hermann von Helmholtz geht von dem Prinzip aus, daß die Beurteilung von scheinbar ketzerischen Theorien große Aufmerksamkeit und Vorsicht erfordert: In solchen Fällen muß man über Unvollkommenheiten und Fehler aufgrund mangelnder Kompetenz hinwegsehen können, um richtig zu beurteilen, ob in der vorgeschlagenen Theorie etwas Gutes steckt oder nicht. Diese Haltung erscheint mit großer Klarheit im Anhang der Neuauflage der *Abhandlungen zur Thermodynamik* von 1883, die zuerst 1854 veröffentlicht worden waren. Helmholtz faßte damals den Fall Mayer wie folgt zusammen:

»Ein junger, gänzlich unbekannter Arzt veröffentlicht einen kurzen Artikel und teilt mit, daß seiner Meinung nach jede Wärmeeinheit einer bestimmten Arbeit korrespondiert und daß die einem Grad Celsius entsprechende Arbeit erforderlich ist, um eine Gewichtseinheit 365 Meter zu heben. Was der Autor hinzufügt, um seine Feststellung zu klären, besteht aus einigen Fakten, die schon seit langer Zeit durch die Anwendung des Prinzips der kinetischen Energie auf den Fall von Körpern bekannt sind. Zudem ist die Äquivalenz von Arbeit und Bewegung falsch berechnet, da der Autor in der Formel der kinetischen Energie den Faktor 1/2 ausläßt [...]. Alles ergibt sich aus Konsequenzen des Gesetzes: *causa aequat effectum*, die Wirkung ist quantitativ der Wirkung gleich. Aus diesem Gesetz folgert er in einer sehr gewagten Deutung, daß jeder kausale Faktor unzerstörbar ist. Diese Einleitung ist das einzige Element, das einen Beweis im Sinne des Autors darstellt: Es handelt sich um einen Erklärungstypus, der für sich selbst genommen völlig unzureichend ist und in jenen Jahren, als es eine starke Reaktion gegen die spekulativen Exzesse der Hegelschen Philosophie gab, von Anfang an jeden gewissenhaften Wissenschaftler davon abhalten mußte, weiterzulesen, noch bevor er auf der zweiten Seite von Mayers Arbeit die Energien umstandslos mit unwägbaren Größen identifiziert sieht und die Fehler findet, auf die wir hingewiesen haben. Daß es in dieser Schrift Gedanken geben könnte, die wirklich bedeutsam sind und die Abhandlung nicht zu den vielen Büchern ungebildeter Dilettanten über obskure Entdeckungen gehört, die jedes Jahr mehr werden, hätte höchstens ein Leser bemerken können, der über ähnliche Ideen nachgegrübelt hatte und in der Lage gewesen wäre, sie hinter den etwas ungewöhnlichen Worten des Autors wiederzuerkennen. Justus Liebig, der im Erscheinungsjahr von Mayers Schrift sein Werk über die *Thier-Chemie* veröffentlichte, wo er ausgiebig den chemischen Ursprung der tierischen Wärme erörtert, war wahrscheinlich ein Leser dieses Typs und akzeptierte daher den Artikel in seiner Zeitschrift. Aber in diesem Traktat hätten Physiker und Mathematiker nie nach Informationen über die Prinzipien der Mechanik gesucht, und dieser Tatsache verdankt es sich, daß Mayers Arbeit keine weitere Verbreitung fand.«

Die Gründe, warum es schwierig war, die Bedeutung der Arbeiten von Mayer zu erkennen, erläutert von Helmholtz an anderer Stelle noch deutlicher:

»Einem wachen und nachdenklichen Geist, wie Mayer es ohne Zweifel war, kann es gelingen, auch aus dürftigem und lückenhaftem Material allgemeine Wahrheiten zu formulieren. Aber wenn Geister dieses Typus versuchen, die Beweise ihrer Behauptungen zu Papier zu bringen und ihre Mangelhaftigkeit bemerken, behelfen sie sich leicht mit allgemeinen Betrachtungen, die vage und von zweifelhaftem Wert sind.«

Von Helmholtz zieht die Schlußfolgerung, daß »die Arbeit von Robert Mayer lange Zeit aus erklärlichen und zu rechtfertigenden Gründen im dunkeln blieb«, aber daß der wissenschaftlichen Forschung daraus ein Schaden entstand, weil man auf diese Weise verhinderte, auf einen »hochgradig selbständigen und klugen Geist einzuwirken, von dem man sich noch Großes erwarten konnte [...]. Die Dinge«, so fügt von Helmholtz hinzu, »wären ganz anders verlaufen, hätte man Mayer ermöglicht, sich aktiver an der wissenschaftlichen Arbeit und am experimentellen Beweis der von ihm vertretenen Ideen zu beteiligen. Er hatte das undankbare Schicksal eines Kämpfers, der früh invalide wurde; und wer in dieser Lage ist, dem bringt die Menschheit nicht die verdiente Achtung und Dankbarkeit entgegen.«

Wenn Mayer der totalen Anonymität entging und seine Verdienste schließlich doch anerkannt wurden, so verdankt er dies vor allem von Helmholtz, der nicht nur seine Arbeiten objektiv und kompetent bewertete, sondern ihm 1869 öffentlich Anerkennung zollte, als sich Mayer, der den meisten noch unbekannt war, auf dem Kongreß der deutschen Naturforscher in Innsbruck präsentierte. Seine Rehabilitation war allerdings begrenzt: In Deutschland erhielt er keine akademische Position und starb 1878 als Gemeindearzt und Apotheker in seiner Heimatstadt Heilbronn am Neckar. Im Ausland war man großzügiger: die Royal Society wählte ihn 1870 zum korrespondierenden Mitglied und verlieh ihm im Jahr darauf die Copley Medal, während er von der Akademie der Wissenschaften in Paris den Poncelet-Preis erhielt. Mayer galt weiterhin als professionell nicht sehr kompetent und übermäßig spekulativer Geist, und ihm wurde nie die

Möglichkeit gegeben, konkret zum wissenschaftlichen Fortschritt beizutragen.

Welche Lehren lassen sich also aus Mayers Geschichte ziehen? Von Helmholtz spricht es nicht aus, aber sein eigenes Verhalten ist aufschlußreich: Man muß auf jede Weise versuchen, die natürlichen Vorurteile und das Mißtrauen der Wissenschaftler und Wächter über die wissenschaftliche Methode gegenüber Außenseitern auszuräumen, denen es trotz ihrer fragmentarischen Kenntnisse und methodischen Unsicherheit gelingt, der wissenschaftlichen Forschung intuitiv neue Horizonte zu öffnen. Dies ist in psychologischer und wissenschaftlicher Hinsicht eine große Anstrengung, die darüber hinaus in vielen Fällen nutzlos erscheinen mag (und es manchmal auch wirklich ist). Nicht immer nämlich enthält ein wirrer und mit Fehlern übersäter Artikel eine unerwartete Wahrheit. Dennoch wäre es in Zeiten der Krise und der Stagnation des wissenschaftlichen Fortschritts nicht nur klug und ehrlich, sondern auch nützlich, den Ideen von Außenseitern der Wissenschaft mehr Aufmerksamkeit zu schenken, und es sollte diesbezüglich eine Reihe von Normen und Verhaltenskriterien geben, durch die sich die Wissenschaft vor schädlichen Fehlurteilen, so gerechtfertigt und verständlich sie auch erscheinen mögen, schützen kann.

Ketzer, Amateure und Irre, die man einsperren muß

Der Typ Wissenschaftler, den Forscher wie Heaviside, Waterston, Mayer und heute Catt repräsentieren, stellt sowohl für das soziale System wie für die logische und methodologische Struktur der Wissenschaft ein Problem dar. Es handelt sich unzweifelhaft um Personen, die, wie von Helmholtz unterstrichen hat, beachtliche Beiträge leisten und dem wissenschaftlichen Fortschritt wichtige Impulse geben können. Aber etwas im System der Wissenschaft hat dies bis heute verhindert. Es ist wichtig, die Quelle dieser Hindernisse und Schwierigkeiten zu verstehen und vor allem zu versuchen, sie zu beseitigen, um die Weiterentwicklung des Wissens zu gewährleisten. Daher sollte sich die Wissenschaft eine Reihe von Normen geben, eine Art Verhaltenskodex für jene Fälle, in denen sie sich mit scheinbar absurden oder jedenfalls den allgemein akzeptierten Meinungen widersprechenden Ideen auseinanderzusetzen hat. Es handelt sich also darum, zu entscheiden, wie man sich gegenüber Ketzern verhalten soll. Die Antwort auf diese Frage setzt jedoch eine wenn auch summarische Klassifikation der verschiedenen Typen von Häresien und Häretikern voraus, die offenkundig nicht alle in einen Topf geworfen und gleich behandelt werden können.

Isaac Asimov vertritt die Auffassung, daß es nur zwei Typen von Ketzern gibt: die »Endohäretiker« (d. h. »innere« Ketzer) und die »Esohäretiker« (d. h. Ketzer von außerhalb des Wissenschaftsbetriebs). Die Endohäretiker sind seiner Meinung nach kompetente Wissenschaftler mit einem ordentlichen Werdegang, die in der Welt der professionellen Wissenschaft leben und arbeiten. Ihr Schutzpatron, so Asimov, ist Galileo. Diese Forscher sind nicht nur gut ausgebildete und fähige, sondern auch bemerkenswert originelle Geister, deren Vorschläge weit über das hinausgehen können, was ihre Kollegen begreifen oder akzeptieren können, so daß sie schließlich als abweichlerisch und häretisch erscheinen. Es handelt sich jedoch um geniale Ideen, die große wissenschaftliche Revolutionen auslösen. Eher als Häretiker sind solche Forscher außergewöhnliche und revolutionäre Genies.

Asimov meint, daß es außer diesen noch die Esohäretiker gebe, die er mit den Außenseitern identifiziert, mit den nicht-professionellen Wissenschaftlern, die keine besondere Ausbildung auf dem Gebiet haben, dem sie sich widmen, und keines der offiziellen Auswahlverfahren durchgemacht haben, die es erlauben, sie als kompetente Wissenschaftler einzustufen. Daher erscheint ein Außenseiter und Dilettant wie jemand, der ein Gebiet der Wissenschaft angreift, ohne es zu begreifen.

»Der typische Esohäretiker hat keine Ahnung von der inneren Struktur der Wissenschaft, ihren Methoden und ihrer Philosophie, nicht einmal von ihrer Sprache, so daß seine Ansichten so gut wie unverständlich für die Wissenschaftsgemeinde sind. Folglich wird er ignoriert« und, so schließt Asimov, das sei gut so. Der fundamentale Unterschied zwischen den beiden Kategorien ist, wenn man seinen Ausführungen weiter folgt, daß der »Endohäretiker manchmal recht haben und bedeutende Fortschritte und wissenschaftliche Revolutionen bewirken kann, die nur zu Beginn wie Häresien aussehen, während der Esohäretiker praktisch nie recht hat und die Wissenschaftsgeschichte, soweit ich weiß keinen bedeutenden Fortschritt verzeichnet, der einem Esohäretiker zugeschrieben wird«.

Die »kleine« Wissenschaft der Amateure und Außenseiter 97

Tatsächlich ist diese Schlußfolgerung nicht richtig. Sie würde nur dann stimmen, wenn es effektiv möglich wäre, alle Häretiker als *cranks* zu klassifizieren, als Wirrköpfe. Dies aber wäre eine naive Vereinfachung. Niemand leugnet, daß es wirkliche *cranks* gibt und ihre Ideen im allgemeinen wissenschaftlich irrelevant und nutzlos sind. Es reicht, das einzigartige Buch *A Budget of Paradoxes* von Augustus de Morgan zu lesen, oder *The Higher Foolishness* von David Starr Jordan, oder auch *Fads and Fallacies in the Name of Science* von Martin Gardner, um sich darüber im klaren zu werden, daß es Verrückte gibt, daß es viele sind und daß sie in keiner Weise zum wissenschaftlichen Fortschritt beitragen.

Die Wissenschaft hat keinerlei Vorteil aus der *Astronomical Lecture* gezogen, die Reverend R. Wilson 1874 veröffentlichte und auf der Straße verkaufte, um die wichtige Entdeckung zu verkünden, daß die Sonne in 25.748 2/5tel Jahren um die anderen Planeten kreist und die Erde in 18 Jahren und 22 Tagen um den Mond. Die *Astronomia zetetica*, die 1857 von einem gewissen Parallax veröffentlicht wurde und behauptet, die Erde sei platt, ist für uns nur eine unterhaltsame Kuriosität. Kein Beitrag zum Fortschritt kam von jenen Häretikern, die man »verrückte Widerleger« nennen könnte: zum Beispiel Alfonso Cano de Molina, der im 17. Jahrhundert die Elemente von Euklid »zerstörte« und nebenbei noch die Quadratur des Kreises bewies, oder Félix Passot, der 1830 Newtons allgemeine Gravitationstheorie refutierte und einen langen Reigen von Newton-Widerlegern eröffnete, darunter in vorderster Reihe der Kapitän der Royal Navy Forman und der ranggleiche Kapitän Woodley, der jedoch noch weiter ausholte und Kopernikus gleich mit widerlegte. Noch angriffslustiger und entschiedener ging William Lauder vor, der sich mit fünf Argumenten als David präsentierte (die fünf Steine des biblischen David), um Newton-Goliath niederzustrecken, sowie ein gewisser Doktor Pratt, der das Unkraut mit der Wurzel ausriß, indem er die Trägheitskraft leugnete: Für ihn blieben sich selbst überlassene Körper nicht im Zustand der Ruhe oder der geradlinigen Bewegung, sondern bewegten sich im Kreis, wann und wo immer sie wollten.

Heute gibt es zahllose ebenso phantasiebegabte Widerleger Einsteins, unter denen Stefan Marinov sicherlich der erste Platz gebührt. Marinov, ein in Graz lebender bulgarischer Physiker, behauptet seit

Jahren die Unhaltbarkeit der Relativitätstheorie, die Möglichkeit eines Perpetuum mobile und etliches mehr. Marinovs Gesamtwerk umfaßt bis heute 16 Bände und erschien bei International Publishers, einem Verlagshaus, das ihm selbst gehört. Da es aber bisher nicht die erhoffte Aufnahme fand, startete der Autor den seiner Meinung nach endgültigen Angriff, um die Wissenschaftsgemeinde in die Knie zu zwingen. In einer bezahlten Anzeige in *Nature* erklärte Marinov:

> »1996 wird ein Jahr der Erdbeben für die Wissenschaft. In den Schulbüchern werden viele Formeln geändert werden müssen, man wird vielen hundertjährigen Lehrsätzen abschwören und viele Heilige werden ihren Glorienschein verlieren. Diese radikale Veränderung hätte schon vor Jahrzehnten beginnen sollen, aber das Fehlen von *glasnost* in der internationalen Physik hat dies wiederholt verhindert. Statt also einer fortschreitenden Evolution durch verschiedene kleine Erdbeben beizuwohnen, werden wir nun ein ungeheures haben. *Vous l'avez voulu, Georges Dandin!*«

Und dann sind da noch all die Entdecker der Quadratur des Kreises, der allgemeinen Auflösbarkeit aller Gleichungen und die überaus zahlreichen Theoretiker des Perpetuum mobile, denen Arthur W.J.G. Ord-Hume sein Buch *Perpetual Motion: The History of an Obsession* gewidmet hat. Jeder Wissenschaftler, der auch nur ein bißchen berühmt geworden ist, erhält Telefonanrufe, Briefe und Manuskripte von den verrücktesten Leuten. Abraham Pais hat kürzlich Korrespondenz dieser Art veröffentlicht, die Einstein in einer »Akte der Seltsamkeiten« gesammelt hatte. Da ist der Brief eines Inders aus Bombay, der verkündet, er habe entdeckt, daß die Sonne nicht warm sei und dafür zu Recht den Nobelpreis reklamiert, oder ein höflicher Herr aus New Jersey, der schreibt:

> »Ich habe den jüngsten Artikel in *Life* über Ihre Theorie gelesen. Ich möchte Ihnen mitteilen, daß die Idee der ›harmonischen Gebäude der kosmischen Gesetze‹, in denen ›die Tiefenstruktur des Universums unverhüllt zutage tritt‹, mein Eigentum ist. Das Copyright trägt das Datum 4. August 1946.«

Schließlich gibt es einen angeblichen amerikanischen Wissenschaftler, dessen Brief nur Beleidigungen enthält (»Du bist der Furst der Idioten, der Graf der Schwachsinnigen, der Großherzog der Kretins, der Baron der Trottel, der König der menschlichen Dummheit«), und ein anderer fordert Einstein mit einer Postkarte auf: »Hör sofort auf, den Raum gekrümmt zu nennen.«

Es wäre jedoch falsch zu meinen, daß mit diesem Typus die Kategorie der Esohäretiker schon erschöpft wäre: Es handelt sich vielmehr um eine besondere Unterkategorie, die aus wirklichen *cranks* besteht, und es ist auch nicht richtig (oder jedenfalls nicht notwendig) anzunehmen, daß Personen dieses Schlags absolut nie zum wissenschaftlichen Fortschritt beitragen können.

Die Marginalisierten der Wissenschaft, die Asimov Esohäretiker nennt, teilen sich in wenigstens zwei verschiedene Typen: die halbkompetenten Ketzer wie Ivor Catt (Personen, die eine adäquate Befähigung, wenn auch keine Position oder akademische Anerkennung haben) und die Anhänger der Pseudowissenschaft (übersinnliche Wahrnehmung, Telekinese, UFOs, Astrologie etc.). Jenseits der Grenze zur Pseudowissenschaft gibt es strenggenommen keine Ketzerei mehr; vielmehr beginnt hier das Feld der direkten und totalen Wissenschaftsfeindlichkeit, der »Anti-Wissenschaft«, wie es die Soziologen nennen, die auf der Ablehnung der Rationalität und der Errungenschaften beruht, die der wissenschaftliche Fortschritt hervorgebracht hat. Es handelt sich um ein wichtiges Phänomen, dem der große Wissenschaftshistoriker Gerald Holton 1993 ein lesenswertes Buch gewidmet hat (*Science and Antiscience*), das aber sorgsam von wissenschaftlicher Häresie unterschieden werden muß.

Wenn man sich fragt, wie die offizielle Wissenschaft dem Problem der Ketzer begegnen soll, muß man folglich diese Unterscheidung im Auge behalten und Strategien entwerfen, die dem jeweiligen Typ von Ketzerei angemessen sind. Die Halbkompetenten oder gebildeten Außenseiter, von denen in diesem Kapitel die Rede ist, sind offenkundig Teil einer wissenschaftlichen Minderheit, der wie in jeder Demokratie, die etwas auf sich hält, das Recht zugestanden werden muß, zur Mehrheit zu werden. Es sollte mit anderen Worten institutionalisierte Kanäle zwischen jenen geben, die man »halbkompetente Ketzer« nennen könnte (oder, wenn man so will, »Forscher, die nicht in professionell anerkannten Einrichtungen arbeiten«) und Wissenschaftlern andererseits, die als solche offiziell anerkannt sind, d. h. in Universitäten oder öffentlichen und privaten Forschungseinrichtungen tätig sind, deren Zuverlässigkeit allgemein anerkannt wird.

Im gegenwärtigen Forschungssystem gibt es nur Kriterien für die Beurteilung, die Aufnahme, den Meinungsaustausch und die Auseinandersetzung innerhalb der offiziellen Wissenschaftsgemeinde. Kommt ein Vorschlag von außen, wird er nach denselben Kriterien beurteilt, die auch intern gelten. Dabei schenkt man der psychischen Verfassung, den Arbeitsbedingungen und der Vorbildung dessen, der ihn macht, nicht die geringste Beachtung. So konnte es geschehen, daß Oliver Heavisides Irrtum, »Lemma« statt »Lambda« zu schreiben, hochgespielt und lächerlich gemacht wurde und das ungewöhnliche, von ihm selbst erfundene mathematische Notationssystem Irritationen auslöste; so kam es auch dazu, daß man die Berechnungsfehler von Robert Mayer hervorhob, ohne zu bemerken, daß hinter seinen Ungenauigkeiten und Unsicherheiten eine wertvolle und innovative Idee steckte.

Die etablierte Wissenschaft wird in diesen Fällen zum Opfer dessen, was man das »Fehlurteil des Kompetenten« nennen könnte. Ein Wissenschaftler von anerkannter Kompetenz und Autorität, der klare und feststehende Ansichten zu einem bestimmten Thema hat und auf eine gegenteilige oder abweichende Position trifft, ist natürlich versucht, sie für wissenschaftlich irrelevant zu halten. Diese von Vorurteilen geprägte Haltung verleitet ihn, die Argumente des Gegners zu unterschätzen und die Aufmerksamkeit von der zentralen theoretischen Kontroverse auf eventuelle geringfügige Unvollkommenheiten zu verlagern. Die Bedeutung solcher kleinen Unzulänglichkeiten rückt um so mehr ins Zentrum der Aufmerksamkeit, wenn eine Idee von jemandem kommt, der nur geringes Ansehen genießt, kaum Qualifikationsnachweise besitzt und vielleicht außerdem noch charakterlich auffällig, unangepaßt, übermäßig aggressiv und größenwahnsinnig, oder im Gegenteil allzu bescheiden und zurückhaltend ist. Der Wissenschaftler läßt sich folglich von seiner eigenen Kompetenz und Antipathie in die Irre führen und fällt schließlich ein negatives Urteil. Teilen andere angesehene Repräsentanten des Faches seine Meinung, was wahrscheinlich ist, wird die Gegenposition schnell als Ketzerei gebrandmarkt. Die Gründe, die in solchen Fällen das Verhalten von Wissenschaftlern bestimmen, sind menschlich, nachvollziehbar und folglich nur schwer zu beseitigen. Das, was verändert werden kann und muß, sind der Stil und vor allem die Kriterien des allgemeinen Umgangs in der Wissenschaftsgemeinde.

Die Akademie der Ausgeschlossenen oder: Wie man die wissenschaftliche Häresie organisiert

Ein Amateurwissenschaftler hat einen anderen Status als ein professioneller Wissenschaftler und kann nicht nach denselben Kriterien beurteilt werden. Daher muß man vor allem anerkennen, daß Erfinder und nicht-professionelle Wissenschaftler einen eigenen, vom offiziellen getrennten, aber dennoch wichtigen Teil des Wissenschaftssystems bilden. Für die Entwicklung von Wissenschaft und Technik ist ihr Beitrag nicht unbedeutend, und deshalb müssen sie in das System integriert werden, wenn auch mit der gebotenen Vorsicht. Folglich sollte die Ghettoisierung der Amateure beendet und die Bildung eigener Einrichtungen, die von der offiziellen Wissenschaft getrennt sind, aber in Kontakt mit ihr stehen, gefördert werden. Es gibt momentan keinerlei öffentliche oder private Initiative, um der nicht-professionellen Forschung Organisation und Zusammenhalt zu geben. In Amerika gibt es die International Tesla Society, die jedes Jahr in Colorado Springs eine Konferenz für außergewöhnliche Wissenschaft organisiert (Extraordinary Science Conference). Es handelt sich jedoch um einen eher losen und folkloristischen Jahrmarkt der Erfindungen. Die Gesellschaft, die ihn ausrichtet, ist nicht einmal im Ansatz eine außerakademische Forschungsorganisation. Benannt ist sie nach Nikola Tesla, ein passender Schutzpatron der nicht-professioneller Wissenschaft.

Tesla, 1856 in einer kleinen kroatischen Stadt geboren, machte sein Ingenieurdiplom in Prag, wurde einer der Pioniere der Elektrotechnik und hatte großen Anteil am Bau des Telefonsystems in Budapest, bevor er nach Frankreich ging und 1884 in die Vereinigten Staaten emigrierte, wo er die amerikanische Staatsbürgerschaft erhielt. Hier arbeitete er mit Edison, mit dem er in der Folge erbitterte Auseinandersetzungen hatte, und gründete schließlich ein eigenes Labor für elektrotechnische Forschungen in New York. Er stritt mit Galileo Ferraris gerichtlich um die Erfindung des asynchronen Motors und mit Guglielmo Marconi um die Erfindung des Radios und war zweimal, 1912 und 1937, für den Nobelpreis nominiert. Er war einer der größten Elektromaschinenbauer seiner Zeit, vor allem ein Spezialist für Hochfrequenz- und Hochspannungsströme, und noch heute ist die Einheit magnetischer Flußströme nach ihm benannt. Er war ein größenwahnsinniger Exzentriker und verkörperte viele Jahre lang den Mythos des großen Erfinders. Diesem Image gab er mit spektakulären Jahrmarktsaufführungen zusätzlich Nahrung, bei denen er mit einer von ihm erfundenen Spule elektrische Ladungen aus den Händen freisetzte und sich mit elektrischen Blitzen umgab. Er häufte ein beträchtliches Vermögen an, verwaltete es jedoch schlecht: Ständig das Hotelzimmer wechselnd, mit Tauben als seinen einzigen Gefährten, starb er in völliger Armut. Seine Papiere und Lebenszeugnisse befinden sich heute in einem Museum in Belgrad, das seinen Namen trägt.

Die Tesla Society ist offenbar ebenso unorganisiert und inkonsequent wie ihr Namensgeber, und die gleichen Mängel wird unweigerlich auch jeder andere Versuch aufweisen, der nicht von einer öffentlichen Einrichtung oder einer großen, mit Management-Methoden geführten Privatinstitution getragen wird. Nach ganz und gar persönlichen Kriterien wird zum Beispiel die Stiftung Sapientia mit Sitz in einer Burg in Sutri, Italien, geleitet, die der ungewöhnliche und umstrittene italienische Erfinder Marcello Creti mit den Tantiemen seiner Patente gegründet hat. Wer immer ein Projekt, aber keine Mittel hat, um es zu realisieren, kann sich an Creti wenden, der nach einem Gespräch völlig unabhängig entscheidet, ob er das Forschungsvorhaben finanzieren will oder nicht. Natürlich urteilt Creti, der auch Parapsychologe und Gründer einer ethisch-religiösen Sekte ist, nach ganz eigenen Kriterien, und dies führt dazu, daß die Zahl der von ihm finanzierten Projekte sehr klein bleibt.

Die Organisation nicht-professioneller Forschung kann offensichtlich nicht den Amateurwissenschaftlern selbst überlassen werden. Andererseits könnten auch die Universitäten hier nur einen geringen Beitrag leisten, und es ist, jedenfalls im Moment, unwahrscheinlich, daß die private Forschung sich dazu entschließen könnte, einen Teil ihrer Investitionen in die Entwicklung von Projekten zu lenken, die eher ungewöhnlich als innovativ erscheinen. Es müssen sich also jene Institutionen mit dem Problem befassen, die in den entwickelten Ländern die Entscheidungen über Forschungspolitik und -finanzierung treffen. Solche Gremien sind die nationalen Forschungsbeiräte oder vergleichbare Einrichtungen, die seit Beginn dieses Jahrhunderts in allen industrialisierten Ländern geschaffen wurden. Sie sind normalerweise in Fachausschüsse gegliedert, denen die

Die »kleine« Wissenschaft der Amateure und Außenseiter 103

Entscheidungen in den einzelnen Disziplinen zufallen. Nichts spräche dagegen, daß diese Räte einen eigenen, multidisziplinären Ausschuß bilden, der in einer Vorauswahl alle Forschungsvorhaben bewertet, die (wegen offensichtlicher ökonomischer, zeitlicher oder praktischer Probleme) den bestehenden Ausschüssen nicht direkt vorgelegt oder ernsthaft begutachtet werden können. Dieses Komitee hätte die Aufgabe, die nicht-professionelle Forschung zu bewerten, zu organisieren und schließlich zu finanzieren. In zweiter Linie würde es als Verbindungsglied zwischen offizieller und »häretischer« Forschung fungieren. Es könnte so (besonders in stagnierenden Bereichen) wie eine Art Filter einen Fundus von Ideen vorsortieren, die gegenüber dem Kanon und den Inhalten der offiziellen Wissenschaft keinen übermäßigen Respekt zeigen oder zumindest nützliche kreative Impulse geben können.

Um diese Verbindung zwischen zwei so verschiedenen Bereichen der Forschung zu optimieren, sollte dieser Ausschuß eine allen leicht zugängliche Datenbank für wissenschaftliche Ketzerei schaffen. In ihr müßten unter Mitwirkung der direkt Beteiligten die wesentlichen Daten aller abweichenden Vorschläge gespeichert werden, auch diejenigen, die nicht für Wert befunden wurden, an die anderen Ausschüsse weitergeleitet zu werden. Es müßte also eine Art ergänzendes Informationssystem geschaffen werden (sauber getrennt von dem der offiziellen Wissenschaft, um Kontamination zu vermeiden), auf das jeder Forscher in den heikelsten und kritischsten Phasen der eigenen Arbeit Zugriff hat, um Informationen zu erhalten, die vielleicht nicht kohärent strukturiert sind, aber dennoch nützlich und anregend sein können.

Zu demselben Zweck könnte das Komitee in regelmäßigen Abständen Treffen und informelle Diskussionen zwischen orthodoxen und abweichenden Wissenschaftlern organisieren, die an denselben Themen arbeiten. Dies ist es im Grunde, was Catt mit seiner Herausforderung der Theoretiker des Elektromagnetismus verlangt. Ähnlich könnte dieser Ausschuß die weniger abweichenden und besser ausgearbeiteten Ideen auf Fachkongressen präsentieren. Initiativen dieser Art belasten die Gesellschaft nicht allzu sehr, vielmehr deutet alles darauf hin, daß sie eine intelligente und lohnende Forschungsinvestition sein könnten. Man würde damit zugleich traditionelle Schranken der Freiheit des Denkens beseitigen, die heute sowohl aus historischer wie aus wissenschaftssoziologischer Perspektive ungerechtfertigt erscheinen.

Das größte Problem dürfte darin bestehen, die *cranks* herauszufiltern und die Vorschläge der Halbkompetenten von diesen zu unterscheiden. Häufig ist es schwer auszumachen, ob man einen Wirrkopf oder einen Amateurgelehrten vor sich hat, dem es trotz seiner fragmentarischen Ausbildung gelungen ist, eine sehr innovative Idee oder Hypothese mehr oder weniger vollständig auszuarbeiten. Es ist jedoch nicht unmöglich, ungewöhnliche, aber interessante Vorschläge von solchen zu unterscheiden, die schlicht verrückt sind, vor allem nicht für wissenschaftlich kompetente, geistig bewegliche und angemessen instruierte Bewerter (darüber hinaus hätte diese Arbeit auch ihre unterhaltsamen Seiten). Ideale Kandidaten für eine solche Beurteilungskommission wissenschaftlicher Häresien wären wahrhaft neugierige, kreative und nonkonformistische Gelehrte und Forscher wie es zum Beispiel John Scott Haldane, Bertrand Russell, Albert Einstein, Peter Bryan Medawar oder Richard Feynman waren. Wesentlich wäre die Mitarbeit eines guten Wissenschaftshistorikers und natürlich eines Psychiaters.

Will man die nicht-professionelle Forschung neu organisieren, kann man sich jedoch nicht darauf beschränken, einen Ausschuß zu gründen und einen Fond einzurichten, der speziell der Sichtung, Beurteilung und Finanzierung ungewöhnlicher Ideen gewidmet ist. Es ist ebenso notwendig, ein Kommunikationsnetz innerhalb der Häretikergemeinde zu schaffen, das von den offiziellen wissenschaftlichen Zeitschriften getrennt ist, aber doch zu diesen Kontakt hat. Eines der schwerwiegendsten Probleme, mit denen nicht-professionelle Wissenschaftler zu kämpfen haben, ist gerade die Bekanntmachung und Verbreitung der eigenen Ideen. Nur äußerst selten gelingt es einem von ihnen, einen Artikel in einer der vielen angesehenen wissenschaftlichen Fachblätter zu veröffentlichen. Nach der herrschenden Praxis zumindest der wichtigsten Publikationen wird ein eingegangener und zur Veröffentlichung vorgeschlagener Artikel vom Redaktionsteam einer Gruppe von kompetenten Wissenschaftlern zur Beurteilung geschickt, deren Namen geheimgehalten werden, um ein Maximum an Objektivität zu garantieren. Diese unbekannten und allmächtigen Referenten sind es, die entscheiden, ob der Artikel zur Veröffentlichung taugt oder nicht. Dem Anschein nach sichert diese

Methode demokratisches Vorgehen und Objektivität. Doch dem ist leider nicht so. Auf dieses System war nie ganz Verlaß, nicht einmal bei der Bewertung der Ernsthaftigkeit und Bedeutung von Fachartikeln angesehener Wissenschaftler, und es wäre naiv anzunehmen, daß es bei der Bewertung der Artikel völlig Unbekannter gut funktioniere. Es ist zum Beispiel bekannt, daß *Nature* einen Aufsatz von Enrico Fermi über den Betazerfall ablehnte und 1937 einen Brief von Hans Krebs, der den Zitronensäurezyklus beschrieb (der heute seinen Namen trägt) und dessen Erforschung ihm 1953 den Nobelpreis eintrug. Eine andere ungerechtfertigte Ablehnung derselben Zeitschrift traf einen Artikel von Vittorio Erspamer über Diaminsäuren. Ähnliches widerfuhr auch den Nobelpreisträgern Rosalyn Yalow und Roger Guillemin, deren Artikel über die Entdeckung der Endorphine von *Science* als »Frucht einer kranken Phantasie« abgelehnt wurde.

Darüber hinaus führen die wachsende Zahl wissenschaftlicher Zeitschriften, der erhöhte Konkurrenzdruck und die allgemeine Krise der Wissenschaftsfinanzierung gegenwärtig dazu, daß sich die Situation weiter verschlechtert. Der Mechanismus der anonymen Referenten ist in den vergangenen Jahren von verschiedener Seite kritisiert worden, nachdem Stephen Lock 1985 sein Buch *A Difficult Balance: Editorial Peer Review in Medicine* veröffentlichte. Aber bereits 1982 hatten zwei Soziologen ein Experiment durchgeführt, das hinreichend klar machte, wie sehr das System bereits korrumpiert war. Douglas P. Peters und Stephen J. Ceci nahmen zwölf Artikel von bedeutenden Psychologen, die bereits in anderen angesehenen Zeitschriften veröffentlicht worden waren, tippten sie ab, so daß sie wie neue Manuskripte aussahen, ersetzten lediglich die wahren Autorennamen durch die Namen Unbekannter von unbedeutenden Universitäten und schickten sie an verschiedene Zeitschriften einschließlich jener, in denen sie erschienen waren. Die Fachzeitschriften konsultierten insgesamt 38 Referenten: Nur bei drei Manuskripten bemerkten die Prüfer, daß es sich um bereits veröffentlichte Artikel handelte. Von den anderen wurden acht wegen »gravierender methodologischer Mängel« abgelehnt, die jedoch niemandem aufgefallen waren, als die Artikel die Unterschrift namhafter Gelehrter trugen.

Das Bewertungssystem wird also schon durch die Artikel von Forschern mit tadellosem Werdegang auf eine harte Probe gestellt und führt tendenziell dazu, alle Vorschläge von außerhalb des wissenschaftlichen Establishments zurückzuweisen. Der halbkompetente Häretiker kann also einen Artikel an *Nature, Science* oder irgendeine andere heute vertriebene Zeitschrift schicken, aber die Wahrscheinlichkeit, daß er veröffentlicht wird, ist sehr gering. Dies muß man zur Kenntnis nehmen, ohne den Wissenschaftlern des Establishments gleich die böse Absicht zu unterstellen, prinzipiell und voreilig jeden Beitrag von außen auszuschließen.

Die beste und auch zum Teil schon praktizierte Lösung des Problems ist, den Ketzern eine angemessene Zahl von Fachzeitschriften zur Verfügung zu stellen, um Vorschläge und Artikel aufzunehmen, die aufgrund ihres abweichenden Charakters in den offiziellen Veröffentlichungen keinen Platz finden können. Die Temple University in Philadephia gibt schon seit einigen Jahren die halbjährliche Zeitschrift *Frontier Perspectives* heraus, die gerade zu diesem Zweck gegründet wurde. Eine andere Zeitschrift, *Medical Hypotheses*, deckt den medizinischen und biologischen Bereich ab. Gegründet wurde sie von David F. Horrobin, der heute aus einer Reihe von Gründen eine der wichtigsten Persönlichkeiten in der Welt der wissenschaftlichen Häresie ist.

Horrobin, gegenwärtig Direktor einer privaten Forschungseinrichtung, des Efamol Research Institute mit Sitz in Kentville in Kanada, war bis 1981 Physiologieprofessor an der Universität von Newcastle upon Tyne, als er wegen der feindseligen Reaktionen auf eine seiner Entdeckungen kündigte und eine eigene Arzneimittelfirma gründete, die Scotia Pharmaceuticals, aus deren Gewinnen nicht nur zum Teil die Zeitschrift, sondern, wie wir noch sehen werden, auch Forscher unterstützt werden, denen öffentliche Einrichtungen Gelder und Hilfe verweigert haben. Die Ereignisse, die sein Leben veränderten und seinerzeit auch ein gewisses Aufsehen erregten, standen mit seiner Entdeckung in Verbindung, daß Valium, ein damals sehr verbreitetes Psychopharmakum, Tumore auslösen kann. Kürzlich hat Horrobin mit der Herstellung eines Ölextrakts aus der Echten Wunderblume (*Mirabilis jalapa*), das dem prämenstruellen Syndrom durch die vermehrte Produktion von Prostaglandinen vorbeugen kann, erneut Aufmerksamkeit erregt. Er ist ein seriöser und gewissenhafter Wissenschaftler mit einem ausgeprägten kritischen Verstand, der ihm einen vorurteilsfreien Blick auf seinen Beruf und auf die Wissenschaft im allgemeinen ermöglicht. Das *Oxford Textbook*

Die »kleine« Wissenschaft der Amateure und Außenseiter

of Medicine, eines der angesehensten Medizinhandbücher, enthält einen Artikel von ihm (»Scientific Medicine: Success or Failure?«), der in jeder Klinik, in jedem Krankenhaus und in jeder Arztpraxis aushängen sollte, um die Mediziner an die Grenzen ihres Wissens und ihrer therapeutischen Macht zu erinnern und die Patienten zu lehren, bis zu welchem Punkt es vernünftig ist, den Verordnungen derer zu folgen, von denen sie behandelt werden.

Vor Jahren begriff Horrobin, daß etwas im Wissenschaftssystem nicht funktioniert. Etwas behindert die Kreativität und Innovationskraft, hält unhaltbare Ideen am Leben und verlangsamt so den Fortschritt. Dieses Etwas ist seiner Meinung nach das, was wir das »Fehlurteil des Kompetenten« genannt haben. Horrobin spräche vielleicht lieber von einer »Diktatur der Experten«. In verschiedenen und so angesehenen Publikationen wie dem *British Medical Journal* und *Nature* vertrat Horrobin häufig die Meinung, das gegenwärtige System begünstige zu Unrecht die als Experten angesehenen professionellen Wissenschaftler, sowohl was die Möglichkeit der Veröffentlichung und Verbreitung ihrer Ideen, als auch was ihre Finanzierung angeht. Und zwar aus dem einfachen Grunde, weil sie selbst es sind, die entscheiden, welche Ideen verbreitet und welche Vorhaben finanziert werden. Daher wollte Horrobin eine Zeitschrift schaffen, die den Nicht-Experten offensteht und für die Veränderung des Systems der Zuweisung von Forschungs- und Entwicklungsmitteln kämpft.

Die Gründe und das Ziel der neuen Zeitschrift erklärte er in der ersten Nummer von *Medical Hypotheses* klar:

>»Ich bekenne mich von vorherein schuldig, hochgradig unwahrscheinliche und vielleicht auch naive und lächerliche Ideen zu präsentieren. Der Großteil der Wissenschaftler ist überzeugt, daß die besten Hypothesen auch die größte Wahrscheinlichkeit haben. Im Anschluß an Karl Popper möchte ich dagegen den Wert des Unwahrscheinlichen betonen. Wenn eine Hypothese, der die meisten Menschen eine hohe Wahrscheinlichkeit zusprechen, tatsächlich bestätigt wird (oder vielmehr nicht durch ein gültiges Experiment grundlegend falsifiziert wird), bringt sie nur einen kleinen und beinahe irrelevanten Fortschritt. Wenn sich dagegen eine Hypothese, die die meisten Menschen für unwahrscheinlich halten, bewahrheitet, kommt es zu einer wissenschaftlichen Revolution, und der Fortschritt beschleunigt sich erheblich. Viele, wahrscheinlich die meisten Hypothesen, die in dieser Zeitschrift veröffentlicht werden, werden sich später auf irgendeine Weise als falsch herausstellen. Aber wenn es ihnen gelingt, präzise und akkurate experimentelle Tests anzuregen, wird dies der Wissenschaft dienen und

sie voranbringen, unabhängig davon, ob sie wahr oder falsch sind. Die Geschichte der Wissenschaft hat wiederholt gezeigt, daß man unmöglich im voraus wissen kann, welche in einer bestimmten Epoche aufgestellten Hypothesen revolutionär sind und welche schlicht lächerlich. Die einzige und klügste Vorgehensweise ist es, allen Raum zu geben.«

Gemäß dieser programmatischen Erklärung verspricht Horrobin Artikel zu veröffentlichen, »von wem immer sie vorgeschlagen werden, unabhängig davon, ob die Autoren vorher auf dem Gebiet experimentell geforscht haben oder nicht, und unabhängig vom Ruf der Autoren oder der Institution, der sie angehören«.

Horrobin hielt sich getreu an dieses Programm, und nach zwanzig Jahren ist der Nutzen seiner Initiative nicht zu leugnen. Die Bilanz der interessantesten Artikel, die später bestätigte Entdeckungen präsentierten oder neue und ergiebige Forschungsperspektiven eröffneten, zog er 1990 im *Journal of the American Medical Association*. Der bemerkenswerteste Fall ist die Lösung eines biologischen Rätsels durch eine Bäuerin. *Medical Hypotheses* veröffentlichte 1981 einen Aufsatz mit dem Titel »The Pharmacological Role of Zinc: Evidence from Clinical Studies on Animals«. Die Autorin des Artikels, Gladys Reid, war eine neuseeländische Farmerin mit nur geringen biologischen Kenntnissen. Reid hatte das Gesichtsekzem der Schafe untersucht, eine Infektion, die schwere Schäden in der Schafzucht ihres Landes verursachte. Nach eingehender Untersuchung der Ernährung der Tiere stellte sie die Hypothese auf, daß der Grund für das Auftreten des Ekzems ein Zinkmangel sei. Mit einer Reihe von Experimenten gelang ihr der Beweis ihrer Hypothese: Der Zinkmangel begünstigte die Entwicklung eines Hautpilzes, der seinerseits die Entzündung hervorrief.

Zur gleichen Zeit führten verschiedene andere Forscher in angesehenen öffentlichen Einrichtungen von der neuseeländischen Regierung finanzierte Forschungen durch, um die Ursache der Infektion zu finden. Aber sie waren zu keinerlei Ergebnissen gelangt. Als Reid den einschlägigen Fachzeitschriften einen Bericht ihrer Entdeckung zur Veröffentlichung schickte, erhielt sie nicht nur klare Ablehnungen, sondern sie wurde auch zur Zielscheibe einer massiven Verleumdungskampagne in der Presse, die deutlich von den »kompetenten« Wissenschaftlern beeinflußt und gesteuert war. Nach der Veröffentlichung in *Medical Hypotheses*, stieß der Artikel jedoch auf großes Interesse und regte Kontrollstudien an, bei denen sich die Hypothese bestätigte. Am Ende erhielt Gladys Reid vom neuseeländischen Landwirtschaftsministerium für die geleisteten Dienste eine Auszeichnung und eine Prämie.

Der Weg, den Horrobin und nach ihm die Temple University eingeschlagen haben, ist ohne Zweifel intelligent und sinnvoll. Dahinter steht die Einsicht, daß der wissenschaftliche Dialog und der Wettstreit der Ideen, die heute durch zu strenge Kriterien für professionelle Kompetenz behindert und lahmgelegt werden, neu belebt werden müssen. Dennoch sind es nur zwei (bei mehr als 40 000 heute verlegten) Zeitschriften, die sich der nicht-professionellen Forschung widmen – ein bißchen wenig vielleicht. Natürlich muß jeder Exzeß vermieden werden, und man sollte in Erinnerung behalten, daß die Verbreitung von wissenschaftlichen Hypothesen, die nicht professionell ausgearbeitet und gefiltert sind, über ein bestimmtes Maß hinaus die Wissenschaftskultur verderben würde. Vor allem, wie angedeutet, wenn die Zeitschriften für »freiberufliche« Wissenschaftler nicht klar vom Kreis der angesehenen Fachzeitschriften getrennt blieben. Berücksichtigt man dies und macht sich klar, daß eines der Merkmale halbkompetenter oder amateurhafter Wissenschaftler disziplinübergreifendes Arbeiten ist, dann müßten ungefähr zehn Zeitschriften genügen, um mit einer gewissen Verläßlichkeit und Schnelligkeit auf Ideen von Amateuren ohne professionelle Qualifikation aufmerksam zu machen, die geeignet sind, den Takt der offiziellen wissenschaftlichen Forschung zu beschleunigen. Um dies zu erreichen, ist es jedoch wichtig, daß die Zeitschriften für ketzerische Theorien von allgemeinen bibliographischen Indizes wie dem *Citation Index* und dem *Index medicus* rezensiert werden, um eine zuverlässige Verbindung zur offiziellen wissenschaftlichen Literatur herzustellen und zu verhindern, daß sie sich in eine Art Ghetto verwandeln.

Wer bezahlt für die Außenseiter?

Das gravierendste Problem, das gelöst werden muß, um das Überleben und die Entwicklung der nicht-professionellen Forschung zu garantieren, bleibt jedoch die Finanzierung. Wie wir im folgenden sehen werden, stieß der Vorschlag, fünf Prozent der verfügbaren Finanzmittel in einer bestimmten Disziplin Wissenschaftlern (aus anerkannten Einrichtungen mit regulärem beruflichen Werdegang) zuzuweisen, die Theorien oder Hypothesen verfolgen, welche von der Mehrzahl ihrer Kollegen als ungewöhnlich, unstimmig oder unwahrscheinlich beurteilt werden, nur auf geringes Interesse. Es ist daher erst recht schwierig, Finanzierungsgremien von der Forschung halbkompetenter Wissenschaftler zu überzeugen.

Der Vorschlag, eine offizielle Bewertungskommission für hochgradig innovative und scheinbar ungewöhnliche Ideen einzusetzen, könnte daher am Widerstand des Establishments scheitern. Fehlschlagen könnte er auch einfach deshalb, weil hier die Entscheidungsmacht im wesentlichen wieder bei den Experten liegen würde, die der Versuchung nachgeben könnten, die Kommission ohne wirkliche Offenheit zu leiten und die Mittel verdeckt doch wieder nur in die offizielle Forschung zu lenken.

Gerade deshalb hat Horrobin einen weit radikaleren Vorschlag gemacht, der im wesentlichen darin besteht, den Experten die Entscheidungsmacht über die Mittelvergabe zu entziehen und sie Kommissionen zu übertragen, die mit rigoros nichtkompetenten Personen besetzt sind. Horrobins Idee, in einem Aufsatz im *New Scientist* mit dem bezeichnenden Titel »*In Praise of Non-experts*« (»Lob der Laien«), erscheint ein bißchen übertrieben und schockierend, aber es lohnt sich meiner Meinung nach, auf seine Argumente näher einzugehen. Horrobin ist der Auffassung, daß zwei Kategorien von Problemen existieren, bei denen Experten zu Rate gezogen werden. Die erste Kategorie sind die bereits gelösten Probleme. In diesen Fällen ist der Experte derjenige, der weiß, daß es eine Lösung gibt und auf welchen allgemeinen Prinzipien sie beruht. Daher kann er sein Wissen einsetzen, um einer Situation zu begegnen, die schlicht die neue Anwendung dieser Prinzipien erfordert. Wenn wir zum Beispiel eine Brücke bauen wollen, so Horrobin, wenden wir uns an eine Firma, die über Expertenwissen in Sachen Brückenbau verfügt, die bereits viele andere Brücken gebaut hat und über detailliertes theoretisches und praktisches Wissen verfügt, wie man solche Bauwerke errichtet. In diesem Sinne ist ein »Experte« jemand, der weiß, wie man etwas macht.

Es gibt jedoch viele Probleme, für die noch keine Lösung gefunden wurde, nicht einmal in prinzipieller oder allgemeiner Hinsicht. Zum Beispiel, so führt Horrobin aus, wissen wir noch nicht, was die

Ursachen von Krebs sind, wie Schizophrenie entsteht oder ein Herzanfall. Wir wissen weder, wie wir Aggressivität und Gewalt kontrollieren sollen, noch wie wir eine Wirtschaft so lenken können, daß Inflation vermieden und die Arbeitslosigkeit auf ein Minimum reduziert wird. In vielen dieser Fälle haben wir nicht einmal einen Hinweis, in welcher Richtung wir die Lösung suchen sollen. Für diese Probleme gibt es also niemanden, der die Lösung schon kennt. Es ist daher absurd und paradox, sagt Horrobin, daß wir uns auch in diesen Fällen an die Experten wenden. Es handelt sich um einen gravierenden Fehler, weil die Personen, die wir um Rat fragen, nicht nur keine Lösung kennen, sondern auch überhaupt nicht daran interessiert sind, das Problem zu lösen.

Nach Horrobin besteht ein großer Unterschied zwischen dem ersten und dem zweiten Typ von Experten. Erstere ernten Erfolg, wenn sie unter Beweis stellen, daß sie reale Probleme effizient lösen können. Der Erfolg der Experten der zweiten Kategorie beruht dagegen im wesentlichen eher auf dem Respekt, der ihnen von ihresgleichen, d. h. von anderen Experten entgegengebracht wird, als auf der wirklichen Fähigkeit, Probleme zu lösen. Diese Personen werden befördert, zu bedeutenden Kongressen eingeladen, veröffentlichen in angesehenen Zeitschriften und erhalten ständig Geldmittel von Kommissionen, die aus Leuten des gleichen Schlags bestehen. »Am meisten zu betonen ist«, bekräftigt Horrobin,

»daß alles, was dieser Art von Experten Befriedigung verschafft, sofort verschwinden würde, wenn eine wirkliche Lösung für die Probleme gefunden würde, für die sie Experten sind. Die Ideen und Überzeugungen vieler von ihnen würden sofort diskreditiert, weil man entdecken würde, daß sie auf dem falschen Weg waren. Es gäbe keine Einladungen zu den großen Kongressen mehr, die Karriere wäre gestoppt und die Finanzmittel würden gekürzt [...]. Dies heißt, daß die zweite Kategorie von Experten ein starkes Interesse daran hat, daß die Antwort auf das Problem nicht gefunden wird.«

Diese Interessenlage macht aus den Experten in den Finanzierungsgremien »Saboteure« innovativer Forschung: Wenn potentiell erfolgreiche Forschung keine Mittel erhält, gibt es keine Lösungen, und der Experte behält das ganze Prestige, das sein Status mit sich bringt. Die offensichtliche Folgerung Horrobins besteht darin, den Experten die Entscheidungsbefugnis darüber zu nehmen, welche Projekte gefördert werden und in welchem Maße. Aber wer soll dann die Entscheidungen treffen? Horrobins Antwort ist einfach: jene, die wirklich an einer Lösung der Probleme interessiert sind, statt an ihrer weiteren Unlösbarkeit. Nach seinem Vorschlag, der sich vor allem auf das Gebiet der Biomedizin richtet, gibt es drei mögliche Kategorien von Personen, die für die Zusammensetzung von Finanzierungskommissionen in Frage kommen: a) Menschen, die einfach nur aus persönlichen Gründen an medizinischer Forschung Interesse haben (wie zum Beispiel Patienten mit besonderen Krankheiten oder ihre Angehörigen und Freunde); b) Doktoren und Allgemeinmediziner, die direkten Kontakt zu Kranken haben, Krankheiten aus eigener Anschauung kennen und mit den Mängeln gebräuchlicher Behandlungen vertraut sind; c) Geschäftsleute, Politiker und öffentliche Funktionsträger, die daran gewöhnt sind, Expertenmeinungen einzuholen und daher genau wissen, wie fragwürdig die Basis solcher Meinungen häufig ist.

Warum Horrobin so sehr für diesen Vorschlag plädiert, erläutert er an einem Beispiel. Vor einigen Jahren gründete eine Gruppe von Multiple Sklerose-Patienten, enttäuscht vom Desinteresse, das ihrer Meinung nach die medizinische Forschung ihrer Krankheit entgegenbringt, zusammen mit Verwandten und Freunden einen Verein (ARMS, Action for Research into Multiple Sclerosis), richtete ein Büro in London ein und sammelte Geld. Die Finanzmittel, weit weniger als das vom Medical Research Council und der offiziellen Gesellschaft zur Bekämpfung der Multiple Sklerose bereitgestellte Geld, wollten sie jedoch nicht Experten anvertrauen (von denen sie sich in gewisser Weise verraten fühlten) und verwalteten sie daher direkt. Auf diese Weise, so betont Horrobin, lösten sie nicht nur viele kleine Probleme, die das alltägliche Leben eines Multiple Sklerose-Kranken schwierig machen, für die Forscher aber keinerlei Interesse zeigen, sondern finanzierten auch ein scheinbar verstiegenes Projekt zur Entwicklung eines Diagnoseverfahrens für die Krankheit. Kein offizielles Gremium hätte auch nur einen Pfennig für ein solches Vorhaben ausgegeben, und doch erwies sich die Ausgangsidee als richtig.

Es besteht kein Zweifel, daß Horrobin einige wichtige strukturelle Probleme des Systems der Forschungsfinanzierung aufzeigt. Dennoch scheint sein Vorschlag etwas überzogen und sogar paradox und läßt sich nur schwer über den biomedizinischen Bereich hinaus, den sein Autor im Sinn hatte, auf die gesamte Forschung übertragen. Sein Grundprinzip ist jedoch ohne Zweifel interessant und könnte auch in

Die »kleine« Wissenschaft der Amateure und Außenseiter 113

weniger zugespitzer Form Erfolg versprechen. Im Grunde will Horrobin das Forschungssystem geschmeidiger, phantasievoller und entscheidungsfreudiger machen und Anreize für größere Risikobereitschaft schaffen, um die gegenwärtige Trägheit zu überwinden.

Diese Idee erläuterte Horrobin in einem Artikel, der 1986 erschien. Seine Anregungen sind dabei auch auf Forschungsbereiche übertragbar, die nichts mit Biomedizin zu tun haben. Der Vorschlag ist widersprüchlich, aber dies hinderte John Maddox, den allmächtigen Herausgeber von *Nature*, nicht daran, ihn ungekürzt zu veröffentlichen. Horrobin schlägt im wesentlichen vor, den Finanzierungsmechanismus der Forschung in einen Preiswettbewerb umzuwandeln. Die Begründung ist alles andere als banal und geht von einem bekannten und aufsehenerregenden historischen Präzedenzfall aus, den Horrobin zu Recht für exemplarisch hält.

Am 25. März 1714 übergab eine Delegation der Kapitäne der englischen Flotte dem Parlament eine Petition, in der die Regierung aufgefordert wurde, sich für die Lösung des Problems der Längengradmessung auf dem Meer einzusetzen. Die Ungenauigkeit der Längengradmessung war für unzählige Navigationsunglücke, den Verlust von Schiffen, Menschenleben und Geld verantwortlich. Es handelte sich um eine wichtige Frage, der sich die Regierung nicht entziehen konnte. Andererseits war es schwierig zu entscheiden, was zu tun war, da die Wissenschaftler bis dahin das Problem nicht hatten lösen können. Deshalb traf man mit typisch angelsächsischem Pragmatismus eine überraschende Entscheidung: Es wurde eine Reihe von Preisen ausgelobt. Wer eine Methode zur Messung des Längengrades mit einer Genauigkeit bis auf einen Grad fand, sollte 10 000 Pfund Sterling erhalten, wer den Grad bis auf 40 Minuten bestimmte, 15 000 Pfund, und wer schließlich eine Meßmethode mit einem Näherungswert von 0,5 Grad garantierte, sollte 20 000 Pfund erhalten. 1714 waren das astronomische Summen, und wer sie gewann, war reich. Die Ausschreibung wurde angemessen publik gemacht und erregte großes Aufsehen. Swift erwähnt sie in *Gullivers Reisen*, und der große englische Maler und Kupferstecher William Hogarth widmete ihr eines seiner Werke, auf dem man einen schrulligen Erfinder sieht, der von der Idee besessen ist, den Preis zu gewinnen.

Das Problem war in Wirklichkeit einfacher, als es scheint, da man schon wußte, daß sich der Längengrad leicht berechnen ließ, wenn es gelang, eine mit der Greenwich-Zeit synchronisierte Uhr zu bauen, die auch nach mehreren Wochen Seereise trotz des Stampfens des Schiffes die Zeit präzise maß und dann mit einer Uhr verglichen werden konnte, die Lokalzeit anzeigte. Die Experten der Royal Society glaubten jedoch nicht an die Möglichkeit, ein derart genaues Chronometer bauen zu können und kamen auf die seltsamsten Lösungsvorschläge, die alle hoffnungslos zum Scheitern verurteilt waren.

Dann tauchte John Harrison auf der Bildfläche auf, ein Uhrmacher und Sohn eines armen Zimmermanns aus Yorkshire, der sich schlecht und recht allein um seine Ausbildung gekümmert hatte. Harrison gelang es, immer genauere Uhren zu bauen, die mit Erfolg von der Royal Navy eingesetzt wurden. Sein erstes Chronometer stellte er 1735 nach jahrelanger Arbeit fertig. Es wurde von zwei sich gegeneinander bewegenden Schwungrädern kontrolliert, so daß die Schiffsbewegung ausbalanciert wurde, und hatte auch einen Mechanismus, der durch den Ausgleich von Temperaturschwankungen eine gleichmäßige Schwingungsdauer sicherstellte. Dieses erste Modell perfektionierte Harrison in fast dreißigjähriger Arbeit, und 1761 präsentierte er die endgültige Version, die nach einer Testfahrt nach Jamaika nur um 56 Sekunden nachging. Aber die Sache gefiel den Mitgliedern der Royal Society nicht. Auf jede mögliche Weise versuchten sie, den armen Harrison zu verleumden und zu verhindern, daß er den Preis erhielt, wobei sie sogar das Mißfallen von Regierungsmitgliedern und selbst des Königs erregten. Am Ende jedoch feierte Harrison im Alter von 80 Jahren den Triumph, der ihm gebührte, und erhielt den Preis von 20 000 Pfund Sterling.

Wenn die Regierungen der verschiedenen Länder die Ausgaben für Forschung und Entwicklung vermindern und den technischen Fortschritt beschleunigen wollen, sollten sie Horrobin zufolge dem Beispiel des englischen Premierministers Neil Armstrong folgen, der 1714 die Idee des Preises für die Längengradmessung hatte. Ihm zufolge sollten die Regierungen eine Prioritätenliste erstellen, eine Aufzählung der zu lösenden wissenschaftlichen Probleme, und für jedes von ihnen eine Belohnung festsetzen. Die Preise müßten sehr beträchtlich sein und dem Schwierigkeitsgrad der Probleme Rechnung tragen. Bei besonders komplexen und für die Menschheit wichtigen Fragen könnten sich Regierungen zusammentun, um noch höhere Preisgelder anzubieten. Außerdem, so Horrobin, »sollten die Preise steuerfrei sein und nicht nur an Einzelpersonen, sondern auch an Firmen, Gesellschaften oder Forschungsgruppen zahlbar sein, die eine Lösung für eines der aufgelisteten Probleme bieten«.

Ein solches oder ähnliches Preisgeldsystem, so Horrobin, hätte erhebliche Vorteile: vor allem eine starke Reduzierung der Kosten und folglich große Einsparungen. So würde Privatkapital in die Forschung investiert und entsprechend ökonomisch und zielführend eingesetzt. Die gegenwärtige Tendenz würde sich umkehren und die Forschung von einem Bereich, der Reichtum verbraucht, in einen Sektor verwandelt, der Reichtum schafft. Schließlich würde der Gewinn in ökonomischer Hinsicht in die »richtigen« Hände fallen. Die Preise würden nämlich den kreativsten Mitgliedern der Gesellschaft verliehen, Personen, die sie sehr wahrscheinlich nicht vergeuden, sondern wieder in Forschungsunternehmen und die Schaffung neuer technischer Innovationen investieren würden.

Horrobin ist nicht der Meinung, daß auf diese Weise, wie man vermuten könnte, die Grundlagenforschung blockiert und nur die Untersuchungen prämiert würden, die auf technologische Verbesserungen zielen. »Viele Leute«, so Horrobin,

»sind Opfer der Illusion, wonach die grundlegenden Entdeckungen immer der praktischen Forschung vorangehen. Die historische Analyse legt dagegen nahe, daß es genau umgekehrt ist. Wir vergessen häufig den Sinn der Geschichte von Pasteur. Brillante und kreative Persönlichkeiten, die sich mit der Lösung von praktischen Problemen befassen, wie der Weingärung oder den Krankheiten der Seidenraupe, können völlig neue Forschungsbereiche eröffnen und zu wichtigen Erkenntnissen der Grundlagenforschung gelangen.«

Es läßt sich schwer voraussehen, wie hoch die Wahrscheinlichkeit ist, daß Horrobins Vorschlag umgesetzt wird. Sicher hören ihn die Wissenschaftler, die daran gewöhnt sind, um Gelder zu bitten und Mittel von der Regierung zu fordern, nicht gerne. Er ist zudem so ungewöhnlich und gegen den herrschenden Trend gerichtet, daß er wie die pure Provokation anmutet. Aber die Attraktivität von Horrobins Idee liegt in ihrer Einfachheit: Hinter ihrer scheinbaren Naivität könnte sich das Ei des Kolumbus der Wissenschaftspolitik verbergen.

Was jedenfalls die Ketzer angeht, so wäre Horrobins Vorschlag ideal. Zwischen Wissenschaftlern, die zum Establishment gehören, und Amateuren, *cranks* und Marginalisierten gäbe es keine Diskriminierung und keine Vorurteile mehr. Niemand würde mehr haarspalterisch fragen, ob ein Wissenschaftler kompetent ist oder nicht, ein Diplom hat oder nicht, ob er sich mit der Autorität einer großen Koryphäe der Wissenschaft oder wie ein verrückter Exzentriker präsentiert; auch würde man sich nicht mehr mit technischen Spitzfindigkeiten aufhalten und über Formfehler, logische Unvollkommenheiten oder grundlegende Widersprüche in der Beweisführung streiten, die zu einer Entdeckung führten. »Was zählt ist allein, daß die Sache funktioniert«, betont Horrobin.

III

Das ist unwissenschaftlich

Operation erfolgreich, Patient tot

Eine der größten und bittersten Niederlagen erlebte die moderne Medizin im Kampf gegen den Krebs. Dieses Scheitern ist umso augenfälliger und peinlicher, als es das mächtigste Land der Erde war, das dieser Krankheit offiziell den Krieg erklärte. Am 23. Dezember 1971 setzte der damalige amerikanische Präsident Richard Nixon mit einem entsprechenden Gesetz (dem *National Cancer Act*) die allgemeine Mobilmachung von Medizinern und Biologen gegen diese Krankheit in Gang. Das Ziel war, bis 1976 den Krebs zu besiegen, dem Tag der 200-Jahrfeier der Vereinigten Staaten. Nixons Vorbild war das Apollo-Raumfahrtprogramm, das die Amerikaner auf den Mond gebracht hatte. Aber trotz der enormen Investitionen kam es zu einer verheerenden Niederlage. Weder die fünf Jahre, die vorgesehen waren, noch die weiteren 20, die seither vergangen sind, reichten aus, um den Krebs zu bezwingen. Eine ähnliche Schlappe zeichnet sich für das sogenannte »Jahrzehnt des Gehirns« und auf dem Gebiet der Infektionskrankheiten ab, auf dem die Medizin in der Vergangenheit mehr Erfolg hatte. Die ersten AIDS-Fälle wurden 1979 von Joel Weisman und Michael Gottlieb gemeldet. Heute, 18 Jahre später, ist noch keine zuverlässige Therapie gefunden, und die Vorhersage von C. Everett Koop, dem ranghöchsten Mediziner der USA, erscheint geradezu optimistisch: 1988 erklärte er, ein Impfstoff gegen diese Krankheit würde gegen Ende des Jahrhunderts zur Verfügung stehen.

Aber es gibt Krankheiten, die schon seit viel längerer Zeit ihrer erfolgreichen Behandlung harren. Alois Alzheimer beschrieb den ersten Fall der Krankheit, die seinen Namen trägt, vor 90 Jahren, und noch heute gibt es keinerlei Heilungsmöglichkeit. Das gleiche läßt sich nicht nur von der Multiplen Sklerose, der Muskeldystrophie oder der Leukämie sagen, sondern auch von der Kranzaderthrombose, der Arthritis, der Diabetes und der Migräne.

In allen diesen Fällen verbirgt die Medizin ihre eigene tiefe Ohnmacht, indem sie Diagnosetechniken, Prävention und begrenzte Heilerfolge überbewertet, die zumeist durch blinde pharmazeutische Experimente erzielt wurden, d. h. sich mehr dem Zufall verdanken als dem wirklichen Verständnis der Mechanismen von Krankheitsentstehung und Arzneimittelwirkung.

Nach beachtlichen Erfolgen, die Ende des 19. Jahrhunderts und in den ersten Dekaden des 20. Jahrhunderts gegen Krankheiten wie Malaria, Syphilis, Tuberkulose und Cholera erzielt wurden, scheint sich die Medizin in einer Sackgasse zu befinden: Technische Weiterentwicklungen und Fortschritte haben zu keinen wirklichen Verbesserungen geführt. Vor einigen Jahren widmete die amerikanische Zeitschrift *Dedalus* eine ganze Nummer nur diesem Problem, das man als Paradox der modernen Medizin bezeichnen könnte, und betitelte sie sinngemäß »Operation gelungen, Patient tot«. Es gibt sogar Leute, wie den ketzerischen Priester Ivan Illich oder den französischen Biologen René Dubos, denen zufolge die vergangenen Erfolge der Medizin weniger den Eingriffen der Mediziner als vielmehr den verbesserten Arbeitsbedingungen, einer gesünderen Ernährung sowie sozialen und politischen Maßnahmen zur Verbesserung der Hygiene zu verdanken sind.

Die Medizin sollte sich daher heute dringend die Frage stellen, warum sie keine Fortschritte mehr macht. Nur scheint dies niemand zu wollen. Statt dessen zieht man es vor, die Erfolge in den Himmel zu loben, und wer das Gegenteil beweist oder nach Erklärungen für die Stagnation sucht, macht sich unbeliebt, gilt als inkompetent und wird an den Rand gedrängt. Dies widerfuhr Dr. Harold Hillman, einem distinguierten Biochemiker der kleinen Universität Surrey in der Nähe von London. Seiner Geschichte widmete die BBC die erste Folge ihrer 1981 ausgestrahlten Serie über wissenschaftliche Häresie »*No One Will Take Me Seriously*« (»Niemand wird mir glauben«).

Seit vielen Jahren behauptet Hillman, daß die Verantwortung für die Mißerfolge der Medizin in den letzten 50 Jahren eher die Biologen als die Mediziner tragen. Seiner Meinung nach wird seit der Einführung des Elektronenmikroskops und der Präparierungsmethoden, die in den 40er Jahren in Gebrauch kamen, das biologische Untersuchungsmaterial radikal modifiziert und denaturiert. Durch eine von der Präparierung ausgelösten chemischen Kettenreaktion entstünden so auch vermeintliche Zellbestandteile, die es in lebenden Zellen gar nicht gebe. Seine Kritik lautet auf den Punkt gebracht: »Die Biologen untersuchen nicht die Zelle, sondern die Totenmaske der Zelle.« Die Biologie ist Hillman zufolge also in eine Sackgasse geraten und versucht hartnäckig biologische Mechanismen zu verstehen, die nicht die wirklichen und natürlichen sind, sondern vielmehr aus der Wechselwirkung von untersuchtem biologischem Material und allen Substanzen und Verfahrensweisen entstehen, die zu ihrer Untersuchung eingesetzt werden. Mit anderen Worten hat Hillman formuliert, was man als biologisches Pendant zu Heisenbergs Prinzip bezeichnen könnte: Das biologische Experiment verändert und denaturiert die Zelle und fälscht die Wirklichkeit. Die Mißerfolge der Medizin beruhen danach gerade darauf, daß die Forscher seit über 40 Jahren nicht die wirklichen Mechanismen der Geburt und Ausbreitung eines Tumors oder der Fehlfunktionen von Nervenzellen untersuchen, die die Alzheimer Krankheit oder Schizophrenie auslösen, sondern Mechanismen und Prozesse, die nur entfernt und indirekt mit den realen in Beziehung stehen.

»Weg mit dem Sonderling«

Harold Hillman ist weder ein halbkompetenter Ketzer und noch viel weniger ein *crank*. Er ist ein Wissenschaftler mit einem durch und durch regulären Werdegang: Nach seiner Promotion in Medizin befaßte er sich weiter mit Physiologie, Neurophysiologie, Biophysik und Biochemie. Von 1958 bis 1962 war er Forscher am Fachbereich Biochemie des Instituts für Psychiatrie der Universität von London, wo er auch zwei Jahre lang Biochemie unterrichtete. Danach lehrte er angewandte Neurobiologie am National Hospital for Nervous Diseases an derselben Universität und Physiologie am Battersea College, bevor er 1968 einen Lehrstuhl an der Universität von Surrey erhielt. Hier wurde er 1970 auch Direktor des Unity Laboratory of Applied Neurobiology. Er ist darüber hinaus Experte für Wiederbelebungstechniken (er gründete und leitete von 1971 bis 1985 die Zeitschrift *Resuscitation*) und für Mikroskopie (er gab die englische Ausgabe eines bekannten Mikroskopiehandbuches heraus und schrieb zahlreiche Artikel über verschiedene Aspekte der Mikroskopietechnik), so daß er sogar zum Vizepräsidenten des Quekett Microscopical Club gewählt wurde. 1991 veröffentlichte Academic Press in London seinen wichtigen Atlas der Zellstruktur des Nervensystems, und trotz der von seinen Kollegen gegen ihn geschleuderten Bannflüche nahm ihn die Schizophrenia Association of Great Britain zwischen 1990 und 1993 als Berater unter Vertrag. Die Antwort auf das Paradox der modernen Medizin kam also von einem Wissenschaftler von unzweifelhafter Kompetenz. Dennoch hat ihm niemand dafür gedankt, und sei es auch nur dafür, überhaupt auf das Problem hingewiesen zu haben. Man unternahm im Gegenteil alles, um ihn zum Schweigen zu bringen und seine Karriere vorzeitig zu beenden.

Hillman machte 1987 Schlagzeilen, als die englischen Zeitungen *The Times* und *The Guardian* über die Schließung seines Labors berichteten, die sicher nicht aus Sparzwang oder wegen mangelnder Produktivität betrieben wurde, wie der Rektor der Universität von Surrey, Anthony Kelly, behauptete. Am 30. September 1987 hatte nämlich der akademische Senat der Universität einen Sanierungsplan verabschiedet, um dem absehbaren Defizit von 500 000 Pfund Sterling für die akademischen Jahre 1987-88 zu begegnen. Es handelte sich um einen Plan von zirka 20 Seiten, der außer verschiedenen Ausgabenkürzungen die Schließung der Forschungsabteilungen für Elektronik, Biochemie und analytische Chemie vorsah. Das Kürzungspaket umfaßte auch die Schließung von Hillmans Labor für angewandte Neurophysiologie.

In der Debatte im akademischen Senat ergriff Hillman das Wort, natürlich, um sich gegen die Schließung zu wehren. Er hob hervor, daß die Gesamtkosten seines Labors im Verlauf der vorangegangenen zwei akademischen Jahre 13-15 000 Pfund im Jahr betragen hatten, während die Universität für die drei biologischen Abteilungen der Naturwissenschaftlichen Fakultät zwischen 21 000 und 52 000 Pfund hatte aufwenden müssen, und zwar nicht etwa insgesamt, sondern für jedes der Mitglieder des Lehrkörpers, die dort arbeiteten, so daß sein Labor das sparsamste war.

Pearce Wright, Wissenschaftsredakteur der Times, deutete in seinem Artikel nur an, daß sich die Schließung von Hillmans Labor eher dem Wunsch verdanke, dessen ketzerischen Direktor zu bestra-

Das ist unwissenschaftlich 121

fen und loszuwerden, als ökonomischen Gründen. Melanie Phillips vom *Guardian* sprach diesen Verdacht dagegen offen aus und sammelte in ihrem Artikel, der bezeichnenderweise den Titel »*Pushing the Odd Man Out*« (etwa » Weg mit dem Sonderling«) trug, die Proteste der Rektoren anderer Universitäten. So erklärte etwa Professor John Ashworth, Prorektor der Universität von Salford:

> »Meine erste Pflicht ist es, meine Professoren vor Leuten wie mir zu schützen. Ihre Arbeit darf durch kein Verbot behindert werden, das auf allgemein akzeptierten Ideen beruht. Sie haben jedes Recht, sich von der Orthodoxie zu entfernen.«

»Akademische Freiheit«, fügte Sir Mark Richmond hinzu, Prorektor der Universität von Manchester, »bedeutet das Recht zu haben, Unpopuläres zu behaupten, ohne dafür bestraft zu werden. Auf diesem Fundament gründet das Ethos der Universität.«

Die Universität von Surrey hatte offensichtlich eine andere Vorstellung von universitärer Ethik und ließ keine Einwände gelten. Nachdem der akademische Senat den Plan gebilligt hatte, wurde das Labor offiziell geschlossen und Hillman gegen jedes Gesetz und Universitätsstatut pensioniert. Es war das erste Mal in der Geschichte der englischen Universität, daß man einen Lehrstuhlinhaber vorzeitig in Pension schickte. Glücklicherweise gelang es Hillman im letzten Moment, von der Arzneimittelfirma David Horrobins in geringem Umfang Drittmittel zu bekommen, die es ihm erlaubten, das Labor (jedenfalls nominell) aufrechtzuerhalten und weiter zu forschen, obwohl er weder von der Universität noch von der Regierung die geringste finanzielle Unterstützung oder Hilfe erhielt. Heute lebt und arbeitet er in einem zwei mal zwei Meter großen Büro. Aus rechtlichen Gründen kann ihm der Zugang zur Universität nicht verwehrt werden. Horrobins Unterstützung zwang die Verwaltung sogar, nicht nur das Labor offenzuhalten, sondern Hillman neben seiner Pension auch das Gehalt für zwei Arbeitstage in der Woche zu zahlen.

Die Karriere eines Ketzers

Hillmans Kampf gegen seine Universität ist nur Teil einer viel tiefgreifenderen Auseinandersetzung mit seinen Fachkollegen aus der

Biologie in und außerhalb Englands (darunter wenigstens drei Nobelpreisträger), den Verfechtern der heute allgemein akzeptierten Lehrmeinung über die Zellstruktur und der üblichen Untersuchungsmethoden, vor allem der Elektronenmikroskopie. Aber wie entstand Hillmans Ketzerei, und wie plausibel ist sie?

In einem privat gedruckten Buch, das junge Leute davor warnen soll, die gängigen Ideen passiv und unkritisch zu akzeptieren, erzählt Hillman, daß alles mit einer Beschriftung auf einer schwarzen Flasche in seinem Labor begann. Die Flasche enthielt ATP-Kristalle (Adenosintriphosphat), und auf dem Etikett stand »kühl und dunkel lagern«. ATP ist ein Schlüssel-Molekül des tierischen und menschlichen Stoffwechsels und an sämtlichen Prozessen der Speicherung und Produktion von Energie beteiligt, vor allem bei der Muskelkontraktion. »Warum muß es im dunkeln gelagert werden?« fragte sich Hillman. Daß er diese Frage beantworten wollte, ist im wesentlichen der Grund für den Ruin seiner Karriere. Als erstes schrieb er dem amerikanischen Hersteller, der Sigma Corporation, aber die Antwort war alles andere als wissenschaftlich. Die Firma schrieb, daß sich früher, als die Flaschen noch durchsichtig waren, europäische Kunden mehrfach beklagt hatten, weil das ATP nicht rein sei. Man habe bemerkt, daß dies am auf der Reise absorbierten Licht gelegen habe. So war es vorgekommen, daß sich ein Teil des ATP in AMP verwandelte (Adenosinmonophosphat). Das, so Sigma, sei alles: Deshalb verwende man nun dunkle Flaschen und rate dazu, die Substanz im dunkeln aufzubewahren.

Für Hillman war die Sache nicht so einfach. Wenn die Techniker der Sigma Corporation recht hatten, bedeutete dies, daß ATP lichtempfindlich war; aber niemand hatte dies bisher je behauptet. »Stimmt das oder stimmt das nicht?« fragte er sich. Um es herauszufinden, mußte er sich nur an die Arbeit machen. In kurzer Zeit führte er gut 290 Experimente durch, mit denen er nicht nur bewies, daß ATP-Lösungen lichtempfindlich waren, sondern daß auch intakte Zellen unabhängig vom Gewebetyp die Produktion von ATP erhöhten, wenn sie Licht ausgesetzt waren. Hillman dachte darüber nach und kam fast automatisch auf den Gedanken, daß die Ergebnisse der experimentellen Forschungen, die in allen Laboratorien der Welt durchgeführt werden, zumindest im Hinblick auf ATP gewöhnlich verfälscht sind, aus dem einfachen Grund, weil sie in beleuchteten

Räumen stattfanden. Niemand hatte sich je die Mühe gemacht, sich zu fragen, ob dies das Ergebnis der Experimente selbst beeinflussen konnte. Hillman wußte es noch nicht, aber er war auf dem besten Wege, ein Ketzer zu werden.

Damals führte er die Experimente mit zwei Mitarbeitern durch, die im dunkeln an einem anderen Tisch in einiger Entfernung arbeiteten. Eines Tages, während sie an verschiedenen Nervenzellenpräparaten arbeiteten, flüsterte einer der beiden dem anderen einen Witz zu und am Ende brachen beide in schallendes Gelächter aus. Als die Graphiken der ATP-Produktion der drei Präparate erstellt waren, wichen die beiden anderen von Hillmans Graphik ab und zeigten einen Spitzenwert, der mit dem Moment übereinstimmte, in dem die beiden angefangen hatten zu lachen. Es schien also, daß nicht nur Licht, sondern auch Geräusche die ATP-Produktion der Zellen beeinflußte. Am folgenden Tag spielte Hillman seinen Zellen die Aufnahme eines Dudelsackkonzertes vor und wies definitiv nach, daß auch Geräusche die Produktion von ATP erhöhten.

An diesem Punkt lag es nahe, sich zu fragen, ob die typischerweise geräuschvolle Kulisse von Laboratorien, in denen häufig Zentrifugen oder andere Geräte benutzt werden, die Experimente nicht beeinflußte und verfälschte. Dies galt besonders für Zellen, die zentrifugiert werden, die ja noch weit größerem Streß ausgesetzt sind. Bevor man sie nämlich zentrifugiert, werden die Zellen normalerweise homogenisiert. Bei diesem Verfahren entsteht Wärme, und die Erhöhung der Temperatur beeinflußt ebenfalls die ATP-Produktion. Wie nicht anders zu erwarten, stellte sich schließlich heraus, daß auch elektrischer Strom die Biochemie der Zelle veränderte.

Praktisch hatte Hillman entdeckt, daß Laborumgebungen Energiequellen und Geräte enthalten, die den Gang der Experimente beeinflussen, denen aber normalerweise keinerlei Beachtung geschenkt wird. Es war offensichtlich, daß diese Einflüsse in Betracht zu ziehen und zu messen waren, wollte man ein verläßliches und genaues Bild des untersuchten biologischen Materials erhalten. Diese Idee konnte für sich genommen nicht als ketzerisch betrachtet werden. Und dennoch war sie schwer zu akzeptieren: Wenn Hillman recht hatte, dann mußte man zugeben, daß die damals (und noch bis heute) gebräuchlichen Techniken in allen Laboratorien der Welt gravierende Veränderungen der untersuchten biochemischen Parameter bewirken und folglich alle Kenntnisse über die Biochemie der Zelle unter angemessener Einrechnung der Störfaktoren neu untersucht und korrigiert werden müssen.

Hillman versuchte, dies in einem Artikel darzulegen und schickte ihn an das *Journal of Molecular Biology*, aber er erhielt eine Absage ohne Angabe von Gründen. Der Direktor des *Biochemical Journal* war dagegen korrekter und erklärte Hillman in seinem Ablehnungsschreiben, daß es »revolutionär« sei, anzunehmen, »die einwirkenden physischen Kräfte könnten biochemische Folgen haben«. Der Artikel wurde nie veröffentlicht, und niemand der vielen kompetenten Gelehrten, an die sich Hillman wandte, war darüber betrübt.

Alle hofften, daß Hillman den Forschungsschwerpunkt ändern und von selbst aufhören würde, die Verläßlichkeit der Methoden der Zellbiologie experimentell zu überprüfen. Der Nobelpreisträger Sir Hans Krebs hatte ihm das klar zu verstehen gegeben: Obwohl er die Resultate nicht kritisieren konnte und Hillman, wie Krebs wußte, auch ein Diplom in Biochemie hatte, wiederholte er mehrmals, daß dieser immer ein Physiologe bleiben werde und es besser wäre, wenn er bei seinem Leisten bliebe.

Hillman jedoch machte nicht nur weiter, sondern weitete den Angriff aus. Ab Ende der 70er Jahre nahm er sich die Techniken der Histochemie, die Präparierungstechniken und Zellfraktionierung der Elektronenmikroskopie vor, um herauszufinden, ob auch sie die »natürliche« Struktur und Biochemie des biologischen Materials störten und verzerrten.

Die Geschichte des Mikroskops zwischen Illusion und Realität

Die moderne Biologie entwickelte sich in der zweiten Hälfte des 17. Jahrhunderts, als man begann, die experimentelle Methode Galileis auf das Studium belebter Objekte anzuwenden. Die Entstehung der modernen Biologie stieß jedoch auf größere Hindernisse als die moderne Physik. Um die Fallgesetze fester Körper zu ergründen und die Mechanik und Dynamik aus der Taufe zu heben, reichte es aus, unmittelbar verfügbare Objekte zu beobachten und Experimente mit

Das ist unwissenschaftlich   125

ihnen anzustellen. Will man aber begreifen, wie die Leber Leberstärke produziert oder was bei der Verdauung geschieht, muß man nicht nur die Anatomie der Leber und des Magens kennen, sondern auch die Zellstruktur dieser Organe und ihre biochemischen Besonderheiten. Zu jener Zeit wußte niemand, wie ein Muskel beschaffen war und woraus er bestand, oder worin er sich von Haaren oder der Leber unterschied. Um dies zu klären, mußte man einen Weg finden, um die verschiedenen Bestandteile eines Gewebes kenntlich zu machen und sie so weit wie möglich zu vergrößern. Das Mikroskop und die Methoden der Präparatfärbung eröffneten diese Möglichkeit. Mit dem Mikroskop drang der Wissenschaftler in die bis dahin unerforschte Welt des Feinaufbaus lebender Wesen ein. Kurzgefaßt: Die Biologie hätte ohne die Entwicklung der Mikroskopie nicht entstehen können.

Die Entwicklung des Mikroskops und der damit verbundenen Techniken war jedoch kein Triumphzug; vielmehr lieferte das Mikroskop mehr als zwei Jahrhunderte lang eher Trugbilder als realistische Einblicke. Lange Zeit blieb die nützlichste Variante des Instruments das einfache Mikroskop, das aus einer einzigen (normalerweise kugelförmigen) Linse und einem Gestell bestand. Es war dieser Mikroskoptyp, den Marcello Malpighi benutzte, um das Lungengewebe zu untersuchen, Robert Hooke, um die Zellstruktur des Korks zu erkennen und Antony van Leeuwenhoek, um zahlreiche Insekten, Bakterien sowie die Samenfädchen und roten Blutkörperchen von Fischen zu studieren. Dieses Instrument hatte ein sehr begrenztes Anwendungsfeld und ein sehr geringes Auflösungsvermögen, so daß damit die Zellen selbst nicht untersucht werden konnten. Das Mikroskop war im Grunde nichts anderes als ein Vergrößerungsglas, und die Resultate, die man mit ihm erhalten konnte, waren zwar verläßlich, aber eben wegen der geringen Vergrößerung und Auflösung auch nicht sehr bedeutsam.

Bessere Vergrößerungen erhielt man mit dem zusammengesetzten Mikroskop, das ab 1624 in Gebrauch kam. Die ersten Geräte dieses Typs bestanden aus zwei einzelnen Linsen und waren praktisch Teleskope, wie man sie zur Beobachtung des Mondes und der Sterne benutzte. Die Möglichkeit, mit ihnen nahe Objekte zu beobachten und zu vergrößern, ergab sich bequem, indem man das Okular mit dem Objektiv vertauschte. Galileo war einer der ersten, die ein solches zusammengesetztes Mikroskop benutzten (er nannte es »occhialino«), auch wenn er nicht als sein Erfinder betrachtet werden kann. Häufig wird vergessen, daß bis 1840 das zusammengesetzte Mikroskop nicht nur von geringem Nutzen, sondern auch ein zutiefst irreführendes Gerät war. Es handelte sich in der Mehrzahl der Fälle um von Handwerkern hergestellte Mikroskope, die häufig vom Wissenschaftler zusammengesetzt wurden und aus optischen Systemen bestanden, die nicht ganz präzise linear angeordnet wurden und darüber hinaus aufgrund schlechter Verarbeitung der Linsen oder mangelnder Homogenität des verwendeten Materials Mängel aufwiesen.

Die größten Schwierigkeiten erwuchsen jedoch aus Verzerrungen, für die nicht Konstruktionsfehler, sondern physikalische und geometrische Probleme des optischen Systems verantwortlich waren. Es handelte sich um chromatische und sphärische Abbildungsfehler. Die chromatischen Abbildungsfehler rührten daher, daß die zusammengesetzten Mikroskope mit gewöhnlichem Licht arbeiteten, das polychrom ist, d. h. aus verschiedenen Farben besteht, die verschiedene Wellenlängen haben. Nun variiert der Brechungsindex der Linsen und folglich der Fokalisationspunkt des verwendeten optischen Systems mit der Lichtfrequenz, und dies führt dazu, daß es so viele Bilder des beobachteten Objektes gibt, wie das Licht Farben hat. Die sphärischen Abbildungsfehler dagegen beruhen auf einem Defekt geometrischer Art, der von der Form der lichtbrechenden oder reflektierenden Flächen und der Position abhängt, in der sich die Objekte im Hinblick auf sie befinden. Wenn der Öffnungswinkel der Linse im Hinblick auf die Achse des Systems nicht hinreichend klein war, konvergierten die Lichtstrahlen nicht mehr in einem einzigen Punkt und produzierten ein verzerrtes Bild.

Solange dieses Fehlerbündel nicht beseitigt war, erhielten die Biologen, die das zusammengesetzte Mikroskop benutzten, um die Zellstruktur der verschiedenen Gewebe zu untersuchen, keinerlei konkrete Resultate und beschrieben rein illusorische Objekte. So stellte etwa der italienische Wissenschaftler Felice Fontana fest, daß alle Gewebe aus einem engen Gefüge gewundener Zylinder bestünden, und er beeilte sich, ihnen wichtige biologische Funktionen zuzuweisen und Veränderungen dieses Gefüges für pathologische Störungen und Krankheiten verantwortlich zu machen. Aber diese Röhrchen existierten gar nicht, sondern waren lediglich optische Täuschungen.

Dies entdeckte der englische Arzt Alexander Monro Jr., der zunächst derselben Täuschung aufgesessen war. Trotz seiner Warnungen (und der späteren des italienischen Gelehrten Paolo Savi) fuhren andere Autoren wie der Wiener Anatom Joseph Berres und der Italiener Paolo Mascagni fort, das Gefüge wurmförmiger Röhrchen zu beobachten und zu beschreiben und es für eine fundamentale Struktur lebender Gewebe zu halten. Heute wissen wir, daß Gewebe weder aus Röhrchen noch aus kleinen Körpern bestehen, und im nachhinein müssen wir Xavier Bichat recht geben, dem Begründer der Histologie, der 1801 sagte, das Mikroskop sei »ein Gerät, von dem die Physiologie und die Anatomie nie großen Nutzen ziehen konnten, aus dem einfachen Grunde, weil beim Blick in die Dunkelheit jeder das sieht, was er will.«

Das Mikroskop begann erst ab 1840 ein wirklich nützliches und verläßliches Gerät zu werden und erreichte sein Höchstmaß an Zuverlässigkeit 1880 nach den präzisen optischen Forschungen von Ernst Abbe, die sich Carl Zeiss mit seiner Firma für wissenschaftliche Instrumente zunutze machte. Ende des 19. Jahrhunderts hatten Mikroskope eine beachtliche (ca. 2 000fache) Vergrößerungsfähigkeit erreicht und eine hohe Auflösung (ca. 0,002 mm), die in Kombination mit einer angemessenen Präparierung des Materials die spektakuläre Entwicklung der Bakteriologie und die Untersuchung subzellulärer Strukturen ermöglichte. Die Biologen drangen zum erstenmal wirklich in das Innere der Zelle ein und entdeckten die Existenz von krankheitserregenden Bakterien und Viren. So kam es in der Medizin zur ersten wirklichen großen Revolution.

Nach und nach mußte jedoch mit der Perfektionierung des Gerätes die Beobachtungstechnik geändert werden. Die ersten Mikroskopforscher beobachteten Insekten, Bakterien, Flüssigkeiten oder Stücke tierischen Zellgewebes direkt, und zwar mit einer Technik, die keine substantielle Veränderung am beobachteten Objekt vornahm. Van Leeuwenhoek zum Beispiel gelang es, das Gehirn aus dem Kopf einer Fliege zu extrahieren, es auf eine Stecknadel zu spießen und unter sein einfaches Mikroskop zu legen. Mit der langsamen Erhöhung der Vergrößerungsfähigkeit und des Auflösungsvermögens wurde es immer notwendiger, das biologische Beobachtungsmaterial angemessen zu präparieren. Bis zu einem bestimmten Punkt war die verwendete Technik eine »Frischetechnik«, die darin bestand, einen kleinen

Teil des Gewebes in eine Flüssigkeit zu tauchen, die es am Leben erhielt. Dann wurde es auf einen gläsernen Träger gelegt, der aus einer Glasscheibe bestand, die mit einem noch kleineren, wenige Zehntel Millimeter dicken Glas abgedeckt wurde.

Als sich mit der Zeit die Vergrößerungsfähigkeit erhöhte, stieß diese Beobachtungsart jedoch an ihre Grenzen, da sich die Brechungsindizes der verschiedenen Zellstrukturen kaum unterscheiden, so daß es schwierig war, Umrisse und genaue Positionen zu erkennen. Zudem bewegen sich Zellteile häufig. Es wurde folglich erforderlich, eine andere Technik zu entwickeln: Um dauerhafte Präparate zu erhalten und die einzelnen Zellteile gut hervorzuheben, muß man vor allem das Objekt fixieren und es in Flüssigkeitsgemische tauchen (Alkohol, Formalin, schwere Metallsalzlösungen, Säuren, Laugen), die es abtöten, aber konservieren und so weit wie möglich seine Struktur bewahren. Dann muß man das Beobachtungsobjekt in hauchdünne Scheiben schneiden, etwa, indem man es in einen Parafinblock einschließt, um es dann mit einem geeigneten Messer, dem Mikrotom, zu sezieren. Eine weitere wichtige Methode ist die Färbung, die es erlaubt, mit unterschiedlichen Farben die verschiedenen Zellstrukturen hervorzuheben. Die seit Ende des 19. Jahrhunderts eingesetzten Färbsubstanzen sind äußerst zahlreich. Eine der gebräuchlichsten ist Hämatoxylin, das den Zellkernen eine blaue Farbe verleiht, während mit dem Eosin das Zytoplasma einen roten Farbton erhält.

Der Verwendung dieser Methoden liegt die Annahme zugrunde, daß sie zwar die Zelle abtöten und mit ihr auf physikalischer und chemischer Ebene interagieren, aber dennoch (jedenfalls nimmt man das an) sowohl die Struktur wie die wesentliche Zusammensetzung erhalten. So seltsam es klingen mag, aber die wissenschaftlichen Grundlagen dieser Vorgehensweise wurden nie ganz geklärt, und folglich läßt sich nicht mit Sicherheit feststellen, welche und wie viele Veränderungen des biologischen Zellgewebes sie bewirken. Eines der heute angesehensten und am weitesten verbreiteten Histologie-Handbücher für Ärzte warnt, daß »der Mechanismus, mit dem sich die Färbemittel mit den Gewebebestandteilen verbinden, allgemein unbekannt ist«. Das bedeutet, daß man weder weiß, welcher Art die Interaktion zwischen einem Färbemittel und dem biologischen Material ist, das einer Färbung unterzogen wird, noch warum und durch wel-

Das ist unwissenschaftlich 129

chen Mechanismus sich die Färbemittel in unterschiedlicher Weise mit den verschiedenen Gewebebestandteilen verbinden.

Weitere Komplikationen ergaben sich seit den 40er Jahren mit der Verbreitung des Elektronenmikroskops, dessen Prototyp 1932 gebaut worden war. Das Normallichtmikroskop hat den Nachteil, daß man mit ihm nichts sehen kann, was kleiner als die Wellenlänge des sichtbaren Lichtes ist. Setzt man Strahlung mit geringerer Wellenlänge ein (zum Beispiel ultraviolettes Licht) und Speziallinsen, die für diese Strahlung durchlässig sind, kann man noch kleinere Objekte sehen. Aber die große Revolution ereignete sich mit der Einführung des Elektronenmikroskops, das auf der Möglichkeit basiert, mit Magnetfeldern Elektronenstrahlen von hoher Durchleuchtungskraft auf Objekte zu lenken, die sogar 100 mal kleiner als bei der Normallichtmikroskopie sein können. Das heutige Wissen über die Struktur und Zusammensetzung der Zelle gründet sich im wesentlichen auf die Daten, die das Elektronenmikroskop liefert.

Die Präparationstechniken des biologischen Materials, das mit dem Elektronenmikroskop untersucht werden soll, sind jedoch sehr viel komplizierter als die früheren. Das liegt daran, daß die Präparate vollständig dehydriert (entwässert) werden und unter Vakuum gehalten werden müssen. Außerdem müssen sie so fein seziert werden, daß ihre Präparierung außerordentliches Geschick erfordert. Der Schnitt wird mit einem Ultramikrotom ausgeführt. Es erlaubt sehr feine Schnitte, muß aber mit großer Vorsicht verwendet werden, will man sichergehen, daß es keine Stauchung oder andere Deformierungen gibt. Das alte und schwierige Problem, das Zellgewebe in einem Zustand zu konservieren, der dem lebenden ähnelt, wird dadurch erheblich komplizierter. Der Großteil der Fixierer, die in der Normallichtmikroskopie als befriedigend gelten, produziert eine für das Auflösungsvermögen des Elektronenmikroskops zu grobe Proteinausfällung, aber neue und wirkungsvollere Fixierer konnten nicht gefunden werden, so daß der gebräuchlichste eine gepufferte Osmiumtetroxyd-Lösung ist, die bereits für die normale Mikroskopie verwendet wurde. Die Dehydrierung wird mit immer konzentrierteren Ethanol-oder Aceton-Lösungen erreicht, und die Präparate werden danach in Acryl oder Epoxydharz eingeschlossen.

Das Bild der Zelle, daß sich aus dieser Kette sehr komplexer Manipulationen ergibt, ist im großen und ganzen folgendes: Man glaubt, daß sie aus einem sphärischen Körper variabler Größe besteht, der in seinem Inneren eine halbflüssige Substanz enthält, die Protoplasma genannt wird. Man kann sie sich als kleinen, mit Wasser gefüllten Ballon vorstellen, mit dem Unterschied, daß die Zelle im Inneren eine weitere sphärische Struktur enthält, den Zellkern, der ebenfalls mit Flüssigkeit gefüllt ist. Die Wand dieses winzigen Ballons, die Zellmembran, ist zu klein, um mit dem optischen Mikroskop erkennbar zu sein und erscheint unter dem Elektronenmikroskop als 7,5 Nanometer dicke Schicht, in der drei übereinanderliegende Membranen erkennbar sind, die eine Art Mini-Sandwich bilden, das aus zwei äußeren (für die Elektronen weniger durchlässigen) Schichten und einer transparenteren inneren Schicht mit einer Dicke von 3,5 Nanometer besteht. Nach der 1936 von Hugh Davson und James Frederic Danielli vorgeschlagenen Theorie ist man der Auffassung, daß dieses winzige Sandwich aus zwei Proteinschichten mit einer bimolekularen Schicht aus Phosphatid besteht. Da diese Struktur nicht nur typisch für alle Zellen ist, sondern sich auch bei den Membranen der verschiedenen Komponenten der Zelle findet, gilt sie als charakteristisch für den Membranaufbau. Um diese Universalität zu betonen, hat J. David Robertson sie mit einem heute vielverwendeten Terminus »Einheitsmembran« genannt. Die Zellkernmembran hat jedoch einen komplexeren Aufbau: Sie besteht nicht nur aus zwei parallelen Schichten, sondern weist an vielen Stellen kleine runde Öffnungen auf, die als »Zellkernporen« bezeichnet werden. Durch diese Poren soll der Stoffaustausch zwischen Zellkernplasma und Zytoplasma stattfinden.

Mit der normalen Mikroskopie war es nicht möglich zu erkennen, ob im Zytoplasma besondere Strukturen existierten. Mit dem Elektronenmikroskop änderte sich das Bild radikal. Man erkannte, daß im Zytoplasma verschiedene Objekte schwimmen, die allgemein »Organellen« genannt werden. Das Auffälligste unter ihnen ist das sogenannte »endoplasmatische Retikulum«. Die Beobachtung fixierter Zellen im Elektronenmikroskop läßt im Inneren des Zytoplasmas ein Bündel von Höhlungen erkennen, die diesen Teil der Zelle das Aussehen eines Schwammes geben. Die Höhlungen stehen untereinander durch ein Netz von Kanälen in Beziehung, dem Keith Roberts Porter eben die Bezeichnung »endoplasmatisches Retikulum« gab. Um dieses herum und an den Wänden des Kanalnetzes (und auch im

Das ist unwissenschaftlich 131

Zytoplasma) fallen kleine sphärische Teilchen auf, die George Palade 1953 zum erstenmal beschrieb und Ribosomen nannte. Heute wird ihnen allgemein die Synthese von Proteinen zugeschrieben. Die Ribosomen, ob sie nun frei sind oder nicht, verbinden sich häufig zu Gruppen, die Polysomen oder Polyribosomen genannte Aggregate bilden.

Eine weitere wichtige Struktur, die im Zytoplasma hervortritt, ist der Golgi-Apparat. Dieser Zellbestandteil verdankt seinen Namen dem italienischen Zellforscher Camillo Golgi, der 1906 den Nobelpreis in Medizin erhielt. Golgi entdeckte in den Nervenzellen Bereiche, die Silbernitrat zu Metallpräzipitat reduzierten. Mit einer eigenen Färbtechnik (»Imprägnierfärbung« genannt) entdeckte er im Zytoplasma ein Netz, das er als »inneren Retikularapparat« bezeichnete und der später nach ihm benannt wurde. Es ist anzumerken, daß die Netzform nur eine der möglichen Gestalten des Golgi-Apparates ist, die mit der Imprägnierungstechnik sichtbar werden. In einigen Zellen zum Beispiel nimmt der Apparat die Form von kleinen isolierten Schuppen an. Da der Golgi-Apparat nur an fixierten Zellen beobachtet werden konnte, wurde seine Existenz in Zweifel gezogen, bis die Untersuchung submikroskopischer Zellbestandteile mit dem Elektronenmikroskop bewies, daß es sich um einen Zellteil mit eigener Gestalt und Physiologie handelte. Der große Zellforscher John Randall Baker aus Oxford, der auch Autor einer grundlegenden Geschichte der Zelltheorie ist, stellte 1942 fest, daß es sich um ein künstliches Produkt des Stoffes handelte, den Golgi für die Imprägnierung benutzt hatte: Ein stark vergrößertes Silbergranulum sah dem Golgi-Apparat seltsam ähnlich. Aber als der Apparat im Elektronenmikroskop gesichtet wurde, revidierte Baker seine Position und erklärte 1955 öffentlich, daß er sich geirrt habe und der Apparat als wirklich existent betrachtet werden müsse.

Zwei weitere bedeutende Zellstrukturen sind die Mitochondrien und die Lysosomen. Die Mitochondrien präsentieren sich sowohl in Stäbchenform mit abgerundeten Enden (wie mikroskopisch kleine Würstchen) als auch in Kugelform. Obwohl sie so klein sind, sind sie so zahlreich, daß sie einen bedeutenden Teil der Zellsubstanz ausmachen. Sie wurden 1890 von dem deutschen Anatom Richard Altmann entdeckt, der sie als kleine Körner oder Fasern beschrieb und als elementare Organismen interpretierte, die in Form von Kolonien in jeder Zelle zu finden waren. Ihre Existenz und ihre Allgegenwart in den Zellen wurden von anderen Forschern voll bestätigt, aber man fand nur wenig über sie heraus, bis 1934 eine Methode entdeckt wurde, um sie durch Zentrifugieren von der Zelle zu trennen und zu isolieren. Die Mitochondrien bewegen sich im Inneren der Zelle. Dabei werden sie vom Fluß des Zytoplasmas bewegt, können aber auch selbst ihre Position ändern. Unter dem optischen Mikroskop erscheinen sie bar jeder inneren Struktur, aber das Elektronenmikroskop offenbarte ihren hochkomplexen und charakteristischen Aufbau. Sie bestehen aus zwei Membranen, einer äußeren und einer inneren; letztere besitzt beim sogenannten Cristatypus der Membran kammförmige Einfaltungen, die in eine flüssige oder halbflüssige Substanz gebettet sind, der sogenannten »Matrix«. In dieser schwimmen kleine Kugelobjekte, die »Matrixkörner« genannt werden.

Nach einer verbreiteten Meinung kann die Existenz der Mitochondrien nicht in Zweifel gezogen werden, da sie sich in lebenden Zellen beobachten lassen. Aber nicht alle sind überzeugt, daß ihr Aufbau, wie er im Elektronenmikroskop erscheint, den wirklichen Verhältnissen entspricht.

Die zuletzt entdeckten Zellbestandteile sind die Lysosomen, die zum erstenmal 1955 von Christian de Duve beobachtet und beschrieben wurden. Sie bilden gewöhnlich feste Körper, die von einer Membran begrenzt werden und Enzyme enthalten, die in der Lage sind, Proteine und einige Kohlenhydrate zu zerlegen. Man glaubt, daß sie vom Golgi-Apparat produziert werden, zur Zerstörung beschädigter Zellen dienen und auch eine wichtige intrazelluläre Verdauungsfunktion für Fremdkörper haben, die von der Zelle durch den Prozeß der Phagozytose aufgenommen werden. Sie wären also im wesentlichen das letzte wichtige Glied im Verteidigungsmechanismus, der von den weißen Blutkörperchen in Gang gesetzt wird. Damit können Bakterien verdaut und folglich der Organismus vor der Invasion krankheitserregender Mikroorganismen geschützt werden.

Dies ist im Kern das Bild der Zelle, das durch das Elektronenmikroskop gewonnen wurde. Es ist nicht in allen Details scharf, aber gilt insgesamt als verläßlich und wird allgemein von Mikroskopexperten, Biologen, Medizinern und Pharmakologen geteilt, die gerade auf dieses Wissen die verschiedenen heute üblichen präventiven und therapeutischen Eingriffe gründen. Alles ging gut, bis Hillman auf eine

Flasche ATP stieß und sich mit penibler Genauigkeit systematisch zu fragen begann, bis zu welchem Punkt man streng wissenschaftlich gesehen die gängigen Beschreibungen der Zusammensetzung und Struktur der Zelle als verläßlich und realistisch betrachten konnte. Seine Schlußfolgerung am Ende der 70er Jahre war, daß an diesem Bild der Zelle kaum etwas wahr ist.

Alles noch einmal von vorn!

Zunächst einmal, so behauptet Hillman, kann die Zellmembran nicht aus drei verschiedenen Schichten bestehen wie ein Sandwich, aus dem schlichten Grund, weil bei allen elektronenmikroskopischen Untersuchungen derselbe Zelltyp dieselbe Membrandicke zeigt, obwohl die Präparate unterschiedlich sind. Hillmans Argumentation ist sehr einfach: Die Zelle kann annäherungsweise mit einer Orange verglichen werden. Schneidet man nun eine Orange von außen mit einem Tangentialschnitt an und zerstückelt sie weiter zur Mitte hin, wird man sehen, daß die Schale beim ersten Schnitt dicker erscheint und langsam dünner wird, je näher man der Mitte kommt, wo sie die geringste Stärke aufweist. Dasselbe müßte folglich für die Zellpräparate gelten, die man erhält, indem man mit dem Mikrotom winzige Scheiben des Gewebes abschneidet. Offensichtlich verteilen sich die Zellen in diesen Präparaten zufällig und der Schnitt geht in den unterschiedlichsten Winkeln durch die Membran, so daß die Dicke der Membran je nachdem größer oder kleiner sein müßte. Die Dicke der Membranen, die mit dem Elektronenmikroskop beobachtet wurden, ist dagegen immer dieselbe, und dies widerspricht den Gesetzen der Physik und der Geometrie. Niemand hat sich je darüber gewundert. Das ist schlecht, sagt Hillman, denn dies ist ein offenkundiges Indiz dafür, daß die Einheitsmembran eine Illusion ist, ein Artefakt, das der verwendeten Präparierungstechnik zuzuschreiben ist.

Die einzige Möglichkeit, die Einheitlichkeit der Dicke der Membran zu erklären, ist Hillman zufolge, sich an die Geometrie und den gesunden Menschenverstand zu halten. Die Zellmembran ist eine physische Trennungslinie; nun sind aber nur in der geometrischen Abstraktion Linien so vollständig ohne Stärke, während jede wirkliche Trennungsschicht eine Dicke und folglich zwei Oberflächen oder Seiten hat. Dasselbe muß für die biologische Membran gelten. Die schweren Metallsalze, die bei den Präparaten für das Elektronenmikroskop eingesetzt werden, lagern sich an diesen Trennungshäutchen ab, genau wie es geschieht, wenn man eine Tür an der Innen- und der Außenseite mit einem Anstrich versieht. Deshalb die Zellmembran als dreischichtig zu betrachten, ist für Hillman völliger Unsinn. Das wäre, als würde man behaupten, Türen hätten eine dreilagige Sandwich-Struktur, nur weil man sie innen und außen gestrichen hat.

Dasselbe Argument gilt, so Hillman weiter, für die Membranen aller anderen Zellstrukturen und besonders für die Membran des Zellkerns. Was letztere betrifft, so sind auch die Poren, die den Beobachtungen mit dem Elektronenmikroskop zufolge ihre Kontinuität unterbrechen, illusorische Verfälschungen. Diese Poren, behauptet Hillman, gibt es in Wirklichkeit nicht, nicht einmal, wenn ein Schnitt mit dem Mikrotom durchgeführt wird. Sie entstehen durch einfache Brüche im bereits zerteilten Präparat aufgrund der Kontraktion der Membran durch die Dehydrierung, der das Präparat unterzogen wird, um im Elektronenmikroskop untersucht werden zu können. »Man beachte«, präzisiert Hillman,

»daß ich nicht behaupte, die Zellkern- oder Zellmembran existierten nicht in der lebenden Zelle; ich leugne nur, daß diese Membranen dem von Robertson erstellten Modell der Einheitsmembran entsprechen, während es mir nicht im Traum einfiele, Davsons und Daniellis Hypothese über die Funktion der Membran zur Diskussion zu stellen.«

Was für die Zelle und die Zellkernmembran gilt, gilt auch für die Kämme der Mitochondrien, die nach Hillman als Verfälschungen betrachtet werden müssen, weil ihre Stärke immer gleich ist, als treffe der Schnitt des Mikrotoms durch einen glücklichen Zufall immer mit perfekter Rechtwinkligkeit auf sie auf. Hillman zufolge befinden sich in den Mitochondrien überhaupt keine Kämme, sondern eine Flüssigkeit ähnlich wie das Zytoplasma, die in parallele Linien ausfällt, wenn sie dem Elektronenstrahl des Mikroskops ausgesetzt wird.

Überhaupt nicht vorhanden ist für Hillman dagegen das endoplasmatische Retikulum. In diesem Fall sind die Gründe nicht nur geometrischer Natur; die gravierendsten Einwände ergeben sich vielmehr aus der Hydrodynamik. Jeder Student im ersten Semester weiß, daß im Inneren der Zelle eine Reihe von intrazellulären Bewegungen stattfinden. Diese Bewegungen wurden im Verlauf der letzten beiden Jahrhunderte von einer beträchtlichen Zahl von Wissenschaftlern und Studenten allein mit dem Normallichtmikroskop bei 200facher Vergrößerung beobachtet und betreffen Organellen, Bakterien, Zellteilchen, die sich frei im Zytoplasma bewegen. Nun ist der Durchmesser dieser Objekte viel größer als die verbleibenden Zwischenräume des endoplasmatischen Retikulums, das außerdem nach den gängigen Theorien so groß ist, daß man sich die ganze Zelle als Schwamm denken kann. Aber wenn das so ist, fragt sich Hillman, wie können sich die Teilchen im Zytoplasma noch frei bewegen und durch Löcher gleiten, die viel kleiner als ihr eigener Umfang sind? Es ist, als würde es Golfbällen gelingen, sich frei durch die Poren eines Badeschwamms zu bewegen. Einige haben darauf erwidert, daß das Retikulum sich auflöst, um die interzellulären Teilchen durchzulassen, und sich danach wieder aufbaut. Man könnte zum Beispiel annehmen, daß ein Mitochondrium Enzyme besitzt, die sich einen Weg durch die Membran des Retikulums bahnen können. Gut, antwortet Hillman, aber wenn wir Tusche in eine Zelle injizieren, sehen wir, daß sie sich frei und ungehindert bewegt, ohne im geringsten vom angeblichen Retikulum behindert zu werden; und wir können ausschließen, daß Tusche Enzyme besitzt, die Löcher in der Membran des endoplasmatischen Retikulums öffnen. Außerdem, gibt Hillman zu bedenken, wurde die Dickflüssigkeit des Zytoplasmas in verschiedenen Zellarten gemessen und erreicht im allgemeinen die Konsistenz von Olivenöl, während sie weit dickflüssiger sein müßte, wenn sie das endoplasmatische Retikulum enthielte.

Also, so folgert Hillman, existiert das endoplasmatische Retikulum nicht. Dennoch erkennen es die Forscher in nahezu allen Zellgeweben, die sie untersuchen. Woher kommt es, und wie bildet es sich? Nach Hillman geschieht dies so: Das Zytoplasma der lebenden Zellen besteht aus einer wasserhaltigen Lösung mit Salzen, Lipiden, Aminosäuren etc.; wird das Zellgewebe mit Alkohol und Kühltechniken dehydriert, fällen diese im Zytoplasma gelösten Stoffe aus und nehmen die charakteristische Form an, die gewöhnlich dem endoplasmatischen Retikulum zugeschrieben wird. Aber es sei ein Irrtum anzunehmen, daß dieses Retikulum wirklich existiere, ebenso wie es falsch wäre, bei der Betrachtung von Schneekristallen unter dem Mikroskop zu vermuten, daß auch das Wasser, aus dessen Vereisung sich die Flocken gebildet haben, aus kristallinen Formen bestünde. Friert man auf die gleiche Weise eine Kaliumchloridlösung, erhält man Ablagerungen, die sich in parallelen Linien mit gleichem Abstand verteilen, aber das bedeutet nicht, daß diese Struktur in der Lösung vorkommt, wenn sie sich in normalem wässrigen Zustand befindet.

Aus denselben Gründen leugnet Hillman die Existenz des Golgi-Apparats. Hillman glaubt, daß Baker wirklich recht hatte und es sich dabei um ein Artefakt handelt, das durch die charakteristische Ausfällung der Imprägnierung und der verwendeten Präparierung entsteht. Mische man Schwermetalle mit Zytoplasma, erklärt Hillman, und dehydriere dann die Mischung, erhalte man ein Präzipitat. Im optischen Mikroskop kann dieses Präzipitat gleichförmig erscheinen, beobachtet man es mit dem Elektronenmikroskop, bemerkt man, daß die Reaktion zwischen Schwermetallen und Zytoplasma einen nicht-homogenen Haufen bildet. Es handele sich um einen ähnlichen Prozeß wie bei der Vermischung von Milch und Zitrone. Die Milch gerinnt sofort, aber nicht gleichförmig; sie bildet Klumpen, von denen niemand annehmen würde, es hätte sie bereits in der Milch gegeben, bevor sie in Kontakt mit der Zitrone kam.

Wenn der Golgi-Apparat nicht existiert, so folgert Hillman, dann müssen wir auch annehmen, daß die Lysosomen nicht existieren, die angeblich von ihm produziert werden. Man müsse im übrigen in Erinnerung behalten, so betont er, daß die Annahme von Lysosomen im wesentlichen auf biochemischen Argumenten beruht. Das bedeutet, daß die wirklich wichtigen Daten die sind, die beweisen, daß es eine enzymatische Aktivität gibt, die die biochemischen Experimente de Duves und seiner Schule klar erwiesen haben. Später machte man dafür Zellstrukturen verantwortlich, die im Elektronenmikroskop beobachtet worden waren. Wir haben keinerlei Beweis dafür, daß es gerade die Lysosomen sind, die diese enzymatische Aktivität entwikkeln. Zudem ist zu beachten, daß Lysosomen nicht in allen Zellen beobachtet wurden. Folglich, so Hillman weiter, müssen wir uns fragen, woher die enzymatische Aktivität in Zellen ohne Lysosomen kommt. Er habe den Verdacht, daß man im Inneren der Zelle eine Struktur gesucht habe, der man die von de Duve entdeckte enzymatische Aktivität zuschreiben konnte. So entstanden die Lysosomen. Man erinnere sich daran, so fügt Hillman hinzu, daß zu Beginn dieses Jahrhunderts jede zytoplasmatische Struktur, die kein Mitochondrium war, mit dem Golgi-Apparat identifiziert wurde.

Mit einem ähnlichen Argument leugnet Hillman auch die Existenz der Ribosomen, die im allgemeinen mit dem endoplasmatischen Retikulum in Verbindung gebracht werden. Wenn letzteres nicht existiert und nur ein Kunstprodukt ist, gibt es sehr wahrscheinlich auch die Ribosomen nicht. In diesem Fall erklärt Hillman nicht, was die von Biologen als Ribosomen bezeichneten Strukturen sind und wie sie entstehen. Ebenso ungenau ist seine Hypothese darüber, wie sich die Funktion vollzieht, die gemeinhin den Ribosomen zugeschrieben wird. Er mutmaßt lediglich, daß sich die »Synthese der Proteine in irgendeinem anderen Teil der Zelle vollziehen muß, wahrscheinlich im Zytoplasma«.

Schlußfolgernd stellt Hillman fest, daß uns die mikroskopischen Präparierungstechniken, die auf chemisch und physikalisch manipulierten »Zellscheibchen« basieren, nicht nur ein verzerrtes (plattes und zweidimensionales) Bild der dreidimensionalen Zellrealität vermitteln, sondern künstliche Zellteile auf den Scheibchen schaffen (die folglich notwendig zweidimensional sind und in der Zelle nicht existieren) und schließlich den Forscher in einer Art biologischem »Flachland« gefangensetzen. Der Großteil der Dinge, die wir in der Zelle zu sehen glauben, wären also bedeutungslose chemisch-physikalische Täuschungen, die sich alle streng auf die Ebene reihen, die der Schnitt durch das Zellgewebe geschaffen hat. Es handelt sich also um nicht existente Strukturen, die uns dazu verleiten, an ein geometrisch falsches Bild der Zelle zu glauben und darüber hinaus in physikalischer Hinsicht zu Absurditäten führen; da es auf reglos fixierte und verhärtete Zellstrukturen gegründet ist, gelingt es nicht mehr, die vitalen und realen Bewegungen wahrzunehmen, die sich bekanntermaßen im Inneren einer Zelle abspielen. Deshalb, behauptet Hillman, daß wir die Totenmaske der Zelle erforschen, und deshalb seien in Lehrbüchern und Museen dreidimensionale Modelle der Zelle so selten zu finden. Aber was gibt es denn dann wirklich in der Zelle? Wie könnte ein verläßliches Bild ihrer Struktur aussehen? Hillmans Antwort ist überraschend, zutiefst verletzend für Tausende von Biologen, die mit dem Elektronenmikroskop arbeiten, und, wie man hinzufügen muß, eine ökonomische Bedrohung für die Hersteller dieser teuren Spielzeuge.

Hillman behauptet mutig und ohne falsche Scham, daß seine Idee der lebenden Zellstruktur »nur wenig von der abweicht, die 1898 allgemein akzeptiert war«. Das heißt: Das Elektronenmikroskop hat nichts als Täuschungen produziert, so wie das optische Mikroskop bis 1830. Für Hillman gibt es in der Zelle nur die Dinge, die man mit dem normalen Mikroskop nach seiner Perfektionierung, d. h. nach 1840, sehen kann (und die tatsächlich schon beobachtet wurden). Für ihn besteht die Zelle im wesentlichen aus einer halbflüssigen Masse von Zytoplasma, die von einer Membran aus nur einer Schicht umschlossen wird. Im Inneren dieser Zytoplasmamasse bewegen sich in alle denkbaren Richtungen nur Mitochondrien, Granula und selbstverständlich der Zellkern, dessen Membran dieselbe Struktur hat wie die der Zelle. Die einzige wirkliche Neuheit im Hinblick auf das Modell, das die Biologen im Jahre 1889 für richtig hielten, ist der Nukleolonema, der 1950 von Estable und Sotelo entdeckt wurde. Der Nukleolonema ist ein nur im Elektronenmikroskop sichtbares Objekt, das wie eine Art mehrfach verzweigte und verflochtene Schnur aussieht, die den zentralen Teil des Zellkerns umgibt, d. h. die Nukleole, die Felice Fontana schon im Jahr 1781 entdeckt hatte. Diese kleine Schnur stellt nach Hillman folglich den einzig realen Beitrag dar, den die Elektronenmikroskopie zur Erforschung der Zellstruktur geleistet hat.

Wenn Hillman recht hat, dann haben die Untersuchungen zur Struktur und Funktion des endoplasmatischen Retikulums, des Golgi-Apparats, der Kämme der Mitochondrien und der Poren der Zellkernmembran nicht nur keinen Nutzen gebracht, sondern den wissenschaftlichen Fortschritt sogar verlangsamt und kostbare Kräfte von der biochemischen Forschung abgezogen. Diese wurde dann außerdem dadurch behindert, daß ihre Resultate ständig mit denen der Elektronenmikroskopie abgeglichen werden mußten. Hillman zufolge war es vor allem die Erforschung der Krankheiten des Nervensystems, der Muskeldystrophie und der Krebserkrankungen, die dadurch besonders stark beeinträchtigt wurde.

Um der biochemischen Forschung neue Impulse zu geben, müssen seiner Meinung nach die geltenden Vorstellungen in Bezug auf die Zellstruktur verworfen und die Ideen von 1889 wieder aufgenommen werden; die Elektronenmikroskopie müßte aufgegeben und die Forscher, die gegenwärtig auf diesem Gebiet tätig sind, müßten in der potentiell produktiveren Biochemie beschäftigt werden. Nur so, folgert Hillman, »wird man den Fortschritt in der medizinischen Forschung beschleunigen können«.

Man kann sich leicht vorstellen, mit welchem Enthusiasmus dieser Vorschlag aufgenommen wurde. Nach den Zahlen der Royal Microscopical Society waren allein in Großbritannien zwischen dem Ende der 70er Jahre und dem Beginn der 80er Jahre etwa 2 000 Elektronenmikroskope im Einsatz. Sie allein verschlangen bereits 4 Prozent des Geldes des Science Research Council und 10 Prozent der vom Medical Research Center bereitgestellten Finanzmittel. Ein erheblicher Ausgabeposten, in dem noch nicht die Gehälter der Forscher und des technischen Personals sowie die Kosten für die laufend verbrauchten Reaktions- und Färbemittel, Präparatgläser etc. enthalten sind. Das Problem der Kosten ist jedoch nichts im Vergleich zum viel gravierenderen Imageverlust und der Identitätskrise, die, hätte Hillman recht, nicht nur die mit dem Elektronenmikroskop arbeitenden Forscher, sondern auch alle anderen Biologen und Mediziner treffen würde, die sich bei ihren Forschungen auf elektronenmikroskopische Daten stützen. Praktisch behauptet Hillman nichts anderes, als daß wir den schlüssigsten und jüngsten Teil unseres biologischen Wissens über Bord werfen müssen, daß wir den Großteil der Bücher über Zellbiologie ruhig in den Papierkorb werfen können (und sogar müssen) und daß eine der zentralen Richtungen der biologischen Forschung etwa 40 Jahre lang auf dem falschen Weg war und zu einer sinnlosen Verschwendung von Zeit, Geld und geistigen Ressourcen geführt hat.

Wer hat Angst vor Dr. Hillman?

Ist es möglich, daß die Wissenschaftsmaschine in so spektakulärer Weise entgleisen konnte, noch dazu auf einem Gebiet von so vitalem Interesse? Könnte es sein, daß Hillman recht hat?

Eine klare und endgültige Antwort auf diese Frage läßt sich heute noch nicht geben, aus dem einfachen Grund, weil die einzigen Wissenschaftler, die kompetent genug sind, um ein Urteil zu fällen, diejenigen sind, die Hillman anklagt. Sie sind natürlich nicht im gering-

, sten erpicht darauf zu klären, ob sie wirklich Opfer eines gewaltigen Irrtums geworden sind. In ihren Augen erscheint die Sache derart unwahrscheinlich, daß es nicht einmal der Mühe lohnt, sie überhaupt in Erwägung zu ziehen. Ohne vorherige Absprache, aber einem ungeschriebenen Verhaltenskodex folgend, hat die akademische Welt eine höfliche, aber hartnäckige Verschwörung des Schweigens in Gang gesetzt, dieses Schweigen wird nur in seltenen Fällen von öffentlichen Angriffen oder Diskussionen, seltener noch von öffentlicher Zustimmung gebrochen. Hillman wurde nicht direkt auf wissenschaftlichem Feld angegriffen wie vor ihm Pasteur und Semmelweis. Er wurde nur vollständig isoliert. Er wurde angehört, aber er erhielt keine Antwort; die Veröffentlichung seiner Ideen wurde so weit wie möglich verhindert, nach und nach verschlossen sich vor ihm alle Türen. Hillman wurde marginalisiert, vor allem nach dem Tod von Peter Sartory im Jahre 1982, dem einzigen Kollegen, der für seine Sache eingetreten war und sich entschlossen hatte, an seiner Seite zu kämpfen. Dieser Verlust verschlechterte Hillmans Position. Den Standards des akademischen Ethos gemäß konnte man ihm nun endgültig die Gelder streichen, sein Labor schließen und ihn vorzeitig in Pension schicken.

»Ich kann nicht sagen, daß man mich nicht angehört hätte«, bekennt Hillman.

»Sartory und ich wurden eingeladen, zumindest eine gewisse Zeitlang, um an verschiedenen Universitäten und Instituten sowohl in Europa wie in Nordamerika zu sprechen. Der Widerstand manifestierte sich vor allem in der Weigerung, unsere Kritik an der Elektronenmikroskopie im Detail zu diskutieren und uns den Zugang zu den am meisten verbreiteten und bedeutendsten wissenschaftlichen Publikationen zu verwehren.«

Als Hillman und Sartory 1974 genug Daten gegen die gängigen Ideen über die Zellstruktur gesammelt zu haben glaubten, schrieben sie einen Artikel und schickten ihn an *Nature*, wo er zweimal ablehnt wurde. Das gleiche passierte ihnen mit *Science* und schließlich mit *Subcellular Biochemistry*. Die Experten, die diesen Zeitschriften von der Veröffentlichung abrieten, zeigten sich zum Teil verärgert (wie der Referent von *Science*, der von »bilderstürmerischen und respektlosen Ideen« sprach). Insgesamt bemühten sie sich, Hillman und seinem Kollegen den Wind aus den Segeln zu nehmen, schließlich seien die üblichen Lehrbuchbeschreibungen der Zelle nur eine Ansammlung von Vereinfachungen, die man nicht allzu wörtlich nehmen dürfte. In privaten Äußerungen war die Sache im übrigen für viele Wissenschaftler mit einer ironischen Frage erledigt: »Sagen Sie nicht, Sie glauben, was in den Handbüchern steht?«

Hillman jedenfalls glaubt ihnen, denn er weiß, daß die Karriere jedes Biologen damit beginnt, diese Handbücher zu lesen. Deshalb legte er sich mit didaktisch orientierten Zeitschriften wie der *School Science Review* an, um zu erreichen, daß man die Handbücher umschrieb. Aus demselben Grund produzierte er auch drei Filme, um den Studenten zu zeigen, wie eine lebende, funktionsfähige Zelle aussieht, was passiert, wenn sie wiederholt Manipulationen durch chemische und physikalische Reagensmittel ausgesetzt wird, und woher das Wissen über die Zellstruktur stammt. »Mir wurde entgegnet«, erklärt Hillman,

»daß heute ein Biologieprofessor seine Studenten lehrt, wie man denkt, nicht wie man Fakten auswendig lernt, so daß die Wahrheit der Fakten nicht so wichtig sei, wie es scheinen könnte. Ich dagegen glaube, daß ein Lehrer alle Anstrengungen unternehmen sollte, um seinen Studenten die letzte und stimmigste Version der Wahrheit zu vermitteln, so kurzlebig diese sein mag. Neue Wahrheiten entstehen nur dialektisch, durch einen fortschreitenden Prozeß der Annäherung.«

Es sei wesentlich, die Fehler zu tilgen. Deshalb muß sich die biologische Lehre von allen konfusen, nutzlosen und falschen Ideen freimachen, die auf Resultaten der Elektronenmikroskopie basieren. Die Biologie soll den Studenten statt dessen wieder den Gebrauch des Normallichtmikroskops beibringen und die Bedeutung der Beobachtung lebenden Gewebes und lebender Organismen unterstreichen. Die Daten der Elektronenmikroskopie könnten nur Bedeutung haben, wenn sie mit diesem grundlegenderen Wissen übereinstimmten und es vervollständigen.

Dennoch gab es einige lobenswerte Ausnahmen vom allgemeinen Schweigen, das Hillman und Sartory umgab. So konnten sie ihre Ideen schriftlich verbreiten und eine wenn auch begrenzte öffentliche Debatte auslösen. Ende 1975 präsentierte Hillman seine Ideen in einem Mikroskopieseminar mit beschränktem Zugang an der Universität von Bristol. Unter den Teilnehmern war auch Richard Gregory, Direktor des Psychologie-Labors der Cambridge-Universität, ein angesehener und in der Wissenschaftswelt bekannter Forscher, der unter anderem ein neues Mikroskop und ein neues Teleskop entwickelt hatte. Gregory fand Hillmans Ausführungen sehr interessant und fragte ihn, warum er sie noch nicht veröffentlicht hatte. Hillman antwortete, daß er alles Mögliche versucht habe, wiederholte Ablehnungen ihn aber am Ende überzeugt hätten, die Sache aufzugeben. »Verstehe«, sagte Gregory,

»Sie und ihr Kollege Sartory befinden sich in einem sozusagen ›theologischen‹ Widerspruch mit der Wissenschaftsgemeinde. Als hätte jemand in Israel Papyrusrollen oder Tafeln gefunden, die zweifelsfrei beweisen, daß Jesus Christus drei Jahrhunderte früher gelebt hat als die Evangelien angeben. Die Möglichkeit, eine solche Entdeckung in einer katholischen Zeitschrift zu veröffentlichen, wäre extrem gering und würde immer geringer, je mehr sich die Verläßlichkeit der Entdeckung erweisen würde. Aber«, so fügte Gregory hinzu, »ich leite eine nicht-katholische Zeitschrift, *Perception*, die sich mit allen Fragen der Wahrnehmung befaßt, einschließlich optischen Täuschungen und Interpretationsfehlern. Wenn Sie mir einen Artikel schicken, werde ich alles tun, um ihn zu veröffentlichen.«

So kam es, daß *Perception* 1977 den Artikel »The Unit Membrane, the Endoplasmic Reticulum and the Nuclear Pores are Artefacts« publizierte. Gregory gestand Hillman später, daß ihm verschiedene Kollegen (er wollte keine Namen nennen) von der Publikation des Artikels abgeraten und gegen die Veröffentlichung protestiert hatten.

Auf diese Weise wurde Hillman endgültig ein Ketzer. Ein langsamer und erbarmungsloser Zermürbungskrieg der akademischen Welt begann, um ihn mundtot zu machen. Bis dahin waren seine Ideen in der Abgeschlossenheit von Seminaren und Kongressen zugelassen worden. Niemand hatte sie geteilt oder entkräftet. Es war eine Meinung wie jede andere, sie erschien übertrieben und potentiell schädlich für das öffentliche Ansehen des Standes, aber sie war offenbar begründet und diskutierbar. Wichtig war, daß sie nicht offiziell durch Publikation in einer angesehenen Wissenschaftszeitschrift bekräftigt wurde, oder, schlimmer noch, zum Allgemeingut würde und so die ganze Wissenschaftlergemeinde in Verruf brächte. Beides mußte Hillman vermeiden, wollte er weiterhin als vollgültiges Mitglied des Wissenschaftlerkorps angesehen werden. Mit Gregorys Hilfe machte Hillman den ersten Schritt, dann dank Nigel Hawkes, einem Journalisten des *Observer*, den zweiten. Damit war sein Schicksal besiegelt.

Am 11. Dezember 1977 veröffentlichte der *Observer* auf der Titelseite einen Artikel von Hawkes, der so begann:

Das ist unwissenschaftlich   143

»Einem Biologen der Universität von Surrey zufolge verschwendet die Biomedizin ihre Zeit damit, teure Elektronenmikroskope einzusetzen, um die Zellstruktur zu untersuchen. Was Biologen und Forscher untersuchten, sei in Wirklichkeit nur eine Illusion, eine Fata Morgana, oder, wissenschaftlich ausgedrückt, ein Konstrukt.«

Und er fuhr fort: »Der Vorwurf ist schwerwiegend, da allein in Großbritannien in der biochemischen Forschung 600 Elektronenmikroskope eingesetzt werden, von denen jedes 80 000 Pfund kostet. Insgesamt sind das 50 Millionen Pfund, ein etwas hoher Preis, um die Lust zu befriedigen, Phantasmen hinterherzujagen.« Die Reaktion ließ nicht lange auf sich warten. Eine Woche später erschien in derselben Zeitung ein vom Präsidenten und dem Vizepräsidenten der Royal Microscopical Society sowie ihren fünf Vorgängern unterzeichneter Brief, die im Namen der 1400 Mitglieder dieses angesehenen Vereins protestierten:

»Die Ideen von Dr. Hillman sind all jenen wohlbekannt, die seine Videofilme und Vorträge auf zum Teil von der Physiological Society und der Biochemical Society veranstalteten Versammlungen und Kongressen gesehen und gehört haben. Bei diesen Gelegenheiten wurden seine Argumente zur Stützung der These, die Zellmembran, das endoplasmatische Retikulum und die Poren der Zellkernmembran seien Illusionen, erörtert und allgemein abgelehnt, und zwar auf der Basis erdrückender Gegenbeweise, die nicht nur Untersuchungen mit dem Elektronenmikroskop, sondern auch biochemische und biophysikalische Studien der Zelle lieferten.«

Kurz: Hillman mußte nicht ernst genommen werden, weil er unrecht hatte und seine Ideen wissenschaftlich nicht stichhaltig waren. Aus diesem Grund, so ließ der Brief durchblicken, hatte nie jemand gewagt, sie in einer wissenschaftlichen Zeitschrift zu veröffentlichen:

»Es ist für Wissenschaftler normal, ihre begründeten Meinungen auf den Seiten wichtiger wissenschaftlicher Zeitschriften zu veröffentlichen, und in einigen Fällen kann die Publikation sogar beschleunigt werden. Dennoch haben die Biologen bis heute noch nie die Gelegenheit gehabt, einen Artikel zu lesen, in dem Dr. Hillman detailliert und mit soliden Argumenten seinen Standpunkt erläutert.«

Hillman und Sartory antworteten in ihrer Eigenschaft als Mitglied und Beirat der Royal Microsopical Society respektive als Ex-Präsident des Quekett Microsopical Club, daß sie vor allem nie behauptet hätten, die Zellmembran, sondern nur das Modell der Einheitsmembran sei ein Konstrukt, und fuhren fort:

»Unsere angesehenen Kollegen behaupten, daß unsere Folgerungen allgemein ›widerlegt‹ worden sind. Uns ist keine Gelegenheit bekannt, bei der dies geschehen wäre.« Was die Veröffentlichung anging, erklärten sie: »Wir haben ein Manuskript vorbereitet, in dem wir detailliert die Argumente und Erwägungen experimenteller Natur illustriert haben, auf denen unser Standpunkt beruht. Leider stieß die Veröffentlichung bis heute auf außergewöhnlichen Widerstand, eine Situation, die wir nur bedauern können.«

Der Brief, wie gewöhnlich an den Herausgeber der Zeitschrift adressiert, schloß mit einer offenen Herausforderung:

»Wenn unsere Ansichten über die fünf grundlegenden Strukturen, die mit dem Elektronenmikroskop entdeckt wurden, wirklich begründet sind, dann benutzt eine große Zahl von Wissenschaftlern, die weltweit Forschungen über diese Zellbestandteile etwa in bezug auf Krebs, Nervenkrankheiten und Muskeldystrophie durchführen, teure Ressourcen und sehr gut ausgebildetes Personal für Untersuchungen, die nicht zu nützlichen Resultaten führen können. Diejenigen, die die Korrektheit der herrschenden Ansichten behaupten, haben sich bis heute geweigert, diese wichtigen Fragen mit uns direkt zu diskutieren. Dürfen wir uns erlauben, den uns hier freundlichst zu Verfügung gestellten Raum zu benutzen, die verehrten Unterzeichner des Briefes oder jeden anderen, der ihre Ideen teilt, einzuladen, diese Fragen mit uns vor einem kompetenten wissenschaftlichen Forum zu erörtern, wo und wann immer sie wollen?«

Es war eine unmißverständliche Herausforderung, aber wie zu erwarten stand, wurde sie nie angenommen, auch wenn es wenigstens einmal zu einer öffentlichen Begegnung zwischen Hillman und einem namhaften Vertreter seiner Gegner kam. Am 28. Mai 1980, im Verlauf eines Kongresses an der Brunel University, griff Anthony Robards Hillman an. Diesem stand wie üblich Sartory zur Seite, während Robards, Präsident der Abteilung für Elektronenmikroskopie der Royal Microscopical Society, von K. Roberts vom John Innes Institute sekundiert wurde. Es ist schwer zu sagen, wer den Kürzeren zog. Bei dieser Art von Begegnung wiederholt jede der beiden Parteien üblicherweise schlicht die eigenen Überzeugungen und Argumente. Die Auseinandersetzung und der direkte Angriff werden bei solchen öffentlichen Debatten normalerweise so weit wie möglich vermieden, weil man in Gegenwart von kompetenten Wissenschaftlern die Standpunkte nicht vereinfacht und zuspitzt, sondern lieber detailliert ausführt, so daß sich die Fronten verwischen. *Fair play* und die Zuflucht zu rhetorischen Tricks tragen ihr Teil dazu bei, den Konflikt undeutlicher und indirekter zu machen. Kurz: die Begegnung endete mit einem Unentschieden, das jede der beteiligten Parteien für sich interpretierte: Hillman behauptete, gewonnen zu haben, aber im Sitzungsbericht der Royal Microscopical Society steht unter anderem:

>Ich meine, daß die Mehrzahl von uns weiterhin die konventionelle Interpretation der Zellstruktur unterstützen wird, auch wenn wir gelegentlichen Anfechtungen und Kritik gegenüber offen sein und die Gelegenheit nutzen sollten, unsere Ideen zu überdenken. Dr. Hillman hat uns eine dieser Gelegenheiten geboten. Es ist meiner Meinung nach wirklich schade, daß seine Argumente nicht auf einer soliden und vollständigeren Kenntnis der Techniken beruht, die er kritisieren möchte.<

Wenn man bedenkt, daß der Kongreß der Brunel University die einzige direkte Konfrontation war, muß man zugeben, daß Hillmans Meinung nicht ganz unbegründet ist, seine Ansichten seien zu hastig auf den Index gesetzt worden, ohne wirklich diskutiert und mündlich oder gar schriftlich widerlegt zu werden. Er glaubt, die Auseinandersetzung wurde absichtlich vermieden, weil niemand in der Lage war, seiner Kritik plausible Argumente entgegenzusetzen, was sich daran gezeigt habe, daß bei verschiedenen Gelegenheiten hochkompetente Wissenschaftler nicht einmal privat mit ihm über die Streitfrage reden wollten.

Einige, so Hillman, hätten erklärt, zu Hause oder im Labor Daten und Mikrofotografien zu haben, die ihn von seinem Irrtum hätten überzeugen können, aber als er sie dann aufsuchte, ließen sie sich entweder am Telefon verleugnen, oder die Daten und Mikrofotografien waren zufällig verschwunden oder irgendwo eingeschlossen, wo man >momentan< nicht herankäme. Die üblichste Reaktion war jedoch, die Diskussion ganz zu vermeiden. Dies geht auf unterschiedliche Weise. Man kann mit einem Scherz über die Sache hinweggehen, oder zu verstehen geben, daß man Hillman nur für einen Streithammel hält, der Schwierigkeiten aufgreift, die längst überwunden wurden und erledigt sind. Oder man kann sagen, daß derart große Probleme nicht in kurzer Zeit zu bewältigen sind. Dies war die Strategie des Experten für Elektronenmikroskopie Keith Roberts Porter, um beim Internationalen Biologiekongreß in Berlin 1980 einer Auseinandersetzung mit Hillman aus dem Weg zu gehen. Porter hatte in seinem Vortrag Dias präsentiert, die Details des endoplasmatischen Retikulums zeigten, und als Hillman ihn fragte, wie er sich erkläre, daß die Bewegungen im Zellinneren nicht von den Microtrabekulae des Retikulums behindert würden, die er so gut zum Vorschein gebracht hatte, sagte er: »Das ist ein wirklich großes Problem.« – »In der Tat«, antwortete Hillman mit tadelloser Sachlichkeit, »daher wäre ich Ihnen sehr dankbar, wenn Sie mit mir darüber diskutieren würden, wie es zu lösen ist.« – »Ach nein«, wiegelte Porter ab, »wir würden ein ganzes Wochenende brauchen. Besser nicht.«

Ein englischer Biochemiker, der Hillman heftig attackiert hatte, war bei der Rezension seines Buches höflicher: Auf Hillmans Brief und auf seine Bitte um eine Begegnung antwortete er mit einer Einladung zum Frühstück in seinem Labor, jedoch, wie er präzisierte, unter der Bedingung, daß sie nicht über Biochemie reden würden, weil dies, wie er erklärte, »mehr Hitze als Licht schaffen würde«, mit anderen Worten: Wir würden uns mit einer hitzigen Diskussion den Appetit auf das Mittagessen verderben, ohne zu irgendeinem Ergebnis zu kommen.

Hillman ist natürlich überzeugt, daß man ihm früher oder später, vielleicht nach seinem Tod, recht geben wird, und gründet seine Zuversicht nicht nur auf die wissenschaftliche Strenge seiner Argumente, sondern auch auf manch verblüffendes, wenngleich nur privat geäußertes Nachgeben seiner Gegner. Tatsache ist, daß Hillmans Argumentation eine gewisse Glaubwürdigkeit nicht abzusprechen ist und auch auf einige Wissenschaftler im gegnerischen Lager Eindruck gemacht hat. Da es um sehr ernste Fragen geht, die darüber hinaus mit großen Ausgaben und relevanten Problemen der Medizin verbunden sind, wäre es logisch, wenn jeder direkt angesprochene Wissenschaftler und die Gemeinde der mit dem Elektronenmikroskop arbeitenden Biologen insgesamt sich dem Problem offen stellen würde. Wenn Hillman unrecht hat, wie der Großteil der Wissenschaftler zu meinen scheint, dann tragen die Biologen keinerlei Schuld an den Mißerfolgen der Mediziner, Elektronenmikroskope und andere biomedizinische Forschungsgeräte können als verläßlich betrachtet werden und die Ausgaben für sie sind gerechtfertigt. Kurz: alles wäre gut. Wenn aber, wie es scheint, auch nur die geringste Möglichkeit besteht, daß er recht hat, gebietet es die (nicht nur intellektuelle) Redlichkeit, der Respekt vor dem Leiden anderer und der verantwortungsbewußte Umgang mit öffentlichen Geldern, sich weit eindeutiger, aktiver und geradliniger zu verhalten als bisher. Die Frage ist von solcher Wichtigkeit, daß sie eine umfassende, ernsthafte und konsequente, vor allem aber unparteiische Anstrengung von Biologen und Medizinern rechtfertigt, bis eindeutig feststeht, ob und inwiefern Hillman unrecht hat.

Die Internationale der Dissidenten

Es kommt jedoch kaum einmal vor, daß die Wissenschaftsgemeinde von sich aus die Initiative zur Klärung ergreift. Allzu viel steht dem im Wege, und die gegenwärtige Forschungspolitik sieht keine Institutionen vor, die Probleme wie dieses angehen könnten. Tatsächlich ist die Welt der Wissenschaftler eine geschlossene Welt, die zur Sicherung ihrer Autonomie das Privileg der Selbstverwaltung genießt. Diese macht es praktisch unmöglich, von außen in sie einzugreifen. Es sind Wissenschaftler, welche die Glaubwürdigkeit anderer Wissenschaftler beurteilen, die Legitimität ihrer Forschungen und folglich der Gelder, die sie benötigen. Das Prinzip ist sakrosankt, aber in letzter Zeit wurde es zu häufig mißbraucht, um offensichtliche Fehlleistungen des Systems um jeden Preis zu verteidigen. Die Unfähigkeit, abweichende Standpunkte und Meinungen, die sich von den gängigen entfernen, mit Objektivität zu diskutieren, ist ein ernstes Symptom der Trägheit des Systems. Hier zeigt sich ein Verlust an Vitalität und der Fähigkeit der Wissenschaft, zu wachsen. Dies meinte Einstein in einem Brief an seine Frau Mileva, als er schrieb: »Die Trägheit der etablierten Macht ist der größte Feind der Wissenschaft.« Diese Trägheit verursacht einen erheblichen Schaden allein schon deshalb, weil sie Amateuren und Außenseitern, die von außen zum Fortschritt der Wissenschaft beitragen könnten, Arbeitsmöglichkeiten verweigert. Sie kann aber auch regelrecht zu einer Gefahr für das Überleben der Wissenschaft werden, wo anerkannt kompetente und vollgültige Wissenschaftler ausgegrenzt werden, nur weil sie Ideen vertreten, die gängigen Theorien widersprechen oder unbequeme, aber potentiell konstruktive Kritik äußern.

Diese Marginalisierung von fähigen, aber unbequemen Wissenschaftlern und »Dissidenten« ist ein ebenso verbreitetes und relevantes Problem wie die Ausgrenzung von Amateuren, und wie bei diesem wird mangelndes Interesse und magere Berichterstattung häufig dazu benutzt, seine Existenz abzustreiten. Aber die wenigen verfügbaren Daten belegen, daß das Problem tatsächlich vorhanden ist und nicht länger vernachlässigt werden kann. Für die Zeit von 1980-87 hat die Zeitschrift *Zedek* etwa 80 Fälle gezählt, die allerdings zumeist einen politischen Hintergrund haben. *Zedek* ist ein Organ der SAPDF (Social Activist Professors Defense Foundation), die Professor Frumkin von der Kent State Universität in Detroit, Michigan, gegründet hat. Frumkin ist aktives Mitglied verschiedener radikaler Initiativen und wurde 1975 entlassen, weil er – so wird zumindest behauptet – wiederholt auf die Plagiate und Geldverschwendung seiner Kollegen hingewiesen hat. Etwa 70 weitere Fälle führt der australische Physiker Brian Martin in seinem 1986 erschienenen Buch *Intellectual Suppression* an. Martin veröffentlicht auch weiterhin solche Fälle in kleinen Broschüren, die er selbst am Fachbereich Wissenschaft und Technologie der Universität von Wollongong in New South Wales, Australien, herausgibt. Er war es zum Beispiel, der die Hypothese des amerikanischen Philosophen Louis Pascal veröffentlichte, wonach der AIDS-Virus bei der Zubereitung eines oralen Impfstoffes gegen Kinderlähmung, der in den 60er in Zaire häufig eingesetzt wurde, künstlich erzeugt worden sein soll. Andere Informationen verbreitet das ICAF (International Committee of Academic Freedom), eine Abkürzung, hinter der sich in Wirklichkeit der unermüdliche Ivor Catt verbirgt, der per E-Mail kurzes, aber genaues und vollständiges Informationsmaterial zu einzelnen Fällen verschickt. Die Informationen, die Catt verbreitet, betreffen zumeist Forscher, die als Amateure eingestuft werden können, aber nicht selten sind auch Universitätsgelehrte von Rang wie Hillman und Charles Seitz darunter, ein Informatiker, den die Universität von Utah schaßte, oder Peter Duesberg, ein Virologe, der die umstrittene These vertritt, Ursache von AIDS sei nicht der HI-Virus.

Eine weitere Anlaufstelle für dieses wie für alle anderen Probleme der Wissenschaftspathologie ist ferner der Mathematiker der Yale Universität Serge Lang, der mit viel Engagement Informationen sammelt, ordnet und verbreitet, die für das wissenschaftliche Establishment »unangenehm« sind. An der Stanford Universität besteht seit 1982 die SSE (Society for Scientific Exploration), die Dissidenten der Universitäten und angesehenen offiziellen Laboratorien offen steht, das *Journal of Scientific Exploration* herausgibt und jährliche Kongresse in den USA und, seit 1992, auch in Europa abhält. An der Universität von Perugia in Italien schließlich arbeitet Professor Umberto Bartocci, der zahlreiche Kontakte zu Ketzern (auch von außerhalb der Universitäten) geknüpft hat und Dissidenten und ihre Ideen bekanntmacht.

Es handelt sich hier um Informationskanäle, die zumeist nichts mit den offiziellen zu tun haben. Über sie bekommt man eine ungefähre Vorstellung davon, wie verbreitet Häresien in der Wissenschaft sind. Aber auch die offizielle Wissenschaftsliteratur, von den Studien zu Geschichte und Soziologie der Wissenschaft bis zu den Mitteilungen der gängigen Zeitschriften, dokumentiert die wichtigsten Fälle und Aspekte. Eine gute Darstellung für das ausgehende 19. und das beginnende 20. Jahrhundert bietet das bereits zitierte Buch von Robert Henry Murray, *Science and Scientists in the Nineteenth Century*, das David Lindsay Watson für sein Buch *Scientists are Human* benutzte und in dieses aufnahm.

Die Mount-Wilson-Bande

Die meisten Ketzer scheint es in der Astronomie zu geben, eine Wissenschaft, die mit der tragischen Geschichte Galileis auch den historisch bedeutsamsten Präzedenzfall geliefert hat. Kürzlich hat Donald Osterbrock in einem sehr gut dokumentierten Buch die Geschichte von George Willis Ritchey nachgezeichnet, einem genialen Astronom vom Mount-Wilson-Observatorium, der 1919 nicht nur entlassen, sondern von der amerikanischen Astronomie vollständig in Bann und Acht getan wurde. Ritchey war zweifellos ein großer Astronom: 1913, als die Existenz von Sternsystemen außerhalb unserer Galaxie, der Milchstraße, für unmöglich gehalten wurde, wies er eine Nova in einem anderen Spiralnebel nach. Aber das Gebiet, auf dem sich seine Kreativität am besten zeigte, war der Teleskopbau: Er war der erste, der den Einsatz von Zellularspiegeln vorschlug, der an die thermische Regulierung der Spiegel dachte und eine Konstruktion zur Nutzung wechselnder Beobachtungsbedingungen ersann. Er schuf außerdem die Grundlagen für die 8-Meter-Teleskope, die heute in verschiede-

nen Ländern der Welt gebaut werden. Er war jedoch ein eingebilde-
ter Exzentriker, und wenn er die Ideen seiner Kollegen bewertete und
kritisierte, gingen ihm Takt und Diplomatie völlig ab. Zusammen mit
Henri Chretien entwarf er ein Teleskopsystem mit großem Radius,
das seit den 50er Jahren in vielen großen Fernrohren eingesetzt wird.
Gerade dieses Projekt führte zu seiner Marginalisierung und zu seinem Ruin.

George Ellery Hale, Gründer und Direktor des Mount Wilson Ob-
servatory in Kalifornien, war es gelungen, die Mittel für den Bau eines
Teleskops von 2,5 Meter Durchmesser aufzutreiben, das schließlich
1917 fertiggestellt wurde und das erste große moderne Spiegeltele-
skop war. Das notwendige Geld stellte der Geschäftsmann John D.
Hooker zu Verfügung. Wie andere Magnaten war Hooker von Hale,
der zur damaligen Zeit als größter amerikanischer Astronom galt, tief
beeindruckt. Schon 1897 hatte Hale Charles Tyson Yerkes (der durch
das öffentliche Transportnetz von Chicago reich geworden war) davon überzeugt, am Ufer eines Sees nahe Chicago das größte Linsen-
fernrohr zu installieren, das je gebaut worden war, den Yerkes-Re-
fraktor. Ritchey kritisierte den Entwurf des Hooker-Teleskops, dessen Leistungsstärke seiner Meinung nach ohne das von ihm entwik-
kelte System weit hinter seinem Potential zurückbleiben würde. Das
Argument war völlig richtig, aber die Art, wie er Hales Projekt kritisierte, indem er ihn sogar lächerlich machte, konnte der Direktor des
Observatoriums nicht tolerieren. Von dessen Ansehen und wissenschaftlicher Glaubwürdigkeit hing schließlich der Zustrom der Gelder ab. Hale fragte sich gar nicht erst, ob Ritchey recht haben könnte
oder nicht. Unterstützt von seinem Assistenten und späteren Nachfolger Walter S. Adams verwarf er die Kritik und die Anregungen seines unverschämten Mitarbeiters von vornherein und setzte seine
Macht ohne Hemmungen ein, um ihn am 13. Oktober 1919 umstandslos zu entlassen und ihn dann vor der ganzen Wissenschaftsgemeinde zu verunglimpfen. Ritchey verschwand vollständig von der
Bildfläche und die Astronomie verlor einen bedeutenden Kopf. Völlig vergessen starb er 1945. Die Ächtung war so umfassend, daß
Adams auch noch beim Bau des 5-Meter-Teleskops von Mount Palomar (das nach Hale benannt ist, da dieser auch hier die notwendigen
Mittel von der Rockefeller-Stiftung beschafft hatte) dafür sorgte, daß
Ritcheys System nicht eingebaut wurde.

Die »Mount-Wilson-Palomar-Gang«, wie Osterbrock sie bezeichnet, hat außerdem die ungerechte Ächtung von Fritz Zwicky auf dem Gewissen, und Noriss S. Hetherington hat gezeigt, daß auch Edwin Hubble sich als würdiger Schüler Hales erwies und seine Karriere und sein wissenschaftliches Prestige mit der systematischen Ausschaltung seiner Gegner erkaufte. Er kämpfte besonders gegen Harlow Shapley wie ein Löwe und drohte Adriaan van Maanen, der mit ihm in Mount Wilson zusammenarbeitete, daß er seinen Job verlieren würde, wenn er nicht Messungen widerrief, die sich nicht mit seinen eigenen Entfernungsschätzungen einiger Sterne des Kepheus vereinbaren ließen.

Das Dogma des Big Bang

Aber die aufsehenerregendsten und jüngsten Beispiele für Abweichung und Marginalisierung in der Astronomie sind zweifellos die Fälle von Fred Hoyle und Halton Arp, die beide in Zusammenhang mit der anregendsten und umstrittensten Theorie stehen, die auf diesem Gebiet ersonnen wurde: der Big-Bang-Theorie über den Ursprung des Universums. Die Theorie verdankt ihren Namen dem Astronomen Fred Hoyle, der ihr hartnäckigster Kritiker war und gerade deshalb schließlich vollständig marginalisiert wurde. Den Begriff »Big Bang« benutzte Hoyle zum erstenmal in einer Radiosendung der BBC im Jahre 1950, und es lag zumindest in seiner Absicht, die Theorie damit ein bißchen lächerlich und unglaubwürdig zu machen. Aber dazu kam es nicht. Die Idee, das Universum sei in einer großen Explosion entstanden, hat nicht nur überlebt, sondern entwickelte sich zu einem astronomischen Dogma, dem man nur bei Strafe der Ausgrenzung widersprechen durfte. Alles begann 1922, als der russische Mathematiker Alexander Friedman das beruhigende Bild zerstörte, das sich Einstein vom Universum gemacht hatte. Friedman bewies, daß die Idee eines homogenen, statischen und in der Zeit unveränderlichen Universums, die Einstein 1917 vorgeschlagen hatte, nicht mit der allgemeinen Relativitätstheorie vereinbar war: Seine Berechnungen zeigten, daß die Relativität ein Universum in ständiger Ausdehnung implizierte. Aber es handelte sich damals nur um eine mathematische Hypothese, die kein großes Interesse erregte. Die Dinge änderten sich, als Edwin Hubble 1929 das von Hale auf dem Mount Wilson gebaute Teleskop nicht nur zur Schätzung der Entfernungen einer bestimmten Anzahl von Galaxien benutzte, sondern auch, um ihre Rotverschiebung zu messen.

Dabei handelt es sich um ein grundlegendes Phänomen der Astrophysik. Es beweist, daß sich die Galaxien bewegen und sich voneinander und von der Milchstraße, zu der unser Sonnensystem gehört, entfernen. Die Rotverschiebung entspricht dem sogenannten Doppler-Effekt bei Wellenvorgängen. Fährt ein Auto an uns vorbei und hupt, während wir auf dem Bürgersteig stillstehen, wird das Geräusch stärker, je näher es uns kommt, weil die Schallwellen komprimiert werden und sich ihre Frequenz erhöht. Wenn uns das Auto am nächsten ist, muß die ausgesendete Schallwelle nämlich eine geringere Entfernung zurücklegen als die Welle vor ihr. Entfernt sich der Wagen, kommt es zum gegenteiligen Effekt: Die Wellenlänge erhöht sich und die Frequenz nimmt ab. Ebenso verhalten sich Lichtwellen, auch wenn wir dies mit bloßem Auge nicht erkennen können. Wenn wir mit einem Spektrometer das von einem Körper ausgesendete Licht messen, der sich uns nähert, sehen wir, daß es sich zum äußeren blauen Bereich des chromatischen Spektrums verschiebt, weil die Wellenlänge sich verkürzt und die Frequenz sich erhöht. Entfernt sich der Lichtkörper, verschiebt sich das empfangene und gemessene Licht zum roten Ende des elektromagnetischen Spektrums, d. h. in den Bereich niedriger Frequenzen, und dies wird als Rotverschiebung bezeichnet.

Hubble entdeckte, daß alle Galaxien Licht im Rotbereich aussenden und sich folglich von uns entfernen. Er entdeckte auch, daß die Beziehung zwischen der Geschwindigkeit einer Galaxie und ihrer Entfernung von uns konstant ist und formulierte auf dieser Basis ein Gesetz (das seinen Namen trägt), nach dem die Radialgeschwindigkeit einer Galaxie proportional zur Entfernung steigt. Kurz: die Rotverschiebung erlaubt es zu schätzen, in welcher Entfernung sich eine Galaxie befindet und mit welcher Geschwindigkeit sie sich von uns entfernt. Aber vor allem gab ihre Entdeckung Friedman recht: Offenbar dehnt sich das Universum wirklich aus und ist nicht etwa unveränderlich. Es muß folglich eine Geschichte haben und ein Alter, das sich berechnen läßt. Die Schätzungen von Hubble waren jedoch ein wenig

Das ist unwissenschaftlich   153

niedrig (nur zwei Milliarden Jahre) und wurden später zusammen mit
dem Wert der Konstanten immer weiter modifiziert, so daß die
Astrophysiker das Alter des Kosmos heute auf 20 Milliarden Jahre
schatzen. Aus der Erkenntnis der Geschichtlichkeit des Universums
entstand die Idee, seine Evolution zurückzuverfolgen, bis man zu einer Stunde Null käme, zum Moment der Schöpfung. Der erste, der
sich auf diese Reise wagte, die damals (und heute vielleicht noch
mehr) allzu spekulativ erschien, war der belgische Physiker und
Theologe Georges Lemaître, der 1930 die These aufstellte, das Universum sei aus dem Zerfall einer Art »primitiven Atoms« entstanden.

Experimentelle Astronomen wie Hubble betrachteten zu jener
Zeit Physiker, die sich mit kosmologischen Problemen beschäftigten,
als potentiell gefährliche Eindringlinge, weil sie in theoretischer Hinsicht allzuviel Phantasie entwickelten. Als daher in den 40er Jahren
der geniale Physiker George Gamow behauptete, er habe erkannt,
was in den ersten 200 Sekunden nach der Geburt des Universums geschehen sei, erregte dies kein Aufsehen; vielmehr blieb die Sache völlig unbemerkt, weil sie weder Physiker noch Astronomen interes-
sierte. Vier Jahre vor seinem Tod hatte Gamow jedoch die Genugtuung, daß seine These allenthalben aufgegriffen wurde. Die Grundidee
war, daß das Universum ursprünglich sehr heiß gewesen sein mußte
und wie ein Nuklearreaktor Atomkerne verschmolz. Aus dieser Annahme folgte logisch, daß in der Entstehungsgeschichte Licht, oder
besser, Lichtenergie der Materie vorausging. In den ersten Millionen
von Jahren seiner Existenz war das Universum also nichts anderes als
ein gewaltiger Lichtblitz. »Dieses ursprüngliche Licht«, hatte Gamow
gesagt,

»existiert immer noch, auch wenn es mit der Zeit viel schwächer geworden ist,
weil die Ausdehnung es zu einem blassen Schimmer reduziert hat. Es kann jedoch nicht mit optischen Teleskopen beobachtet werden, man muß es mit Ra-
dioteleskopen suchen.«

Es handelte sich um das, was man später »Hintergrundstrahlung«
oder »fossile Strahlung« nannte, eine Art Echo der ursprünglichen
Explosion, physisches Zeugnis der ältesten Phase des Universums, als
die Materie noch nicht entstanden war. Trotz der präzisen Hinweise
Gamows machte sich niemand an die Erforschung dieser Strahlung,

bis 1964 Arno Penzias und Robert Wilson, zwei Physiker der Bell Telephone Laboratories, zufällig auf sie stießen, als sie ein als Funkantenne zum Kommunikationssatelliten Telestar dienendes Radioteleskop ausprobierten. Die Entdeckung wurde als experimenteller Beweis der Big-Bang-Theorie gewertet, und Penzias und Wilson erhielten dafür 1978 den Nobelpreis für Physik.

In der Zwischenzeit war eine andere Entdeckung gemacht worden, die man als weitere Bestätigung wertete. Maarten Schmidt, ein holländischer Astrophysiker, der kurz zuvor nach Mount Palomar gewechselt war, identifizierte im Kosmos neue Objekte, sogenannte Quasare (aus *quasi-stellar radio sources*, d. h. sternähnlichen Objekten mit Radiofrequenzstrahlung). Noch heute ist nicht klar, woraus diese Objekte wirklich bestehen. Nach der herrschenden Lehrmeinung handelt es sich nicht um Sterne, sondern um sehr kleine, sehr weit entfernte Galaxien, die außergewöhnlich hell sind und sich mit einer enormen Geschwindigkeit von uns entfernen, die fast größer als die Lichtgeschwindigkeit zu sein scheint. Diese Merkmale wurden von ihrer sehr hohen Rotverschiebung abgeleitet. Im Falle des ersten von Schmidt untersuchten Quasars 3C 273 betrug die Rotverschiebung 15,8 Prozent, was einer Radialgeschwindigkeit von 47 000 km in der Sekunde entspricht; nach Hubbles Gesetz ergibt sich daraus eine Entfernung von fast drei Milliarden Lichtjahren. Nach der herrschenden Hypothese, die 1965 Denis Sciama vorschlug, lassen sich diese Objekte nur kohärent deuten, wenn man annimmt, daß es sich bei ihnen um die ersten (und folglich die ältesten) Galaxien handelt, die aus gewaltigen Explosionen entstanden, als das Universum erst wenige Milliarden Jahre alt war. Wenn das Licht, das Q.3C 273 aussendet, wirklich drei Milliarden Jahre gereist ist, um bei uns anzukommen, und uns heute mit der Helligkeit eines Sterns 13. Größe erscheint, bedeutet dies, daß sein Licht ursprünglich mehrere Milliarden Male stärker war als das der Sonne. Folglich sind Quasare die Dinosaurier unseres Universums und erzählen uns seine Geschichte.

Wesentlich für dieses Argument ist, daß die Rotverschiebung der Quasare nicht so sehr ihrer Radialgeschwindigkeit als vielmehr der Ausdehnung des Universums zuzuschreiben ist, die damit für die Erhöhung der Wellenlänge des ausgesendeten Lichts verantwortlich wäre. Nehmen wir beispielsweise an, daß Q.3C 273 ursprünglich sein

Licht mit einer Wellenlänge von 1 000 Ångström abstrahlte. Bevor uns dieses Licht erreichen konnte, mußte es drei Milliarden Jahre durch den Raum reisen. In der Zwischenzeit dehnte sich das Universum aus und folglich erhöhte sich die Wellenlänge bis auf 1158 Ångström, was eben genau einer Rotverschiebung von 15,8 Prozent entspricht. Da dies heute die einzige Art ist, die Rechnung aufzulösen, schließt man daraus, daß die Quasare die Ausdehnung des Universums bestätigen.

Auf dieser Grundlage beruht seit mehr als 20 Jahren die Überzeugungskraft der Big-Bang-Theorie. Die Theorie hat jedoch viele Verfechter, die sie mit allzu großem Eifer verteidigen und Kritiker und Vertreter anderer Hypothesen exkommunizieren und ausgrenzen. Der erste und bekannteste Ketzer war Fred Hoyle, einer der Pioniere der Astrophysik, seit 1945 Professor in Cambridge und seit 1954 Mitglied der Royal Society sowie Gründer des Institute of Theoretical Astronomy der Cambridge Universität. 1972 zog er sich, angewidert vom Mangel an kritischem Geist und den politischen Manövern seiner Widersacher, von der Lehre zurück. Hoyle ist kein x-beliebiger Wissenschaftler, sondern gehört aufgrund seiner Kreativität und Vielseitigkeit zum kleinen Kreis großer Astronomen. Gamow, der ihn außerordentlich schätzte, dichtete für ihn eine Zeile um, die Alexander Pope für Newton geschrieben hatte: »[...] und Gott sprach ›fiat Hoyle‹, und es wurde Licht«. Nicht nur mit seiner Kosmologie leistete er fundamentale Beiträge zur Astrophysik. Ein Artikel über die Kernfusion, den er 1957 zusammen mit Margaret und Geoffrey Burbidge und Willy Fowler schrieb, gilt als einer der bedeutendsten Beiträge zur Physik des 20. Jahrhunderts. Er beschäftigte sich auch mit Archäoastronomie, und dank seiner Hilfe bestätigte sich endgültig, daß der archäologische Komplex von Stonehenge ein astronomisches Observatorium war. In den letzten Jahren befaßte er sich auch mit Evolutionsbiologie aus kosmologischer und anti-darwinistischer Sicht (was sicher nicht dazu beigetragen hat, ihn mit dem Establishment zu versöhnen) und stellte die Hypothese auf, daß das Leben von einem Kometen auf die Erde getragen wurde. Er ist auch ein geschätzter Science-fiction-Autor. Von ihm stammt das Drehbuch für eine gelungene Science-fiction-Fernsehserie, und sein Zukunftsroman *Die schwarze Wolke* hatte weltweit beachtlichen Erfolg. Aufgrund seiner Ächtung erhielt er nie den Nobelpreis, aber ihm hätte ohne Zweifel ein Anteil an jenem zugestanden, den zwei seiner Schüler erhielten, die seine Ideen weiterentwickelten.

Hoyle hat die Big-Bang-Theorie nie akzeptiert, und zwar letztlich, weil sie ihm wie eine »Idee von Pfaffen« erschien: Zuzugeben, daß das Universum einen Anfang hatte, ausgehend von einer Stunde Null, in der es nichts gab, oder jedenfalls nichts, über das die Physik etwas sagen konnte, erschien ihm eher wie ein religiöses Vorurteil als eine wissenschaftliche Hypothese. Er geht lieber davon aus, daß der Kosmos schon immer so war, wie wir ihn heute sehen. Während Pater Lemaître das, was heute im Universum geschieht, mit der letzten Phase eines festlichen Feuerwerks vergleicht, das in einem einzigen Moment vor Milliarden von Jahren begann, glaubt Hoyle, daß wir in der Mitte des Festes sind und das Spektakel weitergehen wird. Tatsächlich räumt auch diese sogenannte Steady-state-Theorie, die Hoyle mit Hermann Bondi und Thomas Gold 1948 ausarbeitete, ein, daß sich das Universum ausdehnt, aber sie bestreitet, daß es jemals eine Stunde Null gab, in dem der Prozeß begann. Die Grundhypothese ist im wesentlichen, daß das Universum unveränderlich ist: Auch wenn es sich ausdehnt, die Galaxien sich entfernen, die Sterne verglühen und sterben, bleibt seine Dichte durch die ständige Entstehung neuer Materie, d. h. neuer Galaxien und neuer Sterne, konstant. Auch bei dieser Theorie entsteht die Materie aus dem Nichts, aber nicht in einem einzigen Ereignis, das nur einmal in der Vergangenheit geschah. Hoyle meint, die Annahme einer kontinuierlichen Schöpfung sei wissenschaftlicher, als von einer einmaligen Schöpfung auszugehen. So läßt sich nämlich vermeiden, ein Ereignis in der Vergangenheit zu postulieren, das kein Gegenstück in der Gegenwart hat. Dieser feine Unterschied ist durchaus keine Haarspalterei: Wenn die Schöpfung ein relativ häufiger Vorgang ist, wird es möglich sein, sie einer experimentellen Untersuchung zu unterziehen, unabhängig von der Tatsache, daß dahinter immer das Nichts steht.

Ein wichtiger Punkt der Steady-state-Theorie ist, daß sie gerade den Hauptbeweis der Big-Bang-Theorie bestreitet: die Hintergrundstrahlung. Hoyle leugnet zwar nicht, daß sie existiert, aber er unterstreicht deutlich, daß die experimentellen Daten über ihre Energie nicht mit den Voraussagen der Theorie übereinstimmen. Tatsächlich ist es auch heute noch schwierig, die Daten des 1992 von der NASA eigens zu diesem Zweck ins All geschossenen Satelliten COBE (Cosmic

Background Explorer) mit der Big-Bang-Hypothese in Einklang zu bringen.

Für den Laien und auch für viele Astronomen erscheinen beide Theorien gleichermaßen spekulativ und beinahe wie Science-fiction. Niemand würde etwas auf die Gültigkeit der einen oder anderen wetten. Aber unter Astrophysikern ist dies anders. Seit Mitte der 60er Jahre hält die Mehrzahl der Kosmologen die Big-Bang-Theorie für richtig, Hoyles Meinung dagegen für abwegig; aus diesem Grund wurde er geächtet und marginalisiert.

Hoyle hat die wirklichen Motive dieser allgemeinen Feindseligkeit nie verstanden. Letztlich kann er sich nicht erklären, warum er plötzlich von einem angesehenen Astrophysiker ersten Ranges zu einem vollständig isolierten Forscher wurde. Am Anfang dachte er, Opfer einer jüdisch-katholischen Verschwörung zu sein, aber dann begriff er, daß die Gründe komplexer waren und beschloß, sich zurückzuziehen. Bei einem Vortrag in Cambridge 1982 sagte er:

»Als ich 1972 beschloß, von der akademischen Bildfläche zu verschwinden, war ich zutiefst verärgert über die Art, wie meine Kollegen argumentierten, und dachte, daß es mir nur von außerhalb des etablierten Wissenschaftsbetriebes gelingen würde, die Gründe ihrer Feindseligkeit zu verstehen.«

Tatsächlich ist ihm dies nie ganz geglückt. In seiner Autobiographie, die 1994 erschien, erkennt er zwar wesentliche Ursachen seiner Marginalisierung, vernachlässigt aber den vermutlich entscheidenden Grund.

Die Ereignisse lassen sich danach wie folgt zusammenfassen: Die amerikanische Wissenschaft war dabei, eine klare Überlegenheit gegenüber der sowjetischen zu erlangen. Als das Magazin *Life* dies 1941 verkündete, war der Prozeß erst auf halbem Weg, aber in einigen Bereichen wie zum Beispiel in der Astronomie hatte die USA die UdSSR schon überholt. Ausschlaggebend dafür war die Verbindung von Privatkapital und Staatsmitteln in den USA, die Organisationsfähigkeit der dortigen Wissenschaftsgemeinde und die politischen Bedingungen, die in Ländern wie der Sowjetunion, Deutschland und Italien herrschten und zur Flucht vieler Wissenschaftler führten (dem sogenannten »*brain drain*«). Den endgültigen Anstoß zur Bildung einer hocheffizienten und gut organisierten Wissenschaftsgemeinde gab der drohende Sieg Nazi-Deutschlands im Zweiten Weltkrieg. Die starke Abhängigkeit dieser Gemeinschaft von den Finanzierungsquellen zwang sie dazu, ihre Resultate und die eingeschlagenen Forschungsrichtungen als wichtig und unanfechtbar, kurz: als alternativlos darzustellen. Man konnte nicht die Carnegie-Institution oder die Rockefeller-Stiftung darum bitten, Wissenschaftler zu finanzieren, deren Ideen nicht von einem Teil der Kollegen geteilt wurden und in den Verdacht geraten konnten, irrig zu sein. So entstand die Kompaktheit, die Aggressivität der amerikanischen Wissenschaftsgemeinde und der Unfehlbarkeitsmythos der US-amerikanischen Wissenschaft. Als die amerikanischen Astronomen daher Lemaîtres Idee übernahmen, wurde sofort ein Dogma daraus.

Darüber hinaus war die amerikanische Führungsposition bereits konsolidiert, so daß sie auch die Forscher anderer Länder beeinflußte. Die englische Astrophysik, die im Grunde ein Geschöpf Hoyles war, konnte diesem Einfluß nicht entgehen, und namhafte Wissenschaftler wie Dennis Sciama und Martin Ryle ergriffen für den Big Bang Partei. Daraus entstand eine Spaltung, die unweigerlich zum offenen Krieg wurde, als es um die forschungspolitische Entscheidung ging, welche Richtung finanziert werden sollte: der Versuch, die *Steady-state*-Theorie zu verifizieren, oder den Big Bang? Hoyle meint, mit den amerikanischen Wissenschaftlern im Rücken waren seine britischen Kollegen im Vorteil und konnten die grauen Bürokraten in Cambridge und die staatlichen Finanzierungsgremien überzeugen. Auch die englische Astrophysik wurde so »*Big Bang oriented*«. Hoyle, der Direktor des wichtigsten astrophysikalischen Forschungszentrums, konnte dies nicht tolerieren und trat zurück. Trotz einiger anderslautender Darstellungen ist Hoyles Version dieser Auseinandersetzung im wesentlichen plausibel, auch wenn daraus nicht der beträchtliche Anteil ersichtlich wird, den sein eigener Charakter daran hatte: Hoyle ist ein selbständiger und unabhängiger, beinahe rebellischer Mann ohne Sinn für Diplomatie und Konventionen. Der Verdacht drängt sich auf, daß er den Einfluß der amerikanischen Forschung auf die bürokratischen Entscheidungen in England hätte neutralisieren und der britischen Astrophysik eine ganz andere Richtung geben können, wenn er diplomatischer und entgegenkommender vorgegangen wäre. Er besaß die dazu erforderliche Autorität und hätte darüber hinaus seine wichtige Position als Direktor des astrophysikalischen Forschungszentrums ausspielen können.

Aber Hoyle fehlt der diplomatische Geist, er ist ein Kämpfer, und so schreibt er in seiner Autobiographie:

»Um wirklich bedeutsame Ergebnisse zu erhalten, muß man sich in der wissenschaftlichen Forschung gegen die Meinung anderer stellen. Will man damit Erfolg haben, ohne für einen Wirrkopf und Streithammel gehalten zu werden, braucht man Urteilskraft, vor allem bei der Behandlung komplexer Fragen, für die es keine schnellen Lösungen gibt.«

Genau dies hat er in den letzten 20 Jahren getan. 1994 versuchte Hoyle es noch einmal und schlug zusammen mit Geoffrey Burbidge, früher Direktor des Kitt-Peak-Observatoriums und gegenwärtig Professor an der Universität von Kalifornien, sowie mit seinem alten Schüler Jayant Narlikar (heute Direktor des Inter University Center for Astronomy and Astrophysics von Pune, Indien) eine modifizierte Version seiner QSSC (*quasi-steady state cosmology*) getauften Theorie vor. Wie die ursprüngliche Theorie behauptet sie ein Universum ohne Anfang und Ende, das sich ausdehnt und seine Dichte durch die beständige Schaffung neuer Materie aufrechterhält. Der grundlegende Unterschied ist, daß sich bei der neuen Theorie die Entstehung der Materie nicht kontinuierlich, sondern episodisch und explosionsartig vollzieht. Es ist, als würde es ab und zu im Abstand von einigen Millionen Jahren zu einem »Minibang« kommen, der dem Kosmos neue Materie zuführt. Um zu erklären, wie dies geschehen kann, haben Hoyle und seine Kollegen eine Feldgleichung C (für »Creation«, Schöpfung) eingeführt, deren Wert Funktion der Raumzeit ist und im Zyklus von 40 Milliarden Jahren Druck- und Dichteschwankungen der kosmischen Materie ausdrückt, die zu »Minibangs« führen.

Das »Schöpfungsfeld« schwächt sich ab oder verstärkt sich je nach Dichte des Universums. In den Phasen größerer Dichte ist das Feld stark, die Minibangs sind intensiver und häufiger und die Ausdehnung des Universums wird beschleunigt. Infolge dieser Expansion wird das Feld schwächer, die Entstehung von Materie reduziert sich und diese Verminderung verlangsamt ihrerseits die Ausdehnung. Daraus folgt eine Erhöhung der Dichte, die aufs Neue das Schöpfungsfeld wachsen läßt. Hoyle, Burbidge und Narlikar behaupten, daß diese Theorie viel besser als der Big Bang zu den verfügbaren Daten paßt, aber es ist schwer zu sagen, ob der alte Löwe diesmal die Oberhand gewinnen wird. Die Reaktionen waren wie üblich feindselig, aber es gibt einige wenn auch schwache Anzeichen von Versöhnungsbereitschaft. David Schramm von der Universität Chicago meint weiterhin, die Theorie des Big Bang sei unangreifbar und heute konkurrenzlos, aber »ihr Modell fängt an, die Unterschiede [zur Big-Bang-Theorie] zu verlieren«. John Maddox, der Sprecher der Orthodoxie, nahm diese Idee in einem Leitartikel in *Nature* auf und zog ein sehr kritisches Fazit:

»Ihnen [i.e. Hoyle, Burbidge u. Narlikar] kommt lediglich das Verdienst zu, einen Weg aufgezeigt zu haben, wie der Big Bang, ein Ereignis ohne Ursache, in eine noch umfassendere Theorie eingebettet werden kann.«

Arp: Von den Quasaren ruiniert

Hoyle war nicht das einzige Opfer des Big Bang. Kürzlich hat Stephen Brush, Wissenschaftshistoriker an der Universität von Maryland, den Gründen für die Ausgrenzung des Nobelpreisträgers Hannes Alfven nachgespürt. Einer davon, so fand Brush heraus, war Alfvens Ablehnung des Standardmodells des Universums (er meint, daß es keinen Urknall gab und der Kosmos sich zwar ausdehne, aber nicht in einer durch die Rotverschiebung feststellbaren Geschwindigkeit). Die jüngste und aufsehenerregendste astronomische Ketzerei stammt jedoch von Halton Arp. Dieser Fall lenkte erneut die allgemeine Aufmerksamkeit auf das heute drängende Problem, wie man in Zukunft ungerechte und die Wissenschaft schädigende Diskriminierungen vermeiden kann. Der heute 63jährige Arp ist, wie auch seine Kritiker zugeben, einer der am besten ausgebildeten und kompetentesten experimentellen Kosmologen, unter anderem Autor des wichtigen astronomischen *Atlas of Peculiar Galaxies* von 1960, der kürzlich in einer überarbeiteten Fassung wiederaufgelegt wurde. Arp erhielt seine Ausbildung in Harvard und am California Institute of Technology, wo er später auch arbeitete, bis ihm 1988 seine *observing time* gestrichen wurde, d. h. die Möglichkeit, das Teleskop der Mount-Palomar-Sternwarte zu benutzen. Um mit seiner Arbeit fortzufahren, war er gezwungen, ans Max-Planck-Institut für Astrophysik in Garching bei München zu gehen.

Arps Unglück hängt mit den Quasaren zusammen. Als er diese rätselvollen Objekte studierte, kam er zu dem Schluß, daß Hubbles Gesetz, die Entfernung auf Grundlage der Rotverschiebung zu schätzen, falsch ist. Vor 20 Jahren hatte er erstmals Quasare mit sehr hoher Rotverschiebung entdeckt (die folglich sehr weit von uns entfernt sein mußten). Sie befanden sich aber neben Galaxien, die uns im Gegensatz dazu sehr nahe sind. Es schien also, daß Quasare gar nicht so weit entfernte und alte Galaxien waren, sondern unsere kosmischen Hausnachbarn, und dieser erste Eindruck bestätigte sich durch die Beobachtungen der folgenden Jahre. Wenn dies stimmte, dann konnte die Rotverschiebung nicht als verläßliches Maß gelten, um kosmische Distanzen zu schätzen. Arp legte dies schwarz auf weiß in einem Buch nieder, daß er 1973 mit zwei Koautoren, George Brooks Field und John N. Bahcall, schrieb: *The Redshift Controversy*. Das Buch war der Sündenfall, der zu seiner Vertreibung aus dem Paradies der Astronomen führte, denn er hatte es gewagt, den experimentellen Dreh- und Angelpunkt der Big-Bang-Theorie zur Diskussion zu stellen.

Im August 1995 präsentierte Arp im Verlauf der 22. Generalversammlung der International Astronomical Union seine jüngsten Daten, die der Röntgensatellit Rosat geliefert hatte. Sie bestätigten, daß sich Quasare häufig in der Nähe von Galaxien befanden und in einigen Fällen geradezu durch Lichtbänder mit ihnen verbunden zu sein schienen. Dennoch, so beklagte sich Arp, habe *Nature* nur den unbedeutenderen Teil seiner Daten zur Veröffentlichung akzeptiert und den Teil abgelehnt, der das Nebeneinander direkt belegte. Die herrschende Orthodoxie versucht also auch in diesem Fall weiterhin, zu zensieren und zu unterdrücken, was ihre Fundamente unterminieren könnte. Besonders ernst ist in diesem Fall, daß es nicht theoretische Spekulationen sind, die abgelehnt werden, sondern Beobachtungen und experimentelle Daten. Der Verdacht erscheint allerdings begründet, daß es sich hier um ein Rückzugsgefecht handelt. Auch diejenigen, die der Big-Bang-Theorie prinzipiell wohlgesonnen sind, wie der italienische Astrophysiker Remo Ruffini, vertreten die Auffassung, daß ihre Basis grundlegend überprüft werden muß. Ruffini hat jüngst erklärt, daß heute nur noch Starrköpfe an die Hubblesche Konstante glauben, Leute, die noch nicht begriffen haben, daß der Kosmos nicht homogen und es folglich unmöglich ist, die Rotverschiebung als gültiges Maß für allen Regionen des Universums gleichermaßen gelten zu lassen. Wenn dies wahr wäre, müßte man zu dem Schluß kommen, daß 20 Jahre der Karriere von Arp dem Gedenken an Hubble geopfert wurden und 20 Jahre teure astronomische Forschung in die falsche Richtung ging. Wäre die Gemeinde der Astronomen toleranter gewesen und hätte sie nicht so viel blinde Abwehr an den Tag gelegt, wüßten wir heute vielleicht mehr über das Universum.

Andere Dissidenten

In anderen Bereichen der Astronomie sind Abweichungen von der Lehrmeinung vielleicht weniger heftig, aber ebenso häufig aufgetreten. In der Geologie ist die Plattentektonik erst 1980 akzeptiert worden, genau 100 Jahre nach der Geburt ihres Erfinders Alfred Wegener. Noch 1950, beim ersten Kongreß für Paläoklimatologie der Geologischen Vereinigung in Köln wurde der Vorschlag des bedeutenden Geologen Hans Cloos abgelehnt, die Witwe von Wegener mit der Gustav-Steinmann-Medaille auszuzeichnen. Wegeners 1915 vorgeschlagene Theorie löste in den 20er Jahren eine Flut von Kritik aus und geriet gleich nach dem Tod ihres Schöpfers im Jahre 1930 völlig in Vergessenheit. Sie wurde in den 40er Jahren wieder aufgegriffen und neu formuliert, aber erst seit kurzer Zeit gilt sie als gesicherte wissenschaftliche Erkenntnis. Paradoxerweise war einer der Wissenschaftler, die sich am meisten für diese Theorie einsetzten, der Geologe William Carey, der heute einer ihrer heftigsten Kritiker ist. Carey meint, daß sich die Kontinente in Wirklichkeit gar nicht bewegen; die Risse, aus denen die Kontinente entstanden, und ihr beständiges Auseinanderdriften sollen sich vielmehr der Ausdehnung unseres Planeten verdanken. Nach Carey bläht sich die Erde nämlich langsam auf. Seine Ideen gelten heute als revolutionär und ketzerisch, genau wie Wegeners Theorie 1915.

In der Biologie waren sogar einige Nobelpreisträger von Zensur und Ausgrenzung betroffen. Barbara McClintock, Jahrgang 1902, erhielt 1983 den Nobelpreis für die Entdeckung beweglicher Strukturen in der Erbmasse, die sogenannten »springenden Gene« des Mais. Die Entdeckung hatte sie bereits 40 Jahre zuvor gemacht, war dafür aber von der Wissenschaftsgemeinde mit Skepsis und Spott bedacht und marginalisiert worden. Die gleiche Behandlung wurde Francis Peyton Rous zuteil, der 1966 den Nobelpreis für seine Untersuchung über das infektiöse Sarkom bei Hühnern erhielt (eine bösartige Bindegewebsgeschwulst). Rous begründete damit einen ganzen Forschungszweig, der sich mit der Untersuchung der Beziehungen von Viren und Tumoren befaßt, seinerzeit aber auf große Skepsis stieß. 1913 entdeckte Rous bei der Untersuchung von zellenlosen Schichten des Sarkoms von Hühnern Viren, die den Tumor verursachen. Es dauerte gut 15 Jahre, bis die Idee von der Wissenschaftsgemeinde in Erwägung gezogen wurde. In der Zwischenzeit machte der böse Witz die Runde, Rous habe »entweder ein Loch im Filter oder im Kopf«. Als ihm 1966 der Nobelpreis verliehen wurde, war er 87 Jahre alt.

Die Entdeckung der Hormone der Hypophyse, für die der Franzose Roger Guillemin und der gebürtige Pole Andrew Schally 1978 den Nobelpreis erhielten, hatte ein noch wechselvolleres Schicksal. Die Idee, daß die Hypophyse oder Hirnanhangdrüse, eine Gehirnstruktur, die das Kontrollzentrum des endokrinen Systems bildet, ihrerseits von gehirneigenen Hormonen gesteuert wurde, stellte Geoffrey Harris zum erstenmal 1947 auf. Für die Neurophysiologen war sie vollkommen unsinnig, und bei verschiedenen Gelegenheiten bemühte sich Sir Solly Zuckermann, die Nutzlosigkeit von Experimenten zu beweisen, um die Theorie von Harris zu bestätigen. Dessen ungeachtet begannen Guillemin und Schally unabhängig voneinander mit experimentellen Untersuchungen, um die Gehirnhormone zu finden. Es handelte sich um sehr teure Forschungen, und die Kollegen, die sie für eine Sackgasse hielten, organisierten 1969 einen Kongreß in Tucson, Arizona, um der in ihren Augen nutzlosen Geldverschwendung ein Ende zu setzen. Die beiden wurden zur Vorlage ihrer Ergebnisse eingeladen, damit man sie widerlegen und ihre Absurdität beweisen konnte. Die Hälfte ihrer Gegner konnten sie jedoch überzeugen und bekehren, so daß es den beiden gelang, die Finanzierung ihrer Versuchsreihen zu sichern.

Ende 1970 konnten die beiden (die sich persönlich hassen und niemals Informationen ausgetauscht haben) beinahe zeitgleich die zwei wichtigsten Hormone isolieren, mit denen das Gehirn und besonders der Hypothalamus das Funktionieren der Hypophyse kontrollieren: Das LRF (*luteinizing releasing factor*) und das TRF (*thyrotropin releasing factor*). Als jedoch Guillemin den entsprechenden Artikel *Science* unterbreitete, wurde er abgelehnt, weil, wie bereits erwähnt, einer der Referenten sagte, es handele sich nicht um eine Entdeckung, sondern um die »Frucht eines kranken Geistes«.

Auch dem zweimaligen Nobelpreisträger Linus Pauling wurden wiederholt Finanzmittel für seine Forschung zur krebsverhindernden Wirkung von Vitamin C verweigert. Ähnliches passierte auch anderen Nobelpreisträgern wie Rosalyn Yalow, deren grundlegender Artikel über die Radioimmunologie von zwei angesehenen Zeitungen abgelehnt wurde. Eine von ihnen rechtfertigte sich mit der – ironischen oder ernstgemeinten – Bemerkung eines der Referenten:

»Menschen, die wirklich Vorstellungskraft und Kreativität besitzen, können nicht von ihresgleichen beurteilt werden, weil sie nicht ihresgleichen haben.«

Der bemerkenswerteste und meistdiskutierte Fall von Ketzerei in der Biologie ist heute der bereits erwähnte Fall Duesberg, der seit Jahren gegen die Überzeugung aller Experten behauptet, daß AIDS nicht vom HI-Virus auslöst wird.

In der Physik läßt sich über die zahlreichen Widersacher der Quantenmechanik hinaus (darunter nicht zuletzt der Italiener Franco Selleri von der Universität Bari) ein Fall anführen, bei dem die Unterdrückung der Ketzerei vollständig geglückt ist: der Fall des amerikanischen Physikers George Zweig, der in den frühen 60er Jahren zusammen mit Murray Gell-Mann das Quarks-Modell des Atoms vorschlug. Das Modell wurde von einer wichtigen amerikanischen Universität, die im Begriff stand, Zweig zu berufen, als Werk von inkompetenten Dilettanten eingestuft. Das Angebot wurde sofort zurückgezogen und der Physiker verschwand vollständig von der Bildfläche, so daß 1969, als Gell-Mann den Nobelpreis erhielt, sich niemand mehr an ihn erinnerte.

Hatte Dingle recht?

Wahrscheinlich die spektakulärste Exkommunizierung in der Physik war der Fall Herbert Dingle, der in kurzer Zeit die prestigeträchtige Rolle eines angesehenen Interpreten der Einsteinschen Relativitätstheorie mit dem weit weniger ehrenvollen Part eines »irren Widerlegers« tauschte, was dazu führte, daß er marginalisiert und vergessen wurde. Es ist schwierig, seinen Namen in der offiziellen wissenschaftlichen Literatur zu finden. Ein 1995 im *American Journal of Physics* erschienener Artikel könnte jedoch den Beginn seiner Rehabilitierung markieren. Für den Artikel verantwortlich zeichnen Gerald Pellegrini, ein Amateur-Physiker aus Worcester, sowie Arthur Swift, Physikprofessor an der Universität Massachusetts. Sie behaupten, daß Einsteins spezielle Relativitätstheorie nicht auf in Kreisbewegung befindliche Körper anwendbar sei, wie Einstein annahm. Für sie beruht diese Annahme auf einer falschen Hypothese: auf der (annäherungsweisen) Vergleichbarkeit der Kreisbewegung mit der linearen Bewegung. Die beiden hätten somit den ersten wirklichen Fehler in der speziellen Relativitätstheorie gefunden.

Pellegrini, den die Zeitschrift *New Scientist* als »Dilettanten, der mit den Experten sein Spiel treibt« präsentierte, könnte als einer der vielen erfolglosen Kritiker Einsteins betrachtet werden, aber im Unterschied zu den anderen hat er die Theorie nicht direkt angegriffen, sondern eines der Experimente, die als ihr empirischer Beweis gelten. Es handelt sich um das 1913 von Marjorie Wilson und ihrem Ehemann durchgeführte Experiment, um das elektrische Feld zu messen, das in einem nicht leitfähigen magnetisierten Material entsteht, das mit hoher Geschwindigkeit im Inneren eines gleichförmigen magnetischen Feldes in Bewegung gesetzt wird. 1908 hatte Einstein auf der Grundlage seiner speziellen Relativitätstheorie vorhergesagt, daß ein elektrisches Feld dieses Typs stärker wäre als nach der klassischen Theorie von Lorentz vorherzusehen war. Die experimentelle Überprüfung war schwierig und beinahe unmöglich, da ein Objekt, das sich mit sehr hoher Geschwindigkeit in gerader Linie bewegt, sofort aus dem Labor fliegen würde, in dem das Experiment durchgeführt wird; folglich wäre keinerlei Messung mehr möglich. Einstein jedoch dachte, daß die Rotationsbewegung eine gute Annäherung an die lineare Bewegung wäre, und so baute das Ehepaar Wilson einen leeren Zylinder aus nicht leitfähigem Material und ließ ihn mit hoher Geschwindigkeit im Inneren eines gleichförmigen Magnetfeldes kreisen. Sie maßen die Spannung innerhalb und außerhalb des Zylinders und erhielten Ergebnisse, die sich mit den Voraussagen Einsteins zu decken schienen.

Zirka 20 Jahre lang hat Pellegrini den Physikern, zu denen er vor-
dringen konnte, zugesetzt, um sie davon zu überzeugen, daß dieses
Experiment falsch war. Am Ende gelang es ihm, Arthur Swift auf
seine Seite zu ziehen, der die Frage erneut untersuchte und bewies,
daß die spezielle Relativitätstheorie tatsächlich nicht auf Körper in
Rotationsbewegung anwendbar ist, da ein fundamentaler Unterschied zwischen Rotationsbewegung und linearer Bewegung besteht.
Swift zufolge läßt sich dies zeigen, wenn man sich eine Reihe von Uhren vorstellt, die anfänglich synchron laufen und auf den Rand eines
runden Tisches verteilt werden, der dann in schnelle Rotation ver-
setzt wird. Die Theorie Einsteins besagt, daß ein Beobachter, der auf
einer der Uhren sitzt und die Uhrzeit nach und nach von jeder der
Uhren abliest, feststellen wird, daß sie immer langsamer gehen, je
weiter man in der Richtung vorrückt, in die sich der Tisch bewegt.
Soweit nichts Ungewöhnliches. Aber was passiert, wenn der Beobachter am Ende des Rundblicks die Uhrzeit von der Uhr ablesen will,
auf der er sitzt? Da es die letzte in der Reihe ist, müßte sie die langsam-
ste sein. Aber gerade in bezug auf sie wird die Verlangsamung ja gemessen. So kommt man zu der absurden Idee einer Uhr, die langsamer geht als sie selbst. Die einzige Möglichkeit, um diese Absurdität
zu vermeiden, ist die Annahme, daß die Rotationsbewegung nicht mit
der linearen Bewegung vergleichbar ist und die spezielle Relativitätstheorie nur für letztere Gültigkeit hat. Aber wenn das wahr ist, muß
das Experiment der Wilsons falsch sein. Tatsächlich beabsichtigen
Pellegrini und Swift, es zu wiederholen und endgültig zu widerlegen.

Die Beweisführung Swifts erinnert genau betrachtet an die Argumentation, die Herbert Dingle in den 60er Jahren benutzte, um zu zeigen, daß die spezielle Relativitätstheorie unbegründet ist. Dingle,
Physikprofessor am Imperial College of Science in South Kensington
und später Professor für Wissenschaftsgeschichte und -philosophie
am University College von London, war kein x-beliebiger Wissenschaftler: bis 1955, dem Jahr, in dem er emeritierte, war er einer der
bekanntesten Experten der Relativitätstheorie. Er hatte direkte Kontakte zu Einstein, Eddington, Whittaker und Born. 1921 hatte er das
Buch *Relativity for All* geschrieben (»Die Relativitätstheorie für alle«),
das in Amerika und England viele Jahre als Lehrbuch an den Universitäten benutzt wurde. Als in der Reihe *The Library of Living Philoso-
phers* der Band über Einstein vorbereitet wurde, waren unter den 25

Kommentatoren der Relativitätstheorie aus aller Welt nur zwei Engländer, und einer von ihnen war Dingle. Er war es auch, den die *Encyclopedia Britannica* beauftragte, den Aufsatz über die Relativitätstheorie zu schreiben, und die BBC bat ihn, zum Tod von Albert Einstein zu sprechen. Dann, 1955, antwortete Dingle auf Kritik, die am sogenannten Zwillingsparadox geäußert wurde und gelangte zu der Überzeugung, daß die spezifielle Relativitätstheorie auf einem ungeheuren Widerspruch beruhte. Dingle begann von da an zu behaupten, sie sei ein schönes mathematisches Spiel, aber physikalisch unmöglich. In seinen eigenen Worten lautet sein Kernargument:

»Nach der speziellen Relativitätstheorie zeigen zwei identische, sich im Verhältnis zueinander in gleichförmiger Bewegung befindliche Uhren A und B eine andere Zeit an. Da die Situation völlig symmetrisch ist, folgt daraus, daß wenn die Uhr A im Verhältnis zu B vorgeht, auch B im Hinblick auf A vorgehen muß. Da dies unmöglich ist, muß die Theorie falsch sein.«

Nach langem Zögern entschloß sich Dingle 1962, seinen Einwand in *Nature* zu veröffentlichen, und von diesem Moment an galt er nicht länger als Autorität auf diesem Gebiet. Er bekam zwei offizielle Antworten, die beide in *Nature* veröffentlicht wurden, von Max Born und von William Hunter McCrea, hielt sie jedoch nicht für stichhaltig, woraufhin ihm sowohl *Nature* und *Science* als auch die Royal Society die Tür vor der Nase zuschlugen und sich jahrelang weigerten, die Frage erneut ernsthaft und eingehend zu prüfen, wie Dingle in Rundbriefen an Wissenschaftler und Zeitschriften weiterhin forderte. Enttäuscht entschloß er sich schließlich, die Geschichte in *Science at the Crossroads* zu erzählen, das zu einer Art Bibel für Ketzer wurde.

Die allgemeine Überzeugung der Physiker war, daß die von Dingle aufgeworfenen Probleme von der gleichen Art seien wie beim Paradox der Zwillinge oder dem Uhrenparadox, d. h. es handelte sich um scheinbare Schwierigkeiten, da die Theorie streng vom festen Parameter der Lichtgeschwindigkeit abhängt. Bei der Relativitätstheorie hat die Lichtgeschwindigkeit nämlich eine besondere Bedeutung, da sie als äußerste Grenze der Geschwindigkeit genommen wird, mit der eine Nachricht übertragen werden kann. Gleichzeitigkeit im gewöhnlichen Verständnis gibt es in Einsteins Theorie nicht mehr, weil es keinen Sinn hat, von einem Ereignis zu reden, bevor die Information darüber – eben durch das Licht – ankommen kann. Dieses benötigt zum

Beispiel acht Minuten, um von der Sonne auf die Erde zu gelangen, aber wenn wir eine Sonneneruption sehen, wäre es nicht richtig zu sagen, sie habe vor acht Minuten stattgefunden, weil sie für den Beobachter auf der Erde ja erst stattfindet, wenn er sie sieht. Es existiert kein physikalisches Mittel, durch das er früher davon hätte erfahren können. Die ganze Relativitätstheorie macht nur Sinn, wenn die Ereignisse in der Raumzeit einen Beobachter haben. Ohne Beobachter gibt es keine physikalische Realität. Gerade aus dem Zusammenfall des In-der-Wirklichkeit-Seins mit der Wahrnehmung durch einen Beobachter entstehen die Paradoxe der Relativitätstheorie.

Die bedeutendsten Vertreter der Relativitätstheorie haben jedoch erklärt, daß es sich dabei nur um scheinbare Probleme handelt. Nehmen wir zum Beispiel das Problem der Kontraktion der Körper mit der Erhöhung der Geschwindigkeit, ein Phänomen, das die Relativitätstheorie postuliert. Tatsächlich handelt es sich nicht um eine wirkliche Kontraktion, sondern nur um eine scheinbare. Dem Beobachter scheint es, daß sich der Körper zusammenzieht, aber das liegt an seinem speziellen, relativen »Beobachtungswinkel«. Es ist, mit anderen Worten, als drehten wir eine Scheibe langsam um sich selbst: von einem perfekten Kreis nähme sie aufgrund unserer Perspektive zunehmend die Form eines Ovals und schließlich einer Linie an (die sich mit der Dicke der Scheibe deckt). Natürlich bleibt die Scheibe in Wirklichkeit immer rund und nur für den Beobachter scheint sie sich abzuflachen. Um dies zu überprüfen, reicht es, den Standpunkt zu wechseln. In der Relativitätstheorie ist dies jedoch nicht möglich, weil, wie erwähnt, die Lichtgeschwindigkeit als fundamentaler Parameter hinzutritt, die den Beobachtungswinkel definiert und sogar festlegt, in diesem Fall die Beziehung zwischen der Geschwindigkeit des beobachteten Objektes und der Lichtgeschwindigkeit. Analog dazu altert beim Zwillingsparadox (aufgrund einer Art perspektivischer Kontraktion der Zeit) der Bruder, der auf der Erde bleibt, nur scheinbar schneller als sein Zwilling, der durch den Raum fliegt. Nur wer den Sinn der Relativitätstheorie nicht verstanden hat, so wird gesagt, kann diese Paradoxe für real halten.

Im wesentlichen wurde Dingle also vorgeworfen, sich wie ein x-beliebiger Durchschnittsmensch benommen zu haben, der zum erstenmal mit der Relativitätstheorie konfrontiert wird. Max Born sagte wörtlich: »Die Einwände Dingles beruhen auf oberflächlicher Formulierung und Verwirrung«, und Hermann Bondi, der berühmte Kosmologe des Trinity College von Cambridge, lehnte es ab, Dingles Argumente zu diskutieren und antwortete trocken:

»Meiner Meinung nach widerlegen die Bücher, die ich veröffentlicht habe (besonders *Einsteins Einmaleins* und *Mythen und Annahmen in der Physik*), Ihre Behauptung bereits hinreichend. Ich glaube nicht, daß ich dem, was ich geschrieben habe, noch irgend etwas hinzufügen könnte. Es tut mir nur leid, daß Sie es nicht überzeugend finden.«

Professor Cochran von der Universität Edinburgh benutzte sogar Dingles Einwände als Übungen für seine Studenten: Er bot demjenigen, der sie am besten widerlegte, zehn Pfund.

Aber wie kann ein Experte wie Dingles einen solchen Anfängerfehler machen? Solange er lebte, wies er diesen Verdacht verzweifelt von sich und bemühte sich, seine Kollegen von der Ernsthaftigkeit der von ihm aufgeworfenen Probleme zu überzeugen. Er glaubte, daß Einstein die Physiker mit der speziellen Relativitätstheorie in eine Art verwunschenes Schloß gelockt hatte, in dem sie nun hartnäckig Phantasmen nachjagten und jeden Kontakt zur Realität verloren hatten. Für ihn waren sie die Opfer des von Einstein geschaffenen mathematischen Apparates, genau wie die Astronomen jahrhundertelang Opfer der Zyklen, Epizykel und Ausgleichspunkte waren, mit denen Ptolemäus die geozentrische Theorie begründet hatte. All jene, die diese Ansichten als absurd zurückwiesen, haben die Vielzahl experimenteller Beweise der Relativitätstheorie betont. Dingle bestritt die Gültigkeit dieser Bestätigungen oder bewies, daß sie mit anderen Ansätzen vereinbar waren. Aber niemand nahm ihn ernst. Indem Pellegrini heute das Experiment der Wilsons widerlegt, bricht er eine Lücke in den Kordon der empirischen Bestätigungen der spezifischen Relativitätstheorie, und dies könnte zu einer erneuten Prüfung und einer posthumen Neubewertung von Dingles Kritik führen.

Piccardi: Ein Chemiker im Ruch der Astrologie

In Italien war der berühmteste Häretiker unter den Wissenschaftlern von Universitätsrang der 1972 verstorbene Giorgio Piccardi, ordentlicher Professor für physikalische Chemie an der Universität von Florenz. Wären seine Ideen von der Wissenschaftsgemeinde angenommen worden, so könnte Piccardi heute nicht nur als der erste gelten, der sich ernsthaft mit nicht-reproduzierbaren Phänomenen beschäftigte, sondern auch als einer der Pioniere bei der Erforschung irreversibler Prozesse auf dem Gebiet der physikalischen Chemie und der experimentellen Untersuchung komplexer Phänomene, ein früher Vertreter der Chaostheorie. Statt dessen wurde er inner- und außerhalb Italiens marginalisiert, weil seine Ideen schließlich gegen seinen Willen zu einer wissenschaftlichen Stütze der Astrologie wurden.

Alles begann, als sich Piccardi in den 30er Jahren mit einem Problem befaßte, das man als Kernproblem bei allen Heißwasserbereitern bezeichnen könnte, nämlich wie man ihre Verkalkung beseitigt. Die Lösung, die er fand, sah den Einsatz »aktivierten Wassers« vor, d. h. von Wasser, das von einer Glaskugel bewegt wurde, die einen Tropfen Quecksilber in einer Neon-Atmosphäre unter niedrigem Druck enthielt. Diese neue Technik der Entkalkung erwies sich im allgemeinen als wirksam, hatte aber doch einen eigenartigen Mangel: Das aktivierte Wasser funktionierte nicht immer gut; es verhielt sich launisch, und in einigen Fällen dauerte das Verfahren nicht nur länger, sondern funktionierte auch nicht richtig. Nach einer langen Reihe von weiteren Untersuchungen glaubte Piccardi, den Grund entdeckt zu haben: Wasser war seiner Meinung nach der Prototyp »fluktuierender« Phänomene (heute würden wir sagen: von solchen Phänomenen, die sich nicht reproduzieren lassen); da es sich in einem sehr heiklen Gleichgewichtszustand befindet, ist es von derart vielen (manchmal minimalen) äußeren Faktoren abhängig, daß sein Verhalten am Ende weder leicht vorhersehbar noch konstant reproduzierbar ist.

Seit der Antike wußte man zum Beispiel, daß warmes Wasser schneller gefriert. Schon Aristoteles und Bacon sprachen davon, aber die offizielle Wissenschaft beschäftigte sich erst ernsthaft mit dem Phänomen, nachdem vor einigen Jahren Erasto Mpemba, ein Gymnasiast aus Tansania, seinen Lehrer davon überzeugen konnte. Es handelt sich jedoch um ein etwas launisches Phänomen, das nicht immer auf dieselbe Art und mit derselben Geschwindigkeit eintritt. Noch heute ist seine wissenschaftliche Erklärung nicht ganz befriedigend: Man glaubt, daß die effektive Abkühlungsgeschwindigkeit durch die Beschaffenheit des Behälters von der Luft- und Wasserbewegung beeinflußt wird. Die Erklärung Piccardis dagegen war entschieden ketzerisch. Er behauptete, daß die Strukturen, die die Wassermoleküle mit Wasserstoffverbindungen verknüpfen, im Verlauf der Zustandsveränderung (z. B. von flüssig zu fest) eine Reihe von Wandlungen durchmachen, deren Spuren durch Hysterese[6] im Wasser zurückbleiben. Wasser kann mit anderen Worten die energetischen und entropischen Veränderungen speichern (und also erinnern), die es in der Aufwärmphase durchmacht. Während der Abkühlung durchliefe es danach dank seiner »Erinnerung« diese Veränderungen in umgekehrter Richtung mit einer größeren Geschwindigkeit. Mit der Idee, das Wasser könne sich »erinnern«, kann Piccardi auch als direkter Vorläufer von Jacques Benveniste betrachtet werden.[7]

Für Piccardi jedoch war nicht dies der interessanteste Aspekt des Phänomens, sondern die extreme Empfänglichkeit des Wassers für Umwelteinflüsse, und gerade aufgrund solcher Einflüsse (die sehr veränderlich und manchmal nicht wahrnehmbar sind) war sein Versuchsergebnis nicht wiederholbar. Daraus entstand das Vorhaben, die Auswirkung von Umweltfaktoren auf chemische Reaktionen zu erkennen und experimentell zu beweisen. Dazu entwickelte er seine »chemischen Piccardi-Tests«. Das Prinzip, auf dem diese Tests basieren, kann man als chemisches Gegenstück zum Schmetterlingseffekt in der Meteorologie betrachten, den Edward Lorenz 1979 einführte. Piccardi formulierte es so: »Heterogene Systeme, die aus dem Gleichgewicht geraten und hinreichend komplex sind, reagieren auf jegliches energetische Signal von außen, sei es auch noch so geringfügig.« Praktisch heißt dies, daß ein Großteil der chemischen Reaktionen und alle biologischen Prozesse auch von minimalen äußeren Faktoren beeinflußt werden können. Aber welches sind diese Faktoren?

Über bereits wohlbekannte Klima- und Umweltfaktoren im strengen Sinn hinaus, für die er 1962 eine erste wissenschaftliche Erklärung in *The Chemical Basis of Medical Climatology* lieferte (ein Buch, das in seinem Heimatland Italien nie veröffentlicht wurde), erkannte Piccardi die wichtigsten Größen in der Aktivität der Sonne und dem Einfluß der zyklischen Variationen der Jahreszeiten auf die Geschwindigkeit und das Magnetfeld unseres Planeten.

Seinen Arbeiten zufolge hatten der Sonnenwind und vor allem die Sonnenflecken einen beträchtlichen Einfluß auf chemische Reaktionen (vergleichbar den klimatischen Faktoren). Aber einer der wichtigsten Faktoren war der von den Positions- und Geschwindigkeitsvariationen der Erde bestimmte Jahreszyklus, der sich der im Hinblick auf die Galaxie spiralförmigen Bewegung unseres Planeten in Verbindung mit der geradlinigen Translation der Sonne zum Sternbild des Herkules verdankt. Im März, wenn die Geschwindigkeit der Erdrotation am höchsten ist, zeigen Wasserlösungen das kleinste Mittel der jährlichen Variation im Prozeß der Ausflockung, während im September, wenn sie am geringsten ist, das Gegenteil eintritt. Einige seiner Schüler entdeckten auch Effekte, die den Mondphasen zuzuschreiben waren.

Die Astrologen nahmen Piccardis Forschungen natürlich wärmstens auf und zitierten ihn mißbräuchlich als wissenschaftlichen Beweis ihrer Anschauungen, so daß der Chemiker aus Florenz in den Augen des wissenschaftlichen Establishments auf einer Stufe mit dem Ehepaar Françoise und Michel Gauquelin stand, Verfechter einer wissenschaftlichen Neufundierung der Astrologie. Und genau aus diesem Grund wollte die offizielle Wissenschaft die Forschungen Piccardis nie ernsthaft in Erwägung ziehen, auch wenn viele Wissenschaftler in verschiedenen Teilen der Welt an seinen Experimenten mitarbeiteten. Eine ernsthafte Widerlegung Piccardis unternahm erst kurz nach dessen Tod der ungarische Chemiker Mihaly Tibor Beck. Auch George B. Kauffman von der California State University ließ sich überzeugen, und die beiden veröffentlichten einen 1986 erschienenen Artikel mit dem Titel »*Self-deception in Science: the Curious Case of Giorgio Piccardi*« (»Selbsttäuschung in der Wissenschaft: der merkwürdige Fall Giorgio Piccardi«).

Ohne eine mehr oder weniger strenge wissenschaftliche Untersuchung abzuwarten, betrachtete man Piccardis Studien in italienischen Wissenschaftskreisen von Anfang an mit Skepsis und Spott. Einer seiner Schüler, der bekannte Wissenschaftsjournalist Giancarlo Masini, schrieb jüngst:

»Die anderen Professoren konnten ihm nicht widersprechen, weil er wie sie einen Lehrstuhl innehielt, weil er besser reden konnte als sie, weil er französisch, deutsch und englisch in einer Zeit sprach und schrieb, in der solche Fähigkeiten Seltenheitswert hatten, und weil er Studien durchführte, von denen niemand

Das ist unwissenschaftlich 173

von ihnen auch nur träumen konnte. Sie nahmen ihm gegenüber zwei Haltungen ein: Entweder sie sagten, daß seine Forschungen an Astrologie grenzten, oder sie flüsterten sich zu, daß seine Arbeiten unverständlich seien.«

Abgesehen von lobenswerten Ausnahmen wie den Astronomen Giorgio Abetti und Guglielmo Righini und dem Wissenschaftsphilosophen Ludovico Geymonat war die allgemeine Haltung der Kollegen feindselig, und der Nationale Forschungsrat weigerte sich kategorisch, seine Studien zu finanzieren. Nach seinem Tod löste sich die Forschungsgruppe auf, die er geleitet hatte, und auch seine Aufzeichnungen wären verlorengegangen, wenn die Ehefrau von Guglielmo Righini, Maria Luisa Righini Bonelli, der die italienische Wissenschaftshistorik viel verdankt, sie nicht in das Museum für Wissenschaftsgeschichte in Florenz aufgenommen hätte.

Wenn es auch nicht glücklich war, so hatte Piccardi jedenfalls kein so undankbares Schicksal wie sein russischer Kollege Alexandre Tschijewsky, Pionier der Heliobiologie, der zehn Jahre nach Kasachstan verbannt wurde, weil er in den Ruch eines Astrologen geraten war und von der sowjetischen Akademie der Wissenschaften erst in der Breschnew-Ära rehabilitiert wurde.

Wie man einen Ketzer marginalisiert

Es gibt also innerhalb der Wissenschaftsgemeinde Wissenschaftler mit abweichenden Theorien, die sauber von Außenseitern unterschieden werden müssen. Der zuletzt geschilderte Fall hat deutlich gemacht, daß die Ausgrenzung solcher Dissidenten negative Folgen zeitigt, den wissenschaftlichen Fortschritt verlangsamt oder unterbindet und zur Verschwendung von Finanzmitteln führt, die mit größerem Profit eingesetzt werden könnten. Es liegt also auf der Hand, daß es an der Zeit ist, das Wissenschaftssystem mit einer Reihe von neuen Normen und Maßnahmen zu reformieren, die Repressalien verhindern oder wenigstens schwieriger machen. Um das Problem ernsthaft anzugehen, ist es jedoch zunächst erforderlich, seinen wissenschaftssoziologischen Aspekt von erkenntnistheoretischen Fragen zu unterscheiden. Letztere sind nicht weniger wichtig, können aber nicht als Krankheitssymptome gewertet werden. Es muß mit anderen Worten in Erinnerung bleiben, daß es im wesentlichen um die soziale Struktur des Wissenschaftssystems geht.

Heute weiß man, daß für bedeutsame Fortschritte im Bereich des Wissens nicht nur und nicht immer Revolutionen verantwortlich sind. Revolutionen sind im Gegenteil nichts anderes als das (seltene) Aufeinandertreffen entgegengesetzter Standpunkte in großem Maßstab. Solche Auseinandersetzungen unter Wissenschaftlern vollziehen sich aber im Kleinen praktisch jeden Tag in Labors, auf Kongressen, in Seminaren und bei allen anderen Gelegenheiten wissenschaftlicher Debatten. Bei solchen Begegnungen kann eine Idee sofort akzeptiert oder auch sofort abgelehnt werden; aber zwischen diesen beiden Extremen gibt es zahlreiche andere Möglichkeiten. Eine neue Hypothese wird nämlich nicht nur akzeptiert, weil sie richtig ist, sondern auch, weil eine bestimmte Anzahl von Personen, die für kompetent gehalten werden, sie für richtig hält. Jede theoretische Auseinandersetzung impliziert also über eine streng theoretische Überprüfung der betreffenden Ideen hinaus auch ein Werturteil der Personen, die sich für die eine oder andere Seite aussprechen. Ihre Einschätzung basiert offenkundig nicht nur auf einer theoretischen Beurteilung, sondern hängt mit persönlichen Neigungen, mit Erziehung und der jeweiligen Ausbildung zusammen, mit Geschmacksfragen, Intelligenz und der intellektuellen Redlichkeit der an der Auseinandersetzung Beteiligten. Außerdem wird sie – *last but not least* – von den wirtschaftlichen Interessen und den Machtverhältnissen bestimmt, die im Spiel sind. So kommt es, daß jede einigermaßen plausible Theorie, die nicht sofort als absurd widerlegt wird (auf so einsichtige Art, daß sich auch ihr Erfinder davon überzeugt), eine gewisse Anzahl von Befürwortern und Kritikern hat. Dem Medizinhistoriker Walter Pagel zufolge waren die Hälfte der europäischen Wissenschaftler für und die andere Hälfte gegen William Harvey, als dieser seine revolutionäre Theorie der Blutzirkulation vorlegte. Die Entdeckung Harveys würde damit genau die Mitte zwischen den Extremen sofortiger Anerkennung und sofortiger Ablehnung einer Hypothese oder Theorie markieren.

Wenn unter den Wissenschaftlern die Anzahl der Befürworter einer neuen Idee unter einen bestimmten Prozentsatz sinkt, läuft ihr Urheber Gefahr, als Ketzer abgelehnt zu werden, und es werden In-

Das ist unwissenschaftlich 175

itiativen gegen ihn ergriffen, die darauf zielen, nicht nur die Hypothese oder Theorie, sondern auch ihren Vertreter selbst (vielleicht sogar physisch) zu treffen.

Die erste Maßnahme, um ihn zu neutralisieren, ist normalerweise, auf jede Weise die Publikation seiner ketzerischen Hypothese in namhaften Zeitschriften mit großer Verbreitung zu verhindern. Es handelt sich um eine sehr einfache und leicht durchzuführende Strategie, die darüber hinaus keinerlei intellektuelle Unredlichkeit zu implizieren scheint. Um Aufnahme in wichtige Zeitschriften zu finden, muß nach der herrschenden Praxis ein Artikel von einer bestimmten Anzahl von Referenten geprüft werden, d. h. von Kritikern, denen die Zeitschrift die Aufgabe überträgt, die Zuverlässigkeit und Seriosität des Aufsatzes zu überprüfen. Die konsultierten Personen haben ein Recht auf Anonymität und sind in der Regel angesehene Repräsentanten der jeweiligen Disziplin. Häretikern fiele es niemals ein, die Zulässigkeit dieser Vorgehensweise zu bestreiten. Dennoch ist es gerade diese Norm, die es den Repräsentanten der wissenschaftlichen Orthodoxie erlaubt, eine Zensur auszuüben. Die zweite Strategie hängt eng mit der ersten zusammen und besteht darin, dem Ketzer die Möglichkeit zu verweigern, seine Ideen auf Tagungen und Kongressen zu präsentieren.

Nachdem er diese Zensur erlebt hat, gibt der Ketzer gewöhnlich auf: Er hört auf, seine Ideen zu vertreten, weil er von ihrer Haltlosigkeit überzeugt ist oder weil er sich nicht den ernsteren Zensurmaßnahmen aussetzen will, zu denen es kommen muß, wenn er seine Ketzerei an die große Glocke hängt. Widerspricht nämlich ein Forscher, der an diesem Punkt angelangt ist, weiterhin den herrschenden Ideen oder bringt sie indirekt in Schwierigkeiten, sieht er sich bald der Mittel und Gelder zur Fortsetzung seiner Forschungen beraubt. Auch hier erscheint die Art, wie die Zensur eingesetzt wird, ganz in Ordnung zu sein und sich in Übereinstimmung mit den akzeptierten Normen der Wissenschaftsgemeinschaft zu befinden. Die Ausschüsse, denen die Regierungen und die Finanzierungsgremien die Aufgabe übertragen, Entscheidungen über die Vergabe der Gelder für Forschung und Wissenschaft zu treffen, bestehen aus Wissenschaftlern, die in ihren jeweiligen Bereichen als maßgeblich und kompetent gelten und sogar dieselben sein können, die als Referenten bei den Zeitschriften bereits die Ideen des Ketzers abgelehnt haben. Es erscheint deshalb nur logisch und richtig, daß sie denjenigen, die ihrer Meinung nach Zeit und Geld mit nutzlosen Forschungen verschwenden, jeden Zugang zu weiteren Mitteln verwehren. 1981 zum Beispiel gelangte die Leitung der Carnegie-Observatorien zu dem Schluß, daß »Arps Forschungen die allgemeine Lehrmeinung nicht beeinflussen und seine Ideen keine Zustimmung finden konnten« und daß es folglich »nicht mehr vernünftig ist, ihm die Benutzung der Teleskope zu gestatten, um Forschungen zu verfolgen, die darauf abzielen, eine Verbindung zwischen Quasaren und nahen Galaxien festzustellen«. Der Dissident wurde daher aufgefordert, seine Forschung »grundlegend neu auszurichten« (»*fundamentally redirect*«), d. h. aufzugeben und in Reih und Glied zurückzutreten, andernfalls ihm die Möglichkeit verwehrt werden würde, die Teleskope zu benutzen. Da Arp im Gegensatz zu Galilei nicht abschwor, wurde er exkommuniziert.

An diesem Punkt ist der Wissenschaftler nahezu völlig isoliert und gerät leicht in Versuchung, polemisch zu werden und unangenehm aufzufallen. Er kann seinen Fall auch vor das Tribunal der Öffentlichkeit bringen und sich dazu der Massenmedien bedienen. Hillman etwa offenbarte sich den Zeitungen und dem Fernsehen, und auch Arp erzählte seine Geschichte der *Los Angeles Times*. Es handelt sich immer um einen sehr riskanten Schritt, weil ein ungeschriebenes Gesetz der Wissenschaftsgemeinde bindend vorschreibt, schmutzige Wäsche zu Hause zu waschen. Gegen diese Norm zu verstoßen reißt tiefe Gräben auf, die in den meisten Fällen unüberwindlich sind; die Fronten werden absolut unversöhnlich und der Wissenschaftler riskiert, wie es Hillman und Arp geschah, nicht nur das Recht zu verlieren, die zur Arbeit unabdingbaren Geräte zu benutzen, sondern auch die Arbeitsstelle.

Das Paradoxe ist, daß unabhängig davon, ob die Theorien oder Hypothesen wissenschaftlich gültig sind oder nicht, niemand die ganze Vorgehensweise als völlig illegitim anklagen kann. Die Zensoren handeln rechtmäßig und nehmen, von einigen seltenen Fällen abgesehen, nie Zuflucht zu rechtlich anfechtbaren Strategien. Es gibt also keine direkte und explizite Verletzung eines fundamentalen, vom Gesetz geschützten Rechtes. Die Zensoren vernachlässigen jedoch ihre Pflicht, und zwar im Hinblick auf das Ethos ihres Berufsstandes und die gebotene intellektuelle Redlichkeit des Wissenschaftlers. Wir haben hier mit anderen Worten eine Situation vor uns, in der die materiellen Interessen der Gesellschaft vollständig und unwiderruflich von der Seriosität, der Kompetenz und der Ehrlichkeit von Wissenschaftlern abhängen, die über andere Wissenschaftler urteilen sollen, alles Dinge, die kein Gesetz jemals regeln kann.

Das Wissenschaftssystem begeht also in diesen Fällen kein offenes Verbrechen; vielmehr nutzt es seine eigene Trägheit böswillig aus. Hoyle hat bemerkt, daß diese Strategie zu einer Verlangsamung des wissenschaftlichen Fortschritts führt, was wiederum die Trägheit noch verstärkt. »Der wirkliche Fortschritt«, so Hoyle in seiner kürzlich erschienenen Autobiographie,

»gleicht immer einer Revolution und bringt notwendig drastische Veränderungen an der Spitze mit sich. Geht man dagegen langsam voran, ist es schwierig, die Hengste von den Kleppern zu unterscheiden. Die kleinen Schritte können falsch oder als große Sprünge nach vorne interpretiert werden, man kann die Bürokraten überzeugen, große Summen für hoffnungslose Forschungsvorhaben bereitzustellen, ohne daß jemand das Gegenteil beweisen kann, und schließlich und vor allem kann sich das Establishment auf diese Weise selbst erhalten.«

Diese im Ton etwas kleinliche und vor allem nicht verallgemeinerbare Analyse hat dennoch einen wahren Kern. Die Auseinandersetzung und die freie Diskussion unterschiedlicher oder sogar entgegengesetzter Ideen ist die Basis kulturellen Wachstums. Diesen Meinungsstreit zu verlangsamen oder zum Stillstand zu bringen bedeutet, den Fortschritt zu hemmen und, im Falle der Wissenschaft, seine Kosten zu erhöhen. Kurz: Wenn der Dialog behindert wird, kommt man langsamer voran und gibt mehr aus.

David Horrobin hat klar erkannt, was Hoyle ebenso wie Arp, Hillman und allgemein all jenen normalerweise entgeht, die als Opfer von Ausgrenzung verständlicherweise dazu neigen, die unmittelbaren und persönlichen Aspekte ihres Schicksals überzubewerten: Die Strategien, um Abweichung und Ketzerei in der Wissenschaft zu »normalisieren« und möglichst auszuschalten, sind die natürliche Folge einer allgemeineren sozioökonomischen Krise des Wissenschaftssystems.

Diese offenbar unpopuläre Auffassung haben Orio Giarini und Henri Loubergé 1978 in einem schönen Buch mit dem Titel *The Diminishing Returns of Technology* herausgearbeitet und dokumentiert. Wie Giarini und Loubergé erläutern, verlangsamte sich aufgrund eines sehr einfachen ökonomischen Gesetzes der Rhythmus des wissenschaftlichen Fortschritts immer mehr, je stärker das Wissenschaftssystem wuchs: das sogenannte Gesetz der fallenden Erträge von Thomas Robert Malthus und David Ricardo. Es stellt fest, daß Steigerungen, die nur einem der Parameter des Systems folgen (während die anderen unverändert bleiben), zu einer progressiven Schrumpfung des Gesamtergebnisses führen. Im Falle des wissenschaftlichen Systems sind die kritischen Parameter die Zahl der Wissenschaftler (die beachtlich gestiegen ist) und die Finanzmittel, die inflationsbereinigt seit den 60er Jahren unverändert geblieben sind. Auf diese Disparität lassen sich die offenkundigsten Krankheitssymptome der Wissenschaft wie der Wissenschaftsbetrug und die Ausgrenzung von Ketzern zurückführen. Dies ist das eigentliche Problem, das die Wissenschaftpolitik heute lösen muß. Sieht man von provokativen Ideen wie Horrobins Vorschlägen ab, scheint momentan niemand gewillt zu sein, sich dem Problem zu stellen: Es herrscht weiterhin die Tendenz, lediglich eine Erhöhung der Forschungsgelder zu fordern. Die Lösung des grundsätzlichen Problems wird also verschoben. Trotzdem lassen sich in der Zwischenzeit schon Maßnahmen ergreifen, um die Marginalisierung von Dissidenten zu erschweren.

Ein Dekalog für Zensoren

Hillman, der selbst das Opfer von Ausgrenzung wurde, hat eine Art Dekalog mit einer Reihe von ethischen Normen aufgestellt. Wenn sie nur klar genug ausformuliert werden, so Hillman, könnten sie die dicke Elefantenhaut vieler seiner Kollegen durchdringen und in ähnlichen Fällen bewirken, daß man wenigstens weiß, wie verbohrt man ist, wenn man jemanden so behandelt wie ihn. Es handelt sich um eine Art Schwur, vergleichbar dem hippokratischen Eid, der vier Punkte enthält:

»Ich werde mich um intellektuelle Redlichkeit bemühen und die wissenschaftliche und persönliche Integrität meiner Kollegen in jeder Hinsicht respektieren. Ich werde mich bemühen, meine Ansicht über jedwedes Manuskript, das zur Veröffentlichung vorgelegt wird, oder über jedweden Finanzierungsantrag mit der gleichen Sympathie und Sorgfalt zu äußern, die ich mir für mein eigenes Manuskript oder meinen eigenen Antrag wünsche. Ich bin bereit, meine Kritik und

Das ist unwissenschaftlich   179

die von mir vorgebrachten Beanstandungen mit meinem Namen zu unterzeichnen. Ich werde mich bemühen, mit angemessener Behutsamkeit und Ausführlichkeit auf alle Probleme einzugehen, die sich im Verlauf der Korrespondenz (oder im Verlauf einer Diskussion) im Hinblick auf einen beliebigen Aspekt meiner Forschungen ergeben, bis die Meinungsverschiedenheiten geklärt oder gelöst sind.«

Hillman fügt hinzu, daß Wissenschaftler im Verlauf von Debatten bereit sein sollten, bei der Diskussion ihrer Ideen auch ihre materiellen Interessen zu thematisieren. Er schlägt ferner vor, daß die Redaktionen von wissenschaftlichen Zeitschriften und die Finanzierungsgremien grundsätzlich so viele Veröffentlichungsvorschläge und Förderungsanträge wie möglich annehmen und ihre Ablehnungen klar und verständlich begründen. Die Referenten sollten ihre Namen unter ihre Stellungnahme setzen und bereit sein, ihre Gründe dem Autor des Artikels zu mitzuteilen. Wer einen Finanzierungsantrag stellt, sollte vor dem entsprechenden Gremium erscheinen, um seine Forschungen zu erläutern. Er sollte auch erklären, keinerlei gemeinsame Interessen mit den zur Entscheidung bestellten Mitgliedern des Ausschusses zu haben. Die Entscheidungsgremien sollten dann über jeden Verdacht erhabene Ombudsleute benennen, an die sich Wissenschaftler, die eventuell Opfer von Zensur geworden sind, wenden können. Die Praxis, willkürlich und geheim zu entscheiden, welche Forschungsberichte auf Kongressen angenommen werden und welche nicht, sollte man nach Hillman aufgeben und von vorherein Raum für abweichende Meinungen zur Verfügung stellen. Allgemein sollte forschungspolitisch darauf hingewirkt werden, die Verbreitung von Minoritätenmeinungen in angemessenem Umfang zu ermöglichen; schließlich sollte jeder, der eine Finanzierungsanfrage oder eine angestrebte Veröffentlichung parteiisch, unangemessen oder böswillig beurteilt, öffentlich getadelt werden und die entsprechende Funktion nicht weiter ausüben dürfen.

Es handelt sich um vernünftige Normen, die jedoch zu keinen Ergebnissen führen würden, wenn sie nicht von einer wichtigen Modifizierung im Verteilungsmechanismus der Geldmittel begleitet würden. Diese Veränderung schlug Halton Arp 1990 auf einem Kongreß des Goddard Space Flight Center der NASA vor. Seine Idee ist schlicht, 90 Prozent der Mittel für orthodoxe Wissenschaft aufzuwenden und 10 Prozent bindend »für innovative Beobachtungen oder Versuche [zu reservieren], scheinbare oder reale Widersprüche in grundlegenden Annahmen experimentell zu widerlegen«. Kurz: 10 Prozent der Mittel sollen wissenschaftliche Ketzer erhalten. Wie Eliot Marshall in einer Studie herausfand, deren Ergebnisse im Juli 1990 in *Science* erschienen, stieß der Vorschlag nicht auf allgemeine Zustimmung, aber Marcel Bardon, einer der Verantwortlichen für die Verwaltung der Mittel der National Science Foundation, hob hervor, daß seine Institution schon 1989 eine Finanzierungsmöglichkeit mit dem Titel »Small grants for exploratory research« (etwa »Kleine Zuschüsse für Pionierforschung«) zur Verfügung stellte, die jedem Gremium erlaubt, 5 Prozent der Mittel für Forschungen auszugeben, die nicht von Experten abgesegnet sind (*non peer reviewed*).

Dies ist ein wichtiger Schritt in die von Arp gewiesene Richtung, aber es muß betont werden, daß zuviel Raum für Ketzer auch ökonomische Schäden verursachen und ebenfalls den wissenschaftlichen Fortschritt verlangsamen könnte. Robert Park, Direktor der American Physical Society, erinnerte Marshall daran, wie viele wirre Ideen sich am Ende nur als wirre Ideen herausstellten, zu keinen konkreten Resultaten führten und alles andere als die Früchte genialer Intuition seien. Und er führte das Beispiel der kalten Fusion an, an deren experimenteller Überprüfung viele Forscher in verschiedenen Teilen der Welt gearbeitet hatten und die bis zum damaligen Zeitpunkt (1990) zirka 100 Millionen Dollar verschlungen habe, ohne daß man irgendwelche verwertbaren Ergebnisse erzielt hätte. Wenn es also einerseits richtig ist, daß Ketzer ein unterschätztes Potential darstellen, darf man andererseits nicht vergessen, daß es auf einen völlig falschen Weg führen könnte, würde man ihnen zuviel Raum geben. Überhastet und planlos könnte sich die Wissenschaft so in zahllose Sackgassen verrennen.

IV

Wissenschaft
und gesunder Menschenverstand

Aristarchos von Samos, der erste große Ketzer

Wenn man von wissenschaftlichen Häresien spricht, kommt einem als erstes der Name Galilei in den Sinn, der nicht der einzige, aber sicherlich der berühmteste Wissenschaftler war, der als Ketzer im eigentlichen Sinne des Wortes verurteilt wurde. Der erste »Kopernikus« war jedoch nicht Galilei und, so seltsam es klingen mag, nicht einmal Kopernikus selbst, und Galileo war auch nicht der erste, der wegen der kopernikanischen Lehre geächtet wurde. Nicht um wenige Jahre, sondern um gut 17 Jahrhunderte war ihm Aristarchos von Samos vorangegangen, ein griechischer Gelehrter, der zwischen 310 und 230 v. Chr. lebte. Wir kennen von Aristarchos kaum mehr als seinen Namen und ein einziges Buch, *Über die Größen und Abstände von Sonne und Mond*.

Verschiedenen Quellen ist aber zu entnehmen, daß Aristarchos als erster ein heliozentrisches Weltbild vertrat. Nach seiner Theorie ist die Sonne eine unbewegliche Kugel in praktisch unendlicher Entfernung vom Himmel der Fixsterne. Um sie kreisen die Planeten einschließlich der Erde und ihres Satelliten. Darüber hinaus glaubte Aristarchos, daß sich die Erde einmal täglich um die eigene Achse dreht und diese Achse im Hinblick auf die Ebene der Erdbahn um die Sonne (Ekliptik) geneigt ist. Dieser Neigung schrieb Aristarchos den Zyklus der Jahreszeiten zu.

Alle Astronomiehistoriker stimmen überein, daß Aristarchos den Kern des heliozentrischen Systems vollständig erkannte und beschrieb. Dennoch wurde die Idee nicht akzeptiert; sie wurde sofort von hochangesehenen Gelehrten kritisiert und rasch beiseite gelegt. Abgesehen von Seleucos, einem nicht näher bekannten chaldäischen Astronom, wurde sie beinahe 2 000 Jahre lang nicht mehr aufgegriffen. Es ist zu beachten, daß zur Zeit von Aristarchos das ptolemäische System noch nicht ausgearbeitet war, weil Ptolemäus noch gar nicht geboren war und den *Almagest* erst zirka 300 Jahre nach dem Tod von Aristarchos schrieb. Es gab also keine im vorhinein feststehenden und wissenschaftlich begründeten Theorien. Die Astronomen waren prinzipiell völlig frei, den Weg des Heliozentrismus oder den des Geozentrismus zu wählen. Aber letzterer trug, obwohl falsch, den Sieg davon und wurde 1700 Jahre lang für richtig gehalten. Die Entscheidung für den Geozentrismus fiel, weil die wichtigsten Astronomen der Antike keinen guten Grund sahen, vom gesunden Menschenverstand abzuweichen.

Der erste, der sich dagegen auflehnte, war kein geringerer als Archimedes, Zeitgenosse von Aristarchos. Die Gründe seiner Feindseligkeit waren jedoch nicht astronomischer Natur. Er bestritt aus rein mathematischen Gründen die Dimensionen, die Aristarchos dem Universum zugeschrieben hatte. Seiner Meinung nach handelte es sich um ein zu großes, nahezu unendliches Universum, und dies erschien ihm absurd und monströs. Archimedes wollte mit dem Werk, in dem er die Theorie des Heliozentrismus angreift, beweisen, daß man immer noch eine größere Zahl als irgendeine bereits erdachte finden kann. Der große Mathematiker bewies dies mit großer Leichtigkeit, indem er Potenzen der Zahl 10 benutzte, um säuberlich Zahlengruppen oder -perioden von immer wachsender Größe aufzuschreiben. Die erste Periode begann etwa mit 10^8, d. h. 100 000 000, und endete mit $10^{800\,000\,000}$, eine Zahl mit 800 Millionen Nullen. Und damit, so gab Archimedes zu bedenken, war erst die erste Periode angeführt, mit der man noch bis zur Unendlichkeit weitermachen konnte. Seine Argumentation war streng, konnte aber leicht allzu abstrakt erscheinen. Daher benutzte er ein Beispiel, um die Vorstellungskraft seiner Leser anzuregen. Er erklärte, daß man mit seiner Methode ausrechnen könne, wie viele Sandkörner es im gesamten Universum gab. Daher wurde das Buch *Arenarium* genannt, von lateinisch *arena*, »Sand«.

Rasch errechnete er, daß 10^{63} Sandkörner ausreichen würden, um das ganze Universum zu füllen, selbst wenn man die größten damals vorstellbaren Ausmaße zugrundelegte. Das war eine Zahl, die sich noch am Anfang der ersten von ihm angeführten Zahlenperiode befand. Eben bei dieser Gelegenheit erwähnt Archimedes die Ideen von

Aristarchos. Nahm man das Verhältnis beim Wort, das dieser zwischen der Umlaufbahn der Erde um die Sonne und dem Durchmesser des Universums behauptet hatte (ein Punkt im Vergleich zu einer Linie), mußte man ja annehmen, das Universum sei unendlich, da eine Linie aus einer unendlichen Anzahl von Punkten besteht. In diesem Fall hätte Archimedes natürlich nie die Zahl der Sandkörner berechnen können, die es enthielt. Es ist jedoch offenkundig, daß Aristarchos nicht behaupten wollte, das Universum sei unendlich, sondern daß die Proportion zwischen dem Durchmesser des Universums (d. h. der Sphäre der Fixsterne) und der Umlaufbahn der Erde größer als jede Vorstellungskraft ist, beinahe vergleichbar mit dem Verhältnis einer Geraden zu einem ihrer Punkte.

Sicher ist, daß Archimedes die heliozentrische Theorie aus einem Vorurteil des gesunden Menschenverstandes ablehnte: Wie jeder x-beliebige Ungebildete konnte er sich nicht vorstellen, daß das Universum unendlich sein könnte, und allein schon die Idee machte ihm Angst. Die Abhängigkeit vom gesunden Menschenverstand war es auch, die Hipparchos von Nizäa und Ptolemäus, die wichtigsten Astronomen der Antike und Begründer des Geozentrismus, dazu veranlaßte, das heliozentrische Weltbild abzulehnen. Es handelte sich um derart kompetente und angesehene Gelehrte, daß sie das System von Aristarchos der Welt hätten aufzwingen können. Die kopernikanische Revolution wäre dann nicht mehr erforderlich gewesen. Statt dessen wandten sie sich gegen Aristarchos und lehnten den Heliozentrismus ab. Die Gründe, die Hipparchos zu diesem Schritt bewogen, sind uns nicht bekannt, aber die Forscher glauben, daß er als äußerst gewissenhafter und akkurater Beobachter bemerkte, daß man im Hinblick auf die Beobachtungen und Positionsmessungen der Gestirne zu großen Diskrepanzen gekommen wäre, wenn man die Sonne ins Zentrum des Universums setzte und annahm, daß die Planeten sie auf perfekt runden Umlaufbahnen umkreisen. Heute wissen wir, daß man nur das Vorurteil der perfekten Kreisförmigkeit der planetarischen Umlaufbahnen hätte aufgeben müssen, um diese Schwierigkeit zu überwinden. Aber dieser Schritt gelang nicht einmal Kopernikus und Galileo.

Ptolemäus dagegen nennt unumwunden die Gründe für seine Ablehnung des Heliozentrismus, ohne Aristarchos ausdrücklich zu nennen. Zuerst beweist er, daß sich die Erde exakt im Zentrum des Kosmos befindet, weil dies die einzige Möglichkeit sei, »das, was uns durch die Sinne erscheint«, korrekt zu interpretieren. Aus denselben Gründen dürfe man unter keinen Umständen annehmen, die Erde bewege sich. Nehmen wir einmal an, sagt Ptolemäus, die Erde stünde nicht still, sondern fiele aufgrund der Schwerkraft wie alle anderen schweren Objekte: »Sie ließe sie eindeutig alle hinter sich; da sie größer ist, würde sie schneller fallen und alle Tiere und die anderen schweren Körper blieben in der Luft hängen, während die Erde selbst mit großer Geschwindigkeit aus der himmlischen Sphäre herausträte. Allein schon der Gedanke ist lächerlich.« Zu ähnlichen Absurditäten kommt man, so fährt Ptolemäus fort, wenn man der Erde eine tägliche Rotationsbewegung um die eigene Achse zuschreibt. Man müßte zum Beispiel annehmen, daß ein Vogel, kaum daß er sich vom Ast eine Baumes erhoben hätte, mehrere Kilometer hinter diesem zurückbleiben würde und sich nicht wieder auf denselben Ast setzen könnte, weil der Baum der Erde in ihrer schnellen Drehung folgen muß. Drehte sich die Erde tatsächlich um die eigene Achse, so fiele ein Stein, den man von der Spitze eines Turmes fallen ließe, nicht zu Füßen des Turmes, sondern viele Kilometer hinter ihm zu Boden. »Aber wir sehen statt dessen«, kommentiert Ptolemäus, »eindeutig, daß sich alle diese Phänomene vollziehen, als hinge ihre Langsamkeit oder ihre Schnelligkeit nicht im geringsten von der Bewegung der Erde ab.«

Wie man sieht, bedient sich Ptolemäus nicht scharfsinniger Argumente, sondern verweist auf Beobachtungen, die jeder machen kann, d. h. er appelliert an den gesunden Menschenverstand. Der gesunde Menschenverstand, sagt er, zeigt uns eindeutig, daß es die Erde ist, die ins Zentrum des Universums gehört und nicht die Sonne, und daß ihr keinerlei Drehbewegung zugeschrieben werden kann. Ein recht bekannter Physiker, James Jeans, schrieb darüber in einer kurzen Geschichte seiner Disziplin:

»Mit dem sogenannten gesunden Menschenverstand des stumpfen Spießers, dem jeder Funken Vorstellungskraft fehlt, fand er es schlicht absurd, daß ein riesiger Körper wie die Erde nichts als ein winziger Bruchteil des Universums sein könnte und konnte erst recht nicht glauben, daß etwas so Großes und Schweres sich bewegt.«

Der Appell an den gesunden Menschenverstand stellte auch im Falle Galileis ein grundlegendes Element der wissenschaftlichen Debatte für und wider den Kopernikanismus dar. Er war sogar anfänglich die einzige Basis einer Polemik, in der die Religion noch keinerlei Rolle

Wissenschaft und gesunder Menschenverstand

spielte. Aber mehr noch als ein Astronom war Galilei Physiker, der erste wirkliche Physiker der Wissenschaftsgeschichte, und zwar, weil er den ursprünglichen Kern der Physik, die Dynamik, d. h. die Wissenschaft von der Bewegung, auf streng rationale und experimentelle Grundlagen stellte. Im Unterschied zu Aristarchos also war er in der Lage, auf Einwände wie diejenigen von Ptolemäus zu antworten und scheinbare und echte Folgen der Erdbewegung wissenschaftlich zu erklären. Ptolemäus behauptete, daß Bäume, Tiere, Menschen, Häuser und ganze Städte durch die Zentrifugalkraft in den Raum geschleudert würden, wenn sich die Erde wirklich um die eigene Achse drehen würde. Galilei antwortete, daß die Erde sich wirklich mit großer Geschwindigkeit um die eigene Achse dreht, aber alle Objekte durch die Schwerkraft (deren Gesetz er einige Jahre zuvor gefunden hatte, noch bevor er sich von der Gültigkeit des kopernikanischen Systems überzeugte) fest an ihrem Platz bleiben.

Ptolemäus meinte, Objekte, die man von oben fallen ließe oder Pfeile, die man abschoß, würden schnell überholt und hinter denjenigen zurückfallen, von dem sie kommen. Galileo antwortete, daß dies nicht geschehe, weil sich der Stein bis zu dem Moment, in dem er fallengelassen wird, mit derselben Geschwindigkeit bewegt wie die Erde und aufgrund des Trägheitsprinzips diese Geschwindigkeit auch nach dem Beginn des Falls bewahrt. Er fällt also nicht senkrecht, sondern in einer parabolischen Flugbahn, die aus der Verbindung zweier Bewegungen entsteht: der Erddrehung und der Beschleunigung durch die Schwerkraft. Im Ergebnis fällt der Stein genau zu Füßen des Turmes, mit einer Flugbahn, die uns senkrecht erscheint.

Nachdem Galilei diese schwierigeren Probleme gelöst hatte, konnte er auch mit jenen wenig intelligenten Zeitgenossen seinen Spott treiben, die sich fragten, warum wir denn, wenn sich die Erde wirklich bewegt, »nicht die Wucht eines beständigen Windes spüren, der uns mit einer Schnelligkeit verletzt, die größer als 2529 Meilen in der Stunde ist«. »Dieser Herr«, kommentiert Galileo, »hat vergessen, daß wir uns nicht weniger als die Erde und die Luft drehen und immer von demselben Teil der Luft berührt werden, die uns somit nicht verletzt.« Galilei begriff auch, woran es beim gesunden Menschenverstand insgesamt haperte. Dieser ließ nämlich ein fundamentales physikalisches Prinzip außer acht: die Relativität (die darum Galileische genannt wird). Befindet man sich im Inneren eines Systems, ist es danach nicht möglich herauszufinden, ob man stillsteht oder sich bewegt, so viele Experimente man auch über die Bewegung der Objekte in diesem System anstellt.[8]

»Schließt Euch in Gesellschaft eines Freundes in einem möglichst großen Raum unter dem Deck eines großen Schiffes ein. Verschafft Euch dort Mücken, Schmetterlinge und ähnliches fliegendes Getier; sorgt auch für ein Gefäß mit Wasser und kleinen Fischen darin; hängt ferner oben einen kleinen Eimer auf, welcher tropfenweise Wasser in ein zweites enghalsiges daruntergestelltes Gefäß träufeln läßt. Beobachtet nun sorgfältig, solange das Schiff stillsteht, wie die fliegenden Tierchen mit der gleichen Geschwindigkeit nach allen Seiten des Zimmers fliegen. Man wird sehen, wie die Fische ohne irgendwelchen Unterschied nach allen Richtungen schwimmen; die fallenden Tropfen werden alle in das untergestellte Gefäß fließen. Wenn Ihr Euerem Gefährten einen Gegenstand zuwerft, so braucht Ihr nicht kräftiger nach der einen als nach der anderen Richtung zu werfen, vorausgesetzt, daß es sich um die gleiche Entfernung handelt. Wenn Ihr, wie man sagt, einen Schlußsprung macht, werdet Ihr nach jeder Richtung hin gleich weit gelangen. Achtet darauf, Euch aller dieser Dinge sorgfältig zu vergewissern, wiewohl kein Zweifel besteht, daß bei ruhendem Schiff alles sich so verhält. Nun laßt das Schiff mit beliebiger Geschwindigkeit sich bewegen: Ihr werdet – wenn nur die Bewegung gleichförmig ist und nicht hier- und dorthin schwankend – bei allen genannten Erscheinungen nicht die geringste Veränderung eintreten sehen. Aus keiner derselben werdet Ihr entnehmen können, ob das Schiff fährt oder stillsteht.«

Mit der Feststellung dieses Prinzips versetzte Galilei dem gesunden Menschenverstand und der auf ihn gründenden Philosophie und Astronomie den Todesstoß und löste nicht nur eine Revolution in der Astronomie, sondern eine kulturelle Revolution aus. So konnte er über Ptolemäus spotten und ihn wegen seiner geozentrischen Theorie mit einem Bauern vergleichen, der auf einen Kirchturm steigt, »um sich seine Stadt und ihre Umgebung anzusehen und darum bittet, das ganze Land um ihn herum zu drehen, damit er nicht die Mühe hätte, seinen Kopf zu bewegen«.

Wer verurteilte Galileo?

Die Beherrschung der Prinzipien der Dynamik verschaffte Galilei also eine klare Überlegenheit über die zeitgenössischen Wissen-

Wissenschaft und gesunder Menschenverstand

schaftler, die versuchten, das ptolemäische System gegen den vorrükkenden Kopernikanismus zu verteidigen. Die unvermeidliche Konfrontation mußte zumindest auf der wissenschaftlichen Ebene notwendig zu seinen Gunsten ausgehen, auch wenn Galilei nicht in der Lage war, einen endgültigen Beweis des kopernikanischen Systems zu liefern, da er noch nicht wußte, welche Kraft die Erde bewegte und darüber hinaus dem alten Vorurteil treu blieb, die Umlaufbahnen der Erde und der anderen Planeten um die Sonne seien streng kreisrund. Nach der Erfolglosigkeit von Aristarchos und der mangelnden Aufmerksamkeit für Kopernikus konnte Galilei also endlich den Heliozentrismus durchsetzen. Aber trotz allem gelang ihm dies nicht gleich zu Lebzeiten. Gewöhnlich wird die Kirche für diesen Mißerfolg verantwortlich gemacht, die trotz ihrer Inkompetenz in der Sache den Heliozentrismus mit einer nicht nur wissenschaftlich falschen, sondern auch theologisch gewagten und kompromittierenden Entscheidung als ketzerische Theorie verurteilte. Nach der Demütigung einer öffentlichen Abschwörung wurde Galilei »als dringend der Ketzerei Verdächtigter« unter Hausarrest gestellt, eine Kompromißformel, die den Scheiterhaufen für den »Schuldigen« vermied.

Historische Untersuchungen haben jedoch ergeben, daß es eine Gruppe von Gelehrten aus Pisa und Florenz war, welche die fatale Konfrontation Galileos mit der Kirche betrieb. Da man ihm nicht auf wissenschaftlichem Gebiet entgegentreten konnte, war dieser Schritt die letzte Chance, dem Kopernikanismus Einhalt zu gebieten. Die Feindseligkeit der Wissenschaftsgemeinde gegenüber Galilei war zumindest anfänglich allgemein. Sein Freund Paolo Gualdo schrieb ihm 1612 aus Padua:

>»Ich habe bisher weder einen Philosophen noch einen Astrologen gefunden, der Eure Meinung unterschreiben wollte, daß sich die Erde drehe. Überlegt daher wohl, bevor Ihr sie als wahr publizieret.«

Die erbittertsten Gegner kamen jedoch aus Pisa und Florenz: Giorgio Coresio, Professor für Griechisch an der Universität von Pisa, Vincenzo di Grazia, Philosophieprofessor, sowie Arturo Pannocchieschi, Rektor derselben Universität. Ein weiteres wichtiges Mitglied der Gruppe war Cosimo Boscaglia, zuerst Logik-, später Philosophieprofessor in Pisa, den Ferdinand I. und Cosimo II. de' Medici sehr schätzten. Der hitzigste unter ihnen war jedoch ein Amateur-Philosoph aus

Florenz, Lodovico delle Colombe, der von einem Zeitgenossen als »groß, mager, schwärzlich und von unangenehmer Physiognomie« beschrieben wurde. Galilei nannte ihn Pippione, was im Toskanischen sowohl *piccione* (»Taube«) als auch *coglione* im doppelten Sinne meinte, d. h. wörtlich »Hode« und im übertragenen Sinn »Dummkopf«. Die ganze Gruppe bezeichnete er daher in seinen Briefen als »Liga von Piccone«. Der Treffpunkt dieser »Böswilligen und Neider«, wie sie Lodovico Cigoli nannte, ein Freund Galileis, war das Haus des Florentiner Erzbischofs Marsimedici, wo sich manchmal zwei Dominikanerbrüder zu ihnen gesellten: Nicolò Lorini und Tommaso Caccini.

Die Gründe für die Feindseligkeit dieser »Liga« Galilei gegenüber waren vielfältig. Vor allem demütigte sie ihre eigene Unfähigkeit, seinen Argumenten gegen das ptolemäische System und die aristotelische Philosophie zu begegnen, fühlten sie sich doch als Garanten und Wächter ihrer Gültigkeit. Galileis Argumentationsweise war darüber hinaus viel logischer, rationaler und klarer als ihre und außerdem noch witzig und scharfsinnig: Er machte sich einen Spaß daraus, sie mit den Paradoxen ihrer Behauptungen zu blamieren und lächerlich zu machen. Neben diesen wissenschaftlichen und psychologischen Gründen gab es jedoch auch persönlichen Neid. Die aufsehenerregenden Ergebnisse der Beobachtungen, die durch das Fernrohr möglich wurden, und die Veröffentlichung der *Nachricht von neuen Sternen* (*Sidereus Nuncius*) hatten Galileo schnell berühmt gemacht, so daß er Vorzugsbedingungen für seine Rückkehr von der Universität von Padua nach Pisa verlangen konnte. Um für die Forschung frei zu sein, hatte er keinerlei Lehrverpflichtung: Sein Gehalt jedoch wurde aus den Mitteln der Universität bezahlt, ein Einkommen, daß noch dazu höher als das der anderen Professoren war, die in Pisa nicht nur lehren, sondern dort auch wohnen mußten. Dagegen war Galilei auch von dieser Verpflichtung ausgenommen. Diese und andere Privilegien für jemanden, der sich so direkt gegen die wissenschaftliche Orthodoxie der Zeit wendete, erschienen der akademischen Welt Pisas völlig ungerechtfertigt.

Die beträchtliche Mißgunst, die er weckte, wurde zur entscheidenden Triebfeder für Beginn und Verlauf von Galileis persönlichem Drama. Nachdem es sich als unmöglich erwiesen hatte, ihn mit wissenschaftlichen Argumenten zu fassen, entschlossen sich seine Gegner, theologische Gründe zu benutzen. Sie bestanden im wesentlichen darin, die ketzerische Natur jeder Theorie zu beweisen, welche

Wissenschaft und gesunder Menschenverstand　　189

die Unbeweglichkeit der Sonne und die Beweglichkeit der Erde behauptete, da dies im Widerspruch zur Bibel stand. Diese Argumentation taucht zum erstenmal zwischen Ende 1610 und Anfang 1611 in einer Doktorarbeit mit dem Titel *Contro il moto della Terra* (»Wider die Erdbewegung«) auf, die Lodovico delle Colombe als Manuskript in Umlauf brachte. Der Angriff ging den abgesprochenen mündlichen und schriftlichen Attacken Lorinis und Caccinis voraus, eine Art Verschwörungsplan, auf den bereits Galilei hinwies und den Giorgio de Santillana in einem berühmten Buch rekonstruiert hat. Nach diesem Plan sollte Galileo provoziert werden, zur Beziehung zwischen kopernikanischer Theorie und Heiliger Schrift Stellung zu beziehen, um die Aufmerksamkeit der Theologen darauf zu lenken, daß die Kopernikaner die verschiedenen Bibelstellen, die dem gesunden Menschenverstand gemäß klar besagen, daß sich die Sonne bewegt und die Erde stillsteht, notwendigerweise nicht wörtlich interpretieren durften. Zu Beginn des Buches Kohelet heißt es etwa: »Ein Geschlecht geht und ein Geschlecht kommt, die Erde aber bleibt ewig stehen. Die Sonne geht auf und die Sonne geht unter, und ihrem Ort strebt sie zu und geht dort wieder auf.« Dann gab es die berühmte Stelle im Buch Josua, die vom Wunder des Sonnenstillstandes berichtete, das Gott auf die drängende Bitte Josuas bewirkte:

»Sonne, bleib stehen über Gibeon / und du, Mond, über dem Tal von Ajalon! / Und die Sonne blieb stehen, / und der Mond stand still / bis das Volk an seinen Feinden Rache genommen hatte.«

Wenn die Kopernikaner recht hatten, gab es zwei Möglichkeiten: Entweder man räumte ein, daß die Bibel eine falsche Theorie über die Einrichtung des Universums vertrat, oder diese Stellen mußten neu interpretiert werden. Man mußte also annehmen, daß Josua im Vertrauen auf den gesunden Menschenverstand und ohne ein Astronom zu sein, Gott gebeten hatte, die Sonne anzuhalten, und daß dieser die Rotationsbewegung der Erde angehalten oder verlangsamt hatte, um das gewünschte Wunder zu bewirken. Die Situation war tatsächlich sehr peinlich für die Kirche, die dem Problem gerne aus dem Weg gegangen wäre. Aber das Aufsehen, das die »Liga« verursachte, zwang sie dazu, Position zu beziehen.

Galilei begriff, daß er sich der Frage annehmen mußte, wenn er dem Kopernikanismus zum Triumph verhelfen wollte, und übernahm mit Hilfe von zwei Priestern, die seine Schüler waren, Benedetto Castelli (der auch ein hervorragender Mathematiker war) und einem Barnabiter-Bruder, die Rolle des Theologen. In zwei Briefen, die allgemein als die »Kopernikanischen Briefe« bekannt sind, fand er einen Ausweg, der nicht nur in diesem besonderen Fall, sondern auch in Zukunft dazu dienen konnte, Gegensätze und Widersprüche zwischen Glaubenswahrheit und wissenschaftlicher Wahrheit zu vermeiden. Es ging schlicht darum einzuräumen, daß die Bibel in vielen Fällen, und besonders im Hinblick auf wissenschaftliche Fragen, nicht wörtlich genommen werden konnte. Seine Argumentation war simpel und eingängig: Es kann nur eine Wahrheit geben, aber sie ist in zwei verschiedenen Büchern niedergeschrieben, in der Bibel und in der Natur, die zwei ebenso verschiedene Sprachen sprechen. Die Bibel ist für den Menschen geschrieben und zielt im wesentlichen darauf ab, ihn moralisch anzuleiten, bewußt und mit heiterer Gelassenheit sein Leben zu leben. Das Buch der Natur dagegen enthält keine Wahrheiten moralischer Art, sondern nur getreue Beschreibungen natürlicher Phänomene, die in einer technischen Sprache dargelegt sind: der Mathematik. Das Verständnis der Gesetze der Natur verlangt also andere als theologische Fähigkeiten: Man muß ein guter Mathematiker, aber auch ein guter Experimentator sein, mit anderen Worten: Man muß Wissenschaftler sein. Entdeckt die Wissenschaft Gesetze oder Phänomene, so die Folgerung Galileis, die in der Schrift anders dargestellt sind, so dürfen die Theologen, da sie nicht kompetent sind, die Schlüsse der Wissenschaftler nicht bestreiten, sondern müssen sie zur Kenntnis nehmen und sich beeilen, die heiligen Texte neu zu interpretieren.

Der Gedankengang war plausibel und überzeugend. Im übrigen war das Prinzip der nicht-wörtlichen Interpretation bereits von verschiedenen Kirchenvätern benutzt worden, darunter Augustin, und wurde später, im Jahre 1893, mit einer entsprechenden Enzyklika von Papst Leo XIII. endgültig abgesegnet. Aber die Dinge waren nicht so einfach, wie es auf den ersten Blick schien. Es gab ein Problem, das den Gegensatz zwischen Wissenschaftlern und Theologen (bis heute) unausweichlich machte: Bevor man die Interpretation eines Passus aus der Heiligen Schrift ändert oder, noch allgemeiner, bevor man ein moralisches Prinzip aufgrund eines wissenschaftlichen oder technischen Fortschritts aufgibt, ist es klug und ratsam, sich zuerst der Ver-

Wissenschaft und gesunder Menschenverstand

läßlichkeit und Dauerhaftigkeit der neuen wissenschaftlichen Anschauung zu versichern. Nun ist die wissenschaftliche Wahrheit fehlbar, sie bietet keine endgültige Wahrheit. Sie unterscheidet sich vielmehr von der Magie wie von der Religion gerade durch ihre Fähigkeit, die eigenen Prinzipien ständig zu modifizieren und durch die Revision alter Ideen Fortschritte zu erzielen. Zu Recht möchte der Theologe nicht zum Handlanger des Wissenschaftlers werden und Gefahr laufen, übereilt eine Theorie zu bestätigen, die von der Wissenschaftsgemeinde morgen als falsch verworfen oder zumindest verändert werden könnte. Wenn er seine Meinung ändern muß, dann will er dafür gute Gründe haben und diese selbst beurteilen.

Im Falle Galileis zum Beispiel haben auch die Wissenschaftler immer eingeräumt, daß er nicht in der Lage war, einen endgültigen Beweis für die Richtigkeit des kopernikanischen Systems zu erbringen, da der Beweis, den er für sicher hielt (die Erklärung der Gezeiten), gar nicht stimmte und auch seinen Zeitgenossen falsch erschien. Unter diesem Gesichtspunkt war die Haltung der Theologen vorsichtiger als die Galileis: Zuerst die Beweise, sagten sie im Grunde, und dann die Revision der Theologie.

Hier war eine Einigung möglich, und wirklich kam man auf dieser Basis 1615 zu einer provisorischen Lösung, beim sogenannten »ersten Prozeß« von Galilei. In Wirklichkeit handelte es sich um eine geheime Untersuchung, eine Art theologisches Gutachten aufgrund einer Anzeige Tommaso Caccinis, in dessen Verlauf Galilei nicht einmal mit einer Befragung belästigt wurde. Die Kommission des Heiligen Offiziums verfügte damals am Ende ihrer Arbeit, daß die heliozentrische Theorie aus theologischer Sicht falsch sei. Aber zu Galilei persönlich, der sie nun sogar öffentlich vertrat, äußerte sie sich nicht. Der Wissenschaftler, gegen den sich die Anzeige richtete, wurde also weder freigesprochen noch verurteilt. Statt dessen wurde er am 26. Februar 1615 in das Haus des Kardinals Bellarmino bestellt, der nicht Mitglied der Kommission, aber der eigentliche Inspirator der Kirchenlinie war. Im Verlauf des Gesprächs, das nach Bellarminos Absicht freundlich sein sollte, aber aufgrund der Unnachgiebigkeit des anwesenden Generalkommissars des Heiligen Offiziums, Michelangelo Segizzi, in gespannter Atmosphäre verlief, wurde Galileo mitgeteilt, daß die Kirche die heliozentrische Theorie für ketzerisch hielt. Er wurde aufgefordert, sie von nun an lediglich als Hypothese zu betrachten.

Dies brachte die Angelegenheit zumindest vorläufig wieder in Ordnung. Wenn der Heliozentrismus nur eine Hypothese war, gab es keinen Grund, sich mit einer Neuinterpretation der Bibel zu beeilen. Mehr oder weniger ausdrücklich gab man außerdem zu, daß die von Galilei vorgeschlagene Lösung für Fälle erwiesener Widersprüchlichkeit zwischen Bibel und Wissenschaft gültig war. Für den Moment war die Sache beigelegt: Die Theologen hatten zweifellos einen Fehler begangen, als sie ein wissenschaftliches Urteil über den Heliozentrismus aussprachen, aber sie wollten auch nicht das Spiel von Galileos Feinden mitmachen. Galilei sollte in der Sache seine Forschungsfreiheit behalten und auch weiterhin die Möglichkeit haben, sich auf streng wissenschaftlicher Ebene mit seinen Kollegen auszutauschen.

Unter der scheinbaren Beweglichkeit verbarg sich jedoch eine weit unnachgiebigere Position. Bellarmino, der mit Sicherheit kein wissenschaftliches Genie war (und seine Heiligsprechung wohl nicht verdient hat, da er verschiedene Todesurteile wegen Ketzerei auf dem Gewissen hatte, nicht zuletzt gegen Giordano Bruno), war dennoch gewandter und gebildeter als Galilei. Er war vielleicht ein zu strenger Theologe, aber seine Klarsichtigkeit könnte bei vielen Kirchengelehrten noch heute Neid erwecken. Wollte man nicht die theologischen Grundlagen der Religion ernstlich schädigen, so meinte er, mußte man daran festhalten, daß auch in wissenschaftlichen Fragen das letzte Wort dem Theologen gebührte. Dies aufgrund eines sehr einfachen Prinzips: Im Guten wie im Schlechten ist die Bibel das Werk des Heiligen Geistes und daher trägt die Unterscheidung zwischen Fragen des Glaubens und wissenschaftlichen Fragen nicht. Alles ist eine Glaubensfrage. Was in der Bibel steht, so sagte Bellarmino mit einer ein wenig scholastischen lateinischen Formel, ist »so es nicht Gegenstand des Glaubens *ex parte objecti* ist [d. h. mit Blick auf das Objekt oder das Argument], Gegenstand des Glaubens *ex parte dicentis* [d. h. in Anbetracht des Sprechenden, also des Heiligen Geistes]«.

Alle Kommentatoren – Laien ebenso wie Katholiken – finden heute diese Position allzu unnachgiebig. So gilt Bellarmino, zumindest was die theoretische Rechtfertigung angeht, noch heute als Hauptverantwortlicher der unglücklichen Verurteilung Galileis beim zweiten Prozeß, obwohl der Theologe zu jener Zeit bereits tot war. Die Kirche hat diese Kritik jedoch nie anerkannt. Sogar in den Dokumenten, in denen sie nach landläufiger Meinung Abbitte geleistet

Wissenschaft und gesunder Menschenverstand 193

und Galilei rehabilitiert hat, hat sie in Wirklichkeit immer die Position Bellarminos bestätigt. Nehmen wir zum Beispiel die Enzyklika *Providentissiumus Deus* von Leo XIII. Dort steht:

»Es kann keinen wirklichen Widerspruch zwischen dem Theologen und dem Gelehrten der Naturwissenschaften geben, solange sich der eine wie der andere auf sein Gebiet beschränkt und nach der Ermahnung des Heiligen Augustinus ›weder Verwegenes behauptet noch Sicheres als unsicher hinstellt‹.«

Die Fälle möglicher Widersprüche können nach der Enzyklika gelöst werden, genau wie es Galilei vorgeschlagen hatte:

»Sollte es zu einer Meinungsverschiedenheit kommen, gibt derselbe Heilige bündig die Regeln, wie sich der Theologe in solchen Fällen verhalten soll: ›Es ist unsere Aufgabe zu zeigen, daß alles, was die Physiker im Hinblick auf die Natur der Dinge mit sicheren Dokumenten beweisen können, auch nicht unserer Schrift widerspricht.‹«

Der Theologe muß also bereit sein, die Schrift neu zu interpretieren, um der Entwicklung des wissenschaftlichen Wissens zu folgen. Genau diese Auffassung vertrat Galilei. Aber wie zu erwarten, gibt es einen Nachsatz, der die Lage komplett verändert: Das Augustin-Zitat weiterführend, fährt die Enzyklika fort:

»»Was sie dann in ihren Schriften als widersprüchlich zum katholischen Glauben präsentieren sollten, erweisen wir entweder mit irgendeinem Argument als falsch, oder wir glauben ohne jedes Zögern, daß es falsch ist‹.«

Im Falle also, daß sich der Theologe wissenschaftlichen Feststellungen gegenübersieht, die für ihn in Widerspruch zu Glauben und Moral stehen, ist er nicht nur autorisiert, sondern geradezu aufgefordert, sie als falsch zu verurteilen, unabhängig von ihrer wissenschaftlichen Gültigkeit.

In dieser Form könnte die offizielle Position der Kirche nicht nur als zu starrsinnig, sondern auch als unkritisch und dumm erscheinen. Betrachtet man jedoch, wie sie in jüngerer Zeit Papst Wojtyla in zwei Vorträgen zur Eröffnung (10. November 1979) und zum Abschluß (31. Oktober 1992) des Rehabilitierungsprozesses für Galilei ausgedrückt hat, erscheint sie in einem ganz anderen Licht. Zumindest aus moralischer Sicht nämlich scheint sie in dieser Form begründet, wenn sie auch nicht ganz überzeugen kann. Ausgehend von der unbestreitbaren Feststellung, daß »der Mensch heute immer von dem be-

droht zu sein scheint, was er produziert«, und mit dem von allen ge-
teilten Wunsch, daß »der Mensch aus diesem Drama, das zur Tragö-
die zu werden droht, siegreich hervorgehen, seine authentische Kö-
nigswürde über die Welt und die volle Beherrschung der Dinge, die
er produziert, wiedererlangen muß«, ist Johannes Paul II. der Meinung, daß dies nur gelingen kann, wenn man »die Priorität der Ethik
über die Technik, das Primat der Person über die Dinge, die Überlegenheit des Geistes über die Materie« bekräftigt. Im Kern sagt der
Papst, wie nicht anders zu erwarten, daß der einzige Heilsgarant des
Menschen die Religion ist: Sie ist das Kriterium für die Bewertung
von technischen Eingriffen, die durch die Wissenschaft möglich geworden sind.

In dieser Weise formuliert erscheint die Auffassung weniger dog-
matisch und anstößig als bei Bellarmino oder Papst Leo XIII. Vor allem verlagert sich hier das Gewicht von der Wissenschaft auf die
technische Anwendung wissenschaftlicher Entdeckungen. So ist es
beispielsweise möglich, den Einsatz von Atomwaffen zu verurteilen,
ohne Fermi, Oppenheimer und die anderen zu exkommunizieren.
Zweitens spiegelt die Meinung von Johannes Paul II. die verbreitete
Skepsis gegenüber dem technischen und wissenschaftlichen Fortschritt. Sie bildet den kleinsten gemeinsamen Nenner der Umwelt-,
Friedens- und Tierschutzbewegung sowie aller Menschen, die der
technischen Zivilisation den Rücken kehren und wieder nach mystisch-religiösen Werten leben wollen. Hier geht es weniger um ein
kohärentes Ideengefüge als um eine kulturelle Haltung, die allgemein
als progressiv definiert werden kann und ihren Ursprung in der 68er-
Bewegung hat. Sie findet sich auch in allen »Bewußtwerdungs«-
Gruppen und in den sozialen Forderungen von Randgruppen, vom
Feminismus und der Schwulenbewegung bis hin zu Initiativen zur
Verteidigung der Rechte kranker Menschen. Die Linie der Kirche
scheint weitgehend mit dieser progressiven Ideologie zusammenzuge-
hen und wirkt nur ein bißchen streng und rückschrittlich in ihren Positionen zur Ehescheidung oder in sexuellen Fragen, beim Problem
der Geburtenkontrolle oder bei der Bio-Ethik. Heute also könnten
die Argumente Bellarminos vielen sogar vernünftiger und überzeu-
gender erscheinen als im Jahre 1615.

Der Kern der Frage hat sich jedoch nicht verändert. Die Kirche
glaubt sich verpflichtet, den Wert und die Integrität des menschli-

chen Lebens zu schützen. Daher will sie in letzter Instanz über das Schicksal des Individuums und der Gesellschaft entscheiden. Der einzige grundlegende Unterschied seit den Zeiten Galileis ist, daß die Kirche ihre weltliche Macht verloren hat und folglich keine wirkliche Kontrolle mehr ausüben kann, um jene als Ketzer zu marginalisieren oder zu beseitigen, die nicht errettet werden wollen und sich gegen ihren Herrschaftswillen auflehnen. Unglücklicherweise war im 17. Jahrhundert die weltliche Macht der Kirche noch sehr stark und der Papst jener Zeit, Urban VIII., konnte sich der Versuchung nicht erwehren, sie einzusetzen. Die eher zufälligen Gründe, die zum zweiten und entscheidenden Prozeß gegen Galilei führten, erscheinen in dieser Hinsicht sogar allzu prosaisch und persönlich. Ob zufällig oder aus gedankenloser Arroganz: Galilei hatte bei der Abfassung seines *Dialog über die beiden hauptsächlichsten Weltsysteme* Papst Urban VIII. beleidigt, der ihm gegenüber immer großes Wohlwollen bewiesen hatte. Der Gelehrte hatte die Ansichten des Papstes Simplicio in den Mund gelegt, dem Charakter, der im Dialog, wenn schon nicht den Dummkopf, so doch den Unwissenden spielt. Im Frontispiz des Buches waren zudem drei Delphine abgebildet, die als Anspielung auf die übertriebene Vetternwirtschaft des Papstes gedeutet werden konnten. Es ist wahrscheinlich, wenn auch nicht ganz bewiesen, daß zwei Jesuiten, Pater Grassi und Pater Scheiner, aufgrund persönlicher Ressentiments daraufhin den Prozeß gegen Galilei provozierten.

Die Suche nach Beweisen war langwierig und von wechselndem Geschick. Möglicherweise brachten die Ankläger auch gefälschte (oder jedenfalls legal ungültige) Dokumente ins Spiel. Trotz allem suchte man bald erneut eine Kompromißformel, doch leider machte Galilei in dieser Phase Fehler, die den unnachgiebigen Flügel des Gerichtes verärgerten. Am 22. Juni 1633 fällte es auf Druck des Papstes sein Urteil. Drei Richter blieben in offenkundiger Mißbilligung der Urteilsverkündung fern.

Es handelte sich um eine offensichtlich ungerechte Verurteilung und einen schweren Fehler, wie Johannes Paul II. endgültig richtigstellen wollte. Bis heute ist diese verwickelte und unglückliche Geschichte nicht ganz geklärt. Vor allem ist unklar, welche Lehren aus ihr zu ziehen sind. Zunächst springt ins Auge, daß Galilei zuerst von der Wissenschaft und erst dann von der Kirche verurteilt wurde. Es handelte sich also um zwei Verurteilungen aus unterschiedlichen

Motiven, die aber beide mit dem Wunsch verbunden waren, den gesunden Menschenverstand so weit wie möglich zu schützen. Die Wissenschaftler wollten sich nicht von den Gewißheiten des gesunden Menschenverstandes trennen, weil diese von Aristoteles und Ptolemäus in eine Theorie integriert worden waren, die alle für absolut sicher und unangreifbar hielten. Die Theologen ihrerseits verteidigten den gesunden Menschenverstand, weil die Bibel ihn zu bestätigen schien, wenn man sie wörtlich nahm. Es muß jedoch betont werden, daß die Geistlichen konzilianter waren. Für sie war es im Grunde wichtiger, die Unabhängigkeit und den Vorrang des ethisch-religiösen Urteils auch in wissenschaftlichen Fragen zu bekräftigen, als den gesunden Menschenverstand zu verteidigen. Die Theologen hatten also bereits verstanden oder ahnten, daß die Wissenschaft für den Menschen ein Risiko darstellen konnte, und wollten (indem sie das Primat der Theologie verteidigten) vor allem das Vorrecht bekräftigen, den Fortschritt, den die Wissenschaft für Wissen und Technik verhieß, moralisch zu beurteilen, um die Gefahr abzuwehren. Geirrt haben sich also nicht nur die Theologen, sondern auch die Wissenschaftler, und sowohl die einen wie die anderen konnten etwas aus dem begangenen Fehler lernen. Während die Kirche, wenngleich mit großer Verspätung, ihre Verantwortung eingestanden und, soweit möglich, ihre Haltung korrigiert hat, war die Wissenschaft leider bis heute nicht in der Lage, es ihr gleichzutun.

Religiöse Toleranz und wissenschaftliche Intoleranz

Aus dem Fall Galilei hat die Kirche eine wichtige Lehre gezogen: daß es weder richtig noch klug ist, Wissenschaftlern den Mund zu verbieten, wenn sie Dinge behaupten, die religiösen Überzeugungen widersprechen. Man geht das Risiko ein, Beweise zu leugnen und die Fundamente der Religion auszuhöhlen. Es ist besser, sie zu tolerieren und der Wissenschaft und den Wissenschaftlern die größte Freiheit zu lassen, sie aber auch für ihr Tun in die Verantwortung zu nehmen. Gelangen sie zu Folgerungen, die sich mit Glauben oder Moral nicht vereinbaren lassen, ist es nutzlos, die wissenschaftliche Gültigkeit ihrer Arbeit zu bestreiten und zu sagen, wie es die Richter Galileis fahrlässig taten, der Heliozentrismus sei sowohl wissenschaftlich als auch logisch Ketzerei. Ob eine Theorie wissenschaftlich richtig oder falsch ist, kann nur die Wissenschaft beurteilen, die dabei jedoch manchmal beträchtliche Schwierigkeiten hat und viel Zeit braucht. Die Theologen haben aber, wie Augustin bekräftigte, jedes Recht, aus theologischen oder moralischen Gründe auch Theorien abzulehnen, die wissenschaftlich als wahr gelten.

Bei schwierigen Problemen dieser Art ist daher jede Glaubensgemeinschaft gut beraten, sich Zeit zu lassen und erst dann offiziell Stellung zu beziehen, wenn die Dinge hinreichend klar sind. An diesem Punkt kann die neue Theorie so weit wie möglich (wenn überhaupt) in den Korpus religiöser Überzeugungen integriert werden. Andernfalls muß man ganz offen zugeben, wo eine Theorie, so wissenschaftlich plausibel und gesichert sie sein mag, gegen grundlegende Prinzipien und Werte verstößt und folglich aus moralischen Gründen abzulehnen ist. Das Problem des Gegensatzes von Religion und Wissenschaft wird nicht gelöst, weil es wie alle großen Probleme keine Lösung zuläßt, aber wenigstens wird der frontale Konflikt vermieden. Der größte Vorteil dieser vorsichtigen Haltung ist paradoxerweise gerade, das Problem nicht zu lösen, sondern es ständig neu aufzuwerfen, und dabei den Dialog und die dialektische Auseinandersetzung offenzuhalten. Obwohl sie nicht mehr hoffen können, ihre alte Einheit wiederherzustellen, haben Wissenschaft und Religion einander nötig. Ihre ständige Auseinandersetzung ist nämlich einer der grundlegenden Wachstumsmechanismen der Zivilisation. Aus dem Fall Galilei hat die Kirche mithin gelernt, das Recht der Wissenschaft zu respektieren und sich von gleich zu gleich offen mit ihr auseinanderzusetzen, ohne zu irgendeiner Form von Gewalt zu greifen.

Auch die Wissenschaft hätte aus diesem Fall eine ähnliche Lehre ziehen sollen: nicht so sehr, die Religion zu achten (die sich schon selbst zu ihrem Recht verhilft), als vielmehr neue und revolutionäre wissenschaftliche Ansichten von Minderheiten wie diejenigen Galileis zu Beginn des 17. Jahrhunderts zu respektieren. Noch deutlicher formuliert, hätte die Wissenschaftsgemeinde lernen müssen: a) daß die Verteidigung des gesunden Menschenverstandes ganz verfehlt und kontraproduktiv war; b) daß jede wissenschaftliche Theorie Gefahr läuft, sich in eine entwickelte Form des gesunden Menschenverstandes oder in ein Vorurteil zu verwandeln (und fast immer so endet); c) daß es erforderlich ist, wie die Kirche eine Strategie zu formulieren, die einen Wiederholungsfall in Zukunft ausschließt. Gerade weil die Wissenschaft dies nicht verstanden hat, muß sie heute das Problem der Häresie, das sie lange Zeit für ein äußeres Problem hielt, bei dem sie selbst nur als Opfer vorkam und nicht als Täter, in ihren eigenen Reihen angehen und lösen. Die wissenschaftliche Orthodoxie ist heute aufgerufen, die gleiche Offenheit für den Dialog zu beweisen, mit der die katholische Kirche im Falle Darwins eine spektakuläre Wiederholung ihres Fehlers vermeiden konnte.

»Happy is the man...«

Mit der Schöpfungsidee, die es in nahezu allen Religionen gibt, sind nicht nur einige der Konsequenzen der Evolutionstheorie (etwa, daß der Mensch mit dem Affen verwandt ist und sogar von ihm abstammt) unvereinbar, sondern die Theorie als ganze, schreibt sie doch den Ursprung der Tierarten (einschließlich des Menschen) einem Mechanismus zu, der zufällige Mutationen schafft, die durch den Filter der Umwelt ausgelesen werden und sich so immer besser an diese anpassen. Im Falle der katholischen Schöpfungsidee erscheint der Gegensatz zur Theorie Darwins noch stärker als beim Kopernikanismus. Die Genesis ist von einer peinlichen Klarheit und versichert im Hinblick auf die Tiere, daß diese am fünften und sechsten Tag geschaffen wurden, wobei sie spezifiziert, daß sich ihre Schaffung »nach ihren Arten« vollzog, d. h. eine Art nach der anderen. Schließlich stellt sie fest, daß Gott den Menschen aus Staub formte und ihn »nach seinem Bilde« schuf. Die biblische Erzählung stellt also nicht nur fest, daß der Mensch keinerlei Beziehung zu den Tieren hat (da er Frucht eines speziellen und besonders sorgfältigen Schöpfungsaktes ist), sondern auch, daß keine Beziehung zwischen den verschiedenen Tierarten besteht, da jede Ergebnis eines eigenen Schöpfungsaktes ist. Der Text ist deutlich, und da es sich in diesem Fall anders als bei den Sternen und Planeten um Dinge handelt, die den Gläubigen greifbar nahe sind, muß ein metaphorischer Sinn der Rede prinzipiell ausgeschlossen werden.

Der Widerspruch zwischen Heiliger Schrift und Darwinismus ist also unvermeidlich und eklatant. Die Lehre Darwins konnte daher weder der katholischen Kirche noch irgendeiner anderen Religion gefallen. So wurde der Wissenschaftler etwa bei einem seiner häufigen Besuche im Britischen Museum von einem Kirchenvertreter als »gefährlichster Mann Englands« bezeichnet, und in Anspielung auf solche Leute schrieb Darwin in einem Brief an Joseph Hooker: »Sicher hat er nicht die Absicht, mich zu verbrennen, aber für alle Fälle hält er schon einmal das Holz bereit.« Tatsächlich aber opponierten eher Wissenschaftler als Theologen gegen Darwin, und noch bevor der Widerstand im Ausland wuchs, regte er sich unter Darwins eigenen Freunden, Unterstützern und sogar Verwandten. Die Frau Darwins, Emma, die er sehr liebte, obwohl er sie aus Trägheit geheiratet hatte, konnte die Ideen ihres Gatten nie akzeptieren. Sie war eine praktizierende Gläubige der Unitarier (obwohl offiziell Anglikanerin). Sie konnte nichts glauben, was der Offenbarung widersprach. Nach der Hochzeit schrieb sie in einem klärenden Brief an den Ehemann:

»Auf die Offenbarung zu verzichten bedeutet, das aufs Spiel zu setzen, was zu Deinem Besten und zum Besten der ganzen Menschheit gemacht ist.«

Aus diesen Gründen wurde Frau Darwin nie eine Darwinistin. In einem Brief an ihre Tochter Henriette kommentierte sie die bevorstehende Veröffentlichung von der *Abstammung des Menschen*: »Ich glaube, daß es ein sehr interessantes Buch wird, aber mir kann es nicht gefallen, weil es Gott noch mehr beiseite schiebt.« Der Wunsch, nicht die religiösen Gefühle seiner Frau zu verletzen, hielt Darwin immer davon ab, seine religiösen Überzeugungen, die von einem fundamentalen Agnostizismus gekennzeichnet waren, öffentlich zu äußern. Aus demselben Grund lehnte er das Angebot von Marx ab, ihm einen Teil des *Kapital* zu widmen. In seinem Antwortschreiben, das im Marx-Engels-Institut in Moskau erhalten ist, heißt es an einer Stelle:

»Vielleicht bin ich zu sehr beeinflußt von der Idee, daß es einem meiner Familienangehörigen Unbehagen bereiten könnte, wenn ich Angriffe gegen die Religion unterstützte.«

Unter den Darwinisten der ersten Stunde gab es einen anglikanischen Priester, Henry Baker Tristram, der auch ein exzellenter, auf die Lerchen und Schwarzkehlchen der Sahara spezialisierter Ornithologe war. Tristram war 1858 zum Darwinisten geworden, nachdem er den ersten kurzen Aufsatz gelesen hatte, den Darwin in den Sitzungsberichten der Linnean Society veröffentlicht hatte. Die Konsequenzen der Theorie waren ihm offenkundig nicht sofort klar geworden. Aber gleich nach der Veröffentlichung von *Die Entstehung der Arten* war er am 30. Juni 1860 auf einem Kongreß der British Association for the Advancement of Science in Oxford anwesend, auf dem der anglikanische Erzbischof Samuel Wilberforce den Darwinismus in aufsehenerregender Weise direkt angriff. Der Vortrag von Wilberforce galt immer als wissenschaftlich unhaltbar (so auch William Irvine in seinem sehr anregenden Buch *Apes, Angels and Victorians*) und aufgrund seiner vielen billigen Witze sogar als frivol. So soll er Thomas Huxley, den hartnäckigsten Verteidiger Darwins, mit der Frage provoziert haben: »Nun, sagen Sie mir, Dr. Huxley, glauben Sie mütterlicher- oder väterlicherseits vom Affen abzustammen?« Die Darwin-Legende will es, daß daraufhin Huxley den Handschuh aufnahm und dem Bischof vor versammeltem Auditorium mit polierter Bissigkeit antwortete: »Ich würde mich nicht schämen, einen Affen unter meinen Vorfahren zu haben, wohl aber, mit einem Menschen verwandt zu sein, der die Gabe der Intelligenz dazu benutzt, die Wahrheit zu verbergen.«

Historiker meinen heute, daß sich die Dinge etwas anders verhielten und der Vortrag von Wilberforce in Wirklichkeit viele der anwesenden Wissenschaftler tief beeindruckte, darunter auch Tristram, der sofort ins andere Lager wechselte und von da an zu einem unerschütterlichen Anti-Darwinisten wurde. Der große Geologe Sir Charles Lyell, dessen Ideen den jungen Darwin angeregt hatten, zog es weiterhin vor, den Menschen als einen »gefallenen Erzengel« zu betrachten und schrieb: »Ich glaube, daß die alte Idee der Schöpfung notwendig ist und immer bleiben wird.« Adam Sedgwick, ein Geistlicher, aber auch ein brillanter Geologe, der Darwins Professor in Cambridge gewesen war und ihm eine großartige wissenschaftliche Zukunft vorausgesagt hatte, schrieb ihm einen indignierten Brief, nachdem dieser ihm zum Dank ein Exemplar von *Der Ursprung der Arten* verehrt hatte: »Ich habe Ihr Buch mehr mit Schmerz als mit Vergnügen gelesen.« Nachdem er Darwin daran erinnert hatte, daß »es jenseits des physischen einen metaphysischen und moralischen Aspekt gibt und derjenige, der dies zu leugnen wagt, in den Sumpf des Wahnsinns tappt«, schloß er:

»Ich akzeptiere demütig, was Gott von sich in seinen Werken und in seinem Wort offenbart hat [...] Wenn Sie und ich uns daran halten, werden wir uns im Paradies wiedersehen.«

Wissenschaft und gesunder Menschenverstand   201

Einer der ersten ausländischen Wissenschaftler, die Darwins Theorie übernahmen, war der Amerikaner Asa Gray, der Botanik an der Universität von Harvard unterrichtete. Gray war ein glühender Presbyterianer, doch obwohl er tiefreligiös war, hatte er keine Schwierigkeiten, Darwinist zu werden. Er war wahrscheinlich einer der ersten, der eine Versöhnung von biblischer Überlieferung und Darwins Abstammungslehre vorschlug: Auch in diesem Fall, so meinte er, könne die Heilige Schrift nicht wörtlich genommen werden. In Wirklichkeit sei die Evolution und nicht die Schöpfung das Mittel, durch welches Gott jene fortschreitenden Veränderungen in der lebendigen Welt schuf, aus denen die verschiedenen Spezies und schließlich auch der Mensch entstanden.

Weder die anglikanische noch die römische Kirche bezogen offiziell Position gegen den Darwinismus, und so konnte sich die Evolutionstheorie auch unter gläubigen Wissenschaftlern verbreiten, die manchmal selbst Geistliche und Professoren an katholischen Universitäten waren. Neben dem Respekt, den er bei seinen Gegnern erweckte, war es diese ungewohnte Klugheit der offiziellen Religion, der Darwin nach Meinung Huxleys das seltene Glück verdankte, noch zu Lebzeiten den Triumph der eigenen Ideen erleben zu können. Als er starb, wurde ihm sogar die seltene und wirklich unerwartete Ehre zuteil, in Westminster unter den Großen Englands beigesetzt zu werden, während ein Chor die eigens für diesen Anlaß vertonten Verse aus der Bibel sang: »Glücklich der Mensch, der Weisheit erlangt hat und Intelligenz besitzt; denn mehr erwirbt man durch sie als durch Silber, und ihr Ertrag hat höheren Wert als Gold.«

Als man 1908 in Cambridge den 100. Geburtstag Darwins beging, nahm an den offiziellen Feierlichkeiten auch Domherr Dorlodot teil, Professor der katholischen Universität von Löwen und Direktor der dortigen Fakultät für Geologie. Diese Teilnahme wurde in Belgien heftig kritisiert, aber Dorlodot hielt als einzige Antwort darauf nur eine Reihe von Vorträgen zum Thema »Der Darwinismus und das katholische Denken«. In einem davon erinnerte er seine Kritiker daran, daß die Päpstliche Kommission für Bibelstudien, die Papst Leo XIII. 1902 eingesetzt hatte, sich nicht über die Zulässigkeit oder Unzulässigkeit des Darwinismus geäußert hatte, und fügte hinzu:

»Es ist klar, daß das Schweigen der Kommission zu diesem Punkt beabsichtigt ist und folglich jeder katholische Autor, der es wagt, eine Meinung zu kritisieren, über die die Päpstliche Kommission nicht zu beschließen geruhte, sich einer ernsten Respektlosigkeit gegenüber dem Heiligen Stuhl und der schweren Sünde der Verleumdung gegen die Urheber oder Verteidiger dieser Theorie schuldig machen würde.«

Die Kirche bezog erst 1950 offiziell Stellung, d. h. beinahe 100 Jahre nach der Veröffentlichung von *Die Entstehung der Arten*. In diesem Jahr verkündete Papst Pius XII. die Enzyklika *Humani generis*, die sowohl den Theologen wie den Wissenschaftlern im Hinblick auf die Evolutionstheorie Forschungs- und Diskussionsfreiheit gewährt, verstanden als »Forschung über die Entstehung des menschlichen Körpers, der von vorher vorhandener organischer Materie stammen soll«. Die Enzyklika setzt auch eine Reihe von Beschränkungen fest. Vor allem muß sich die Forschung auf den physischen Aspekt des Menschen beschränken und darf sich nicht auf die Seele ausweiten, da »der katholische Glaube uns zu glauben zwingt, das die Seelen unmittelbar von Gott geschaffen wurden«. Zweitens muß die Diskussion so geführt werden, »daß die Gründe der beiden Meinungen, d. h. das Für und Wider der Evolutionstheorie, mit der notwendigen Klarheit bedacht und beurteilt werden«, ohne daß sich die Wissenschaftler verhalten, »als sei die Entstehung des menschlichen Körpers aus vorher bestehender organischer Materie schon mit absoluter Sicherheit bewiesen«. Schließlich fordert die Enzyklika, daß »alle bereit sind, sich dem Urteil der Kirche, der Christus das Amt der authentischen Deutung der Heiligen Schrift und der Verteidigung der Dogmen anvertraut hat, zu fügen.«

Wie man sieht, lassen diese Bedingungen, die offenkundig nur für katholische Wissenschaftler gelten, nur einen recht beschränkten Freiheitsspielraum. Dennoch haben sie den Vorteil, den direkten Gegensatz zu vermeiden, den heute nur noch die starrsinnigsten fundamentalistischen Bewegungen für zwingend halten. Die hartnäckigsten und militantesten von ihnen sind heute die evangelischen Fundamentalisten in den USA, die mehr als dreißig Millionen Gläubige zählen und eine starke wirtschaftliche und ökonomische Macht darstellen. Auf ihre Initiative hin verabschiedeten viele Staaten zu Beginn des 20. Jahrhunderts Gesetze gegen die Unterrichtung der Evolutionstheorie. Mit ihrer Unterstützung gründete Duane Gish, ein Biochemiker mit einem Abschluß der Berkeley Universität, der danach als Forscher bei einem großen Arzneimittelhersteller arbeitete, zusammen

Wissenschaft und gesunder Menschenverstand   203

mit Henry Morris, einem Wasserbauingenieur, das Institute for Creation Research (Institut für Schöpfungsforschung), das in einem schönen Gebäude auf dem Campus des fundamentalistischen Christian Heritage College untergebracht ist.

Angesichts dieser Halsstarrigkeit wirkt die Position der katholischen Kirche viel vernünftiger und versöhnlicher. Da sie überstürzte Stellungnahmen vermeidet und auf die prinzipielle Hypothesenhaftigkeit oder jedenfalls Fehlbarkeit wissenschaftlicher Theorien setzt, hatte die Kirche schon die Genugtuung, einige radikale Veränderungen der Theorie zu erleben. Wenn auch nicht immer in der gewünschten Richtung. Aufgegeben wurde zum Beispiel die Ansicht, wonach der prinzipielle Mechanismus der Evolution die Selektion ist, die zufällige Mutationen aussiebt. Heute hält man es für kurzsichtig, sich auf diesen Mechanismus zu beschränken und glaubt, daß die Evolution viel komplexer ist. Die Evolution erscheint heute als Ergebnis einer chaotischen Interaktion zahlreicher Faktoren (nicht nur Umweltfaktoren, sondern auch genetischer und biomolekularer Faktoren), aus der in völlig unvorhersehbarer Weise eine Evolutionslinie hervorgeht, die in der Regel nicht progressiv, sondern in (manchmal sehr großen) Sprüngen verläuft. Wenn man so will, kann man diese Sprünge sogar mit schöpferischen Akten vergleichen. Unglücklicherweise kam diese Erkenntnis etwas zu spät. Mittlerweile hatte sich besonders die katholische Kirche schon an die Idee gewöhnt, mit der Heiligen Schrift sei insgesamt vereinbar, daß ein zufälliges, von einem Selektionsfilter gelenktes Spiel eine linear progressive Phylogenese schaffe.

Andere Aspekte des Darwinismus lassen sich dagegen kaum mit der Bibel versöhnen. Heute glaubt man, wie gesagt, daß die Evolution extrem komplex und ungeordnet verläuft. Sie ist also gar nicht wie ein Stammbaum darstellbar, sondern eher wie ein Bündel chaotisch verwickelter und von großen Lücken unterbrochener Linien, die manchmal auch Rückschritte anzeigen. Heute erscheint sogar die Idee des »ketzerischen« italienischen Biologen Giuseppe Sermonti plausibel, daß nicht der Mensch vom Affen, sondern der Affe vom Menschen abstammt. Das gegenwärtige Bild ist theologisch weit beunruhigender als die alles in allem beruhigende Idee des alten Darwin. Aber die Kirche läßt sich nicht in Panik versetzen. Sie nimmt befriedigt zur Kenntnis, daß die Evolutionstheorie, wie sie selbst immer betont hat, mit Hypothesen durchsetzt ist, die noch nicht sicher bestätigt sind und sich ständig verändern; und sie nimmt für sich in Anspruch, alles sorgfältig zu erwägen, bevor sie eine neue Anstrengung unternimmt, die Aussagen der Wissenschaft und der Bibel in Übereinstimmung zu bringen.

Zwischenzeitlich wurde eine Entdeckung gemacht, die zumindest einige ausdrückliche Positionen der Kirche zu bestätigen scheint, etwa, daß wir alle von einem einzigen Stammvater abstammen, also von Adam. Dies meinte die Enzyklika von Pius XII., als sie sich, offenkundig mit Bezug auf die Erbsünde, explizit gegen die Polygenese [Theorie vom mehrfachen Ursprung] zugunsten der Monogenese aussprach, für die Abstammung von einem einzigen Stammvater. Wie man sich erinnern wird, war es jedoch die Frau, die uns, angestiftet von der perfiden Schlange, die Bescherung eingebrockt hat (deren Details niemals geklärt wurden). Eine relativ neue Entdeckung könnte, wenn man so will, wie eine aufsehenerregende Bestätigung der Monogenese und indirekt sogar des Dogmas der Erbsünde interpretiert werden. Bei einer genauen Analyse des Erbgutes der menschlichen Rassen entdeckte man nämlich, daß alle die gleiche mitochondriale DNS haben. Dies berechtigt zu dem Schluß, daß Schwarze, Chinesen, Europäer, Indianer, Hottentotten und all die anderen von einer einzigen Frau abstammen, die vor 200 000 Jahren lebte. Die These, so seltsam sie klingen mag, erscheint heute wissenschaftlich sehr plausibel. Wir wissen nämlich, daß im Verlauf der Befruchtung nur die DNS des männlichen Spermas in die Eizelle eindringt, um mit der DNS der Eizelle zu verschmelzen. Alle Mitochondrien der befruchteten Eizelle, die sich außerhalb des Zellkerns befinden, stammen nur von der Mutter und kommen nie in Kontakt mit der männlichen DNS. Das Individuum, das aus dieser Eizelle geboren wird, besitzt also nur die weibliche mitochondriale DNS. Sie überträgt sich somit nur matrilinear (d. h. durch die Mutter), und da man entdeckt hat, daß alle heute lebenden Rassen die gleiche mitochondriale DNS haben, läßt sich folgern, daß all diese Rassen von einer einzigen Frau abstammen, die »schwarze Eva« genannt wird, weil man annimmt, daß sie auf dem afrikanischen Kontinent lebte.

Aus streng laizistischer Sicht mag heute die konziliante Haltung der fortschrittlichsten Konfessionskirchen fragwürdig erscheinen, ist es doch offenkundig, daß sie trotz ihrer scheinbaren Versöhnlichkeit im Kern nicht im mindesten nachgeben. Es ist wenig rühmlich, daß

Wissenschaft und gesunder Menschenverstand

sie beständig genötigt sind, *ad hoc* versöhnende Hypothesen auszuarbeiten, wo sie zu Konzessionen bereit sind. Ihre Berechtigung findet diese Haltung aber zum Teil darin, daß es nun einmal nicht das Hauptinteresse des Theologen ist, die Welt zu verstehen, um sie dann auszubeuten, sondern den Menschen durch das Wissen moralisch zu bessern. Dafür ist der Theologe bereit, alles zu opfern. So waren Bellarmino und die Kardinäle, die Galilei verurteilten, im Grunde weniger als die Wissenschaftler daran interessiert, eine Theorie zu verteidigen, die sich auf den gesunden Menschenverstand stützte. Für die Theologen ist prinzipiell jede wissenschaftliche Theorie gut, vorausgesetzt, sie bessert den Menschen. Es liegt auf der Hand, daß kein Theologe (oder religiös gebundene Wissenschaftler im allgemeinen) jemals die idealen Voraussetzungen mitbringt, um sich mit Wissenschaft zu beschäftigen. Immer nämlich wird sein Denken von Überzeugungen bestimmt sein, die sich als Vorurteile auswirken, und so kann er nie wirklich frei sein und alle Wege verfolgen, die sich aus der Forschung ergeben.

Der aufgeklärte Rationalismus, der die Wissenschaftskultur inspirierte, hatte daher leichtes Spiel, als er die Religion als obskurantistische, den wissenschaftlichen Fortschritt bremsende Macht kritisierte. Aber auch der Berufswissenschaftler ist niemals ganz unvoreingenommen. Abgesehen von den Vorurteilen, die er aus seiner eigenen Kultur übernimmt, findet der Wissenschaftler auch in seiner Arbeit selbst eine sprudelnde Quelle der Voreingenommenheit. Eine der wichtigsten Entdeckungen der Wissenschaftsphilosophie der vergangenen 50 Jahre ist der Nachweis, daß eine Theorie, sobald sie formuliert ist, eine mehr oder weniger lange Zeitspanne fruchtbar bleibt und neues Wissen und neue technische Anwendungen schafft; danach wird sie alt und verwandelt sich in ein Hindernis, das überwunden werden muß, wenn man Fortschritte erzielen will. In dieser Endphase funktioniert die Theorie genau wie ein Bündel von Vorurteilen des gesunden Menschenverstandes. Dieser Verfall wissenschaftlicher Theorien ist um so bedeutsamer, als die Wissenschaft verzweifelt versucht, ihn abzustreiten. Materialismus und Positivismus kämpften im 19. Jahrhundert darum, Wissenschaft als eine rationale Tätigkeit glaubwürdig zu machen, die den Menschen von seinen Vorurteilen befreien kann. Einem kürzlich erschienenen Buch über das Thema gab sein Autor, Alan Cromer, zum Beispiel den vielsagenden

Titel *Uncommon Sense* (etwa »unorthodoxer Menschenverstand«). Nach Cromers grundlegender These richtet sich »wissenschaftliches Denken, das analytisch und objektiv ist, gegen die Inhalte des traditionellen menschlichen Denkens, das assoziativ und subjektiv ist«, d.h. gegen den gewöhnlichen oder gesunden Menschenverstand. Dies ist unzweifelhaft richtig, jedoch nur in der Entstehungsphase einer Theorie. Die alten Theorien dagegen stellen entwickelte Formen des gesunden Menschenverstandes dar. Daher wird es immer eine »Liga von Piccione« geben, die sich einem Galilei in den Weg stellt, und dies, weil die Wissenschaftsgemeinde noch nicht begriffen hat, daß im Fall Galileis die Wissenschaft nicht nur Opfer, sondern auch Täter war.

Die Akademie glaubt nicht an Meteoriten

Der Konflikt zwischen wissenschaftlicher Forschung und gesundem Menschenverstand ist mit der Durchsetzung des Kopernikanismus und dem posthumen Sieg Galileos nicht endgültig verschwunden: Er tauchte immer wieder auf und wird auch in Zukunft fortbestehen. Man denke etwa an den harten Kampf, um die Wissenschaftsgemeinde davon zu überzeugen, daß Meteoriten aus dem Weltraum stammen. In *Cosmic Debris. Meteorites in History* erzählt John Burke diese Geschichte im Detail. Von der Zeit des Aristoteles (der meinte, ein Meteorit, von dem er gehört hatte, sei in Wirklichkeit ein vom Wind an einem anderen Ort in die Luft gehobener Stein gewesen) bis zum Jahre 1803, als am 26. April ein Meteoritenschauer im französischen L'Aigle herabstürzte und Jean-Baptiste Biot von der Akademie der Wissenschaften in Paris damit beauftragt wurde, die Sache zu untersuchen, hielt es die Gelehrtenwelt nicht für möglich, daß Objekte aus dem Weltraum auf die Erde fallen könnten. Und dies, obwohl bei vielen Gelegenheiten vor den Augen zahlreicher Zeugen Steine vom Himmel gefallen waren, wie etwa am 7. November 1492 in Ensisheim im Elsaß in Gegenwart von Kaiser Maximilian und seines ganzen Hofes. Noch kurz vor 1803 hatte sich die Akademie der Wissenschaften in Paris bei einer anderen Gelegenheit geweigert, an Steine zu glauben, die angeblich vom Himmel gefallen waren. Der Meteoritenregen am 24. Juli 1790 im Südwesten Frankreichs wurde als »physikalisch unmöglich« bezeichnet.

Der erste, der behauptete, aus dem All könnten Minerale und Metalle auf die Erde fallen, war 1785 Franz Güßmann, Jesuit, Professor für Naturgeschichte an der Universität von Wien und Experte für Geologie und Mineralogie. Er wurde jedoch von niemandem ernst genommen. Keiner der Gelehrten, die sich mit der Frage beschäftigten, hatte offenbar sein seltsames Buch gelesen (*Lithophylacium mitisianum*), in dem er diese Hypothese vertrat. Als die Wissenschaftswelt ihre Meinung änderte, war Güßmann noch am Leben, aber niemand erinnerte sich mehr an ihn. Ebenso glücklos war anfänglich Ernst Chladni, der dieselbe Idee 1794 vorschlug und später als ihr Urheber angesehen wurde. In seinem Aufsatz beklagte Chladni:

»Die Behauptung, daß es im All außer Himmelskörpern auch viele kleine Materiezusammenballungen gebe, erscheint vielen so unglaubwürdig, daß sie dazu verleitet wurden, meine gesamte Theorie über die Meteoriten zurückzuweisen. Unglaubwürdig ist diese Behauptung jedoch nur scheinbar; ihre Ablehnung gründet sich nicht auf Vernunft, sondern größtenteils auf die Tatsache, daß es sich um eine ungewöhnliche und in gewisser Weise auch seltsame Hypothese handelt. Würde man nämlich aus der heute akzeptierten physikalischen Theorie ein Gesetz ableiten, das besagt ›es gibt im Weltall keine anderen materiellen Objekte als die Himmelskörper, die Sterne und ein sehr feines elastisches Fluidum‹, so wäre dies im Grunde ebenso zweifelhaft wie ein Gesetz, das besagte ›im Weltraum existieren andere materielle Objekte‹. Keine der beiden Behauptungen läßt sich *a priori* als richtig erweisen, nur durch Beobachtung kann entschieden werden, welche von beiden richtig ist.«

Die Argumentation war schlüssig und blieb nicht ohne Wirkung, auch weil Chladni eine beachtliche Menge von Beobachtungsdaten zusammengetragen hatte. Burke hat also recht, wenn er meint, daß Jean-Baptiste Biot im Grunde nur einer Orthodoxie den Todesstoß versetzte, die schon kurz vor der Kapitulation stand.

Der Krieg der Bakterien

Bei diesem wie bei anderen, ähnlich gelagerten Fällen (von scheinbar nachrangigen Entdeckungen) kann man fast verstehen und entschuldigen, daß sich Wissenschaftler so wenig intelligent verhielten. Weniger leicht zu rechtfertigen ist die Feindseligkeit der Wissenschaftsgemeinde gegenüber einem der bedeutendsten Fortschritte in der Biologie und Medizin: die Geburt der Bakteriologie. Bis zur zweiten Hälfte des 19. Jahrhunderts waren der Medizin Grund und Ursprung der wichtigsten Krankheitsgruppe unbekannt, zu der Krankheiten wie Schwindsucht, Cholera, Pest, Syphilis und Tuberkulose gehören. Sie waren nicht nur unverständlich und unerklärlich, sondern auch unheilbar. Es waren Robert Koch und Louis Pasteur, die bewiesen, daß sie von kleinen Mikroorganismen oder Mikroben verursacht wurden, die manchmal die Größe normaler menschlicher Zellen erreichen und wie diese mit den wichtigsten Merkmalen des Lebens ausgestattet sind: Stoffwechsel und Reproduktion. Am Ende des 19. Jahrhunderts entdeckte man, daß die Mikroben, die für andere Infektionskrankheiten wie Tollwut, Pocken, Grippe und die normale Erkältung verantwortlich waren, viel kleiner und unter dem Mikroskop nicht zu erkennen waren. Es handelte sich um Viren, die nur unter dem Elektronenmikroskop zu erkennen sind (es wären eine Milliarde mal eine Milliarde Viren nötig, um das Volumen eines Tischtennisballes auszufüllen). Diese Entdeckungen ermöglichten Behandlungen, die noch heute gebräuchlich sind, um Infektionskrankheiten aufzuhalten und zu heilen, und aus dem Wissen über sie sind die Techniken der Impfstoffproduktion und des Einsatzes von Antibiotika entwickelt worden.

Die Auffassungen, die entscheidend zum Wohlbefinden der Menschen beigetragen haben, wurden in verschiedenen Phasen der Entwicklung und von verschiedener Seite mit einer Zähigkeit und Hartnäckigkeit behindert, die im nachhinein nicht nur dumm, sondern fahrlässig und verantwortungslos erscheinen. Der Grund dafür lag schlicht darin, daß Wissenschaftler genau wie der Mann auf der Straße weiterhin glaubten, es könne keine mikroskopisch kleinen Lebewesen geben, zumindest aber könnten sie nicht die wahre Ursache von Krankheiten sein, die weit gewichtigere und komplexere Wurzeln haben mußten. Den ersten heftigen Angriff führten die Chemiker, die es für unmöglich hielten, daß Gärung und Fäulnis von Bakterien ausgelöste biologische Prozesse sein könnten. Für sie handelte es sich schlicht um chemische Prozesse, und Bakterien konnten nichts damit zu tun haben.

Der Gärungsprozeß ist ein klassisches Beispiel für eine simultane, d. h. gleichzeitig von mehreren gemachte Entdeckung. Der erste in chronologischer Reihenfolge scheint Friedrich Traugott Kützing gewesen zu sein. Er schrieb 1834 einen Artikel über das Thema, der von *Poggendorffs Annalen* abgelehnt wurde. Der zweite war Cagniard de la Tour, der seit 1835 von der Gärung als einem von lebenden Organismen aktivierten Prozeß sprach. Seinen wichtigsten Artikel darüber präsentierte er 1837 der Akademie der Wissenschaften in Paris. Der dritte war Theodor Schwann, von dem ein Artikel in den *Annalen der Physik* erschien. Der vierte und letzte Entdecker schließlich war Eugène Turpin, der in einem 1838 in den *Annalen der Pharmacie* erschienenen Artikel Cagniards Hypothese bestätigte.

Die Chemiker lehnten die Idee dieser Gelehrten ab, besonders die beiden einflußreichsten unter ihnen: Jakob Berzelius und Justus Liebig. Aber erst der Artikel Turpins verwandelte die allgemeine Feindseligkeit in einen persönlichen Angriff. Zu jener Zeit waren die *Annalen der Physik* eine internationale, von Justus Liebig zusammen mit Jean-Baptiste Dumas geleitete Zeitschrift. Gerade Dumas war es, der Turpins Artikel vorgeschlagen hatte, und Liebig konnte seine Publikation folglich nicht verhindern. Aber der deutsche Chemiker wollte nicht zulassen, daß ausgerechnet eine von ihm herausgegebene Zeitschrift eine Theorie unterstützte, die er für falsch hielt. Er entschloß sich daher, gleich nach Turpins Artikel einen satirischen Text zu veröffentlichen, der die Theorie diskreditierte und lächerlich machte. Der Artikel mit dem Titel »Die Lösung des Geheimnisses der alkoholischen Gärung« war nicht unterzeichnet, aber geschrieben hatte ihn Liebig unter Mithilfe eines anderen großen Chemikers, Friedrich Wöhler. Der Text war eine grobe Satire, eher das Werk von Studenten als von Professoren, und glitt streckenweise sogar in Vulgarität ab. Die Autoren griffen Schwann, Cagniard und Kützing persönlich an und machten sich über die angebliche Rolle der Hefe bei der alkoholischen Gärung lustig.

Die Hefe ist eine Substanz aus Mikroorganismen (Phykomyzeten, Eumyceten, Hefepilzen). Ihr Stoffwechsel produziert Enzyme, die Gärungsprozesse bewirken. Die bekanntesten sind die Hefepilze. Sie sind für die alkoholische Vergärung des Zuckers in Wein, Bier etc. verantwortlich. Liebig war davon überzeugt, daß die Hefe keine aktive Kraft war, erst recht keine lebendige, sondern nur ein Sediment, Abfallprodukt der Gärung. Der diffamierende Artikel stellt jedoch die paradoxe und lächerliche Hypothese auf, die Hefe nähme die Form von Eiern an, die dann schnell in einer Zuckerlösung wachsen würden und kleine destillierkolbenförmige Tierchen hervorbrächten. Diese Tierchen, so der Artikel weiter, haben weder Zähne noch Augen, dafür aber Magen, Darm und Anus sowie Organe zur Urinausscheidung. Sofort nach ihrer Geburt stürzen sie sich auf den Zucker und verschlingen ihn. Dieser gelangt in den Magen, wird verdaut und produziert Exkremente. Kurz: die Tierchen fressen Zucker und scheiden Alkohol aus. Außerdem vernichten sie Kohlensäure durch ihren Urinapparat. Die beiden Autoren präzisierten ferner, daß der Anus der mikroskopischen Tierchen die Form eines rosafarbigen Punktes habe, während ihre Blase einer Champagner-Flasche ähnelte.

Die Tatsache, daß dieser Artikel in einer angesehenen Zeitschrift veröffentlicht wurde und in den einschlägigen Kreisen die Namen der Autoren zirkulierten, erhöhte seine Wirkung. Dennoch beeinflußte der Angriff, so heftig und verunglimpfend er war, weder die Karriere des Botanikers Kützing noch die Laufbahn Cagniards, der Ingenieur war und später mit seinen mechanischen Erfindungen berühmt wurde. Er ruinierte jedoch die Karriere von Schwann, der nicht den Lehrstuhl erhielt, den er an der Universität von Bonn in Aussicht hatte und der an keiner preußischen Universität eine Stelle bekam. Er war gezwungen, auszuwandern und einen Anatomielehrstuhl an der katholischen Universität von Löwen in Belgien zu akzeptieren. Die bedauerliche Episode, durch die er die Feindseligkeit nahezu der gesamten Chemikergemeinde auf sich zog, stürzte Schwann in eine schwere Krise. Er wandte sich immer mehr dem Mystizismus zu und hörte praktisch auf, der produktive Wissenschaftler zu sein, der er bis dahin gewesen war. Dem Biochemiker Marcel Florkin zufolge, Autor einer Biographie über Schwann, verhielt sich die Mehrheit der Chemiker »unanständig und unter aller Kritik«.

Liebig, einer der bedeutendsten Wissenschaftler des 19. Jahrhunderts, zettelte im Laufe seines Lebens noch zahlreiche andere Polemiken an, weshalb er als Streithammel galt. Eine typische Taktik seiner Anfeindungen (die noch heute sehr verbreitet ist) bestand darin, Kollegen, deren Ideen er nicht teilte, als Dilettanten abzustempeln. Es ist schon sonderbar, daß er auch Darwin, dessen Evolutionstheorie er sich heftig widersetzte, zu den Dilettanten zählte. Der einzige, der den großen Liebig zum Schweigen bringen konnte, war Pasteur, der einen

Wissenschaft und gesunder Menschenverstand

ebenso streitsüchtigen Charakter hatte, aber überlegene rhetorische Fähigkeiten, die unwiderstehlich wurden, wenn er sie einsetzte, um experimentell gut abgesicherte Theorien zu vertreten.

1869 veröffentlichte Liebig einen langen Artikel auf französisch, der sich besonders gegen Pasteur richtete. Er bestritt darin noch einmal die Idee, Mikroorganismen könnten irgendeine Rolle bei Gärungsprozessen spielen. Da sich seine Argumentation im Kern auf die schlichte Ablehnung der experimentellen Ergebnisse Pasteurs stützte, erwiderte dieser ihm sehr trocken, daß Zweifel nur bei »manchen voreingenommenen Geistern« bestehen könnten, »und es gibt wirklich nichts Spitzfindigeres als die Argumente einer untergehenden Theorie«. Daraufhin schlug Pasteur ihm vor, sich einer eigens gebildeten Expertenkommission zu stellen, die entscheiden sollte, wer von beiden recht hätte. Natürlich nahm Liebig die Herausforderung nicht an, aber in den folgenden fünf Jahren, die auch die letzten seines Lebens waren, begann er, einige Zugeständnisse zu machen. Er beklagte sich sogar über die Mißgunst Pasteurs (den er, wie er nun behauptete, wie kaum ein anderer schätze), und er bemühte sich, seine alte Position zu rechtfertigen:

»Ich habe nur versucht, mit Fakten eine Theorie zu stützen, die er angegriffen hatte [...]. Ich habe lediglich einem chemischen Phänomen eine chemische Ursache zugewiesen: Das ist alles, was ich getan habe.«

Die Schwierigkeiten waren noch größer, als es darum ging, die Wissenschaftsgemeinde davon zu überzeugen, daß Bakterien die wahre Ursache von Infektionskrankheiten waren. Als Pasteur diese Idee zu vertreten begann, hatte er die gesamte Medizinakademie von Paris gegen sich. An der Spitze stand Claude Pidoux, ein damals berühmter Arzt und Autor einer Abhandlung über klinische Medizin, die gut dreißig Auflagen erlebt hatte. Diesmal gelang es Pasteur nicht, mit dem ersten Angriff die Oberhand zu gewinnen. Robert Koch fiel es zu, diesen radikalen Perspektivenwechsel einzuleiten, der sich jedoch erst mit dem Heranwachsen einer neuen Ärztegeneration vollends durchsetzte. Der Erfolg Kochs ist nicht nur einer verfeinerten Experimentiertechnik zuzuschreiben (die seine Ergebnisse besonders augenfällig und überzeugend machte), sondern auch der Hilfe des Botanikers Ferdinand Cohn, der als renommierter Bakterienforscher natürlicherweise dazu neigte, die Theorie zu akzeptieren.

Koch: Der Mann, der den Bakterien zum Durchbruch verhalf

Robert Koch begann als namenloser Kreisphysikus. Mit dieser Position hätte sich seine Frau, die seinen Enthusiasmus dämpfte, durchaus zufriedengegeben (später trennte er sich von ihr, um ein 30 Jahre jüngeres Modell zu heiraten). Als er die ersten wichtigen Experimente durchführte, lebte er völlig abgeschieden in Wollstein, einer ostpreußischen Kleinstadt. Er hatte keine Verbindungen zur akademischen Welt und folglich keinerlei Möglichkeit, seine Entdeckungen bekanntzumachen. Er hatte bis dahin nur eine fruchtlose Annäherung an den großen Virchow gewagt. Virchow war sein Professor an der Universität von Göttingen gewesen und war einige Male durch Wollstein gekommen, weil ihn die archäologischen Grabungen in der Gegend interessierten. Er war zu jener Zeit eine unumstrittene Autorität: 1856 war er zum Direktor des in Berlin geschaffenen Pathologischen Institutes ernannt worden, und seit dem Moment trug er den Spitznamen »Papst der deutschen Medizin«.

Im Bewußtsein seiner Überlegenheit und Allmacht schenkte Virchow den Ausführungen seines alten Schülers keine rechte Aufmerksamkeit und verabschiedete sich hastig mit einer zweifelhaften, großen Geste und einigen hingeworfenen, in seinen Augen freilich entscheidenden Einwänden, die in Wirklichkeit aber völlig unbegründet waren. Seine Verständnislosigkeit beruhte im Kern auf der unerschütterlichen Überzeugung, daß im Zentrum des Lebens und der Krankheit des Organismus die Zelle stand. Auf die Zelle mußte man seiner Meinung nach das Augenmerk richten, wenn man verstehen wollte, wie die Krankheiten entstanden. Die äußeren Einwirkungen durch Parasiten und Bakterien mußten also so zufällig und selten sein wie zum Beispiel Unfalltraumata.

Wäre es von Virchow abhängig gewesen, Koch wäre nie aus dem Schatten herausgetreten. Aber glücklicherweise fand er bei dem Botaniker Ferdinand Cohn Unterstützung. Am 30. April 1875 organisierte dieser einen Kongreß am Institut für botanische Physiologie der Universität von Breslau, wo er arbeitete. Hier konnte Koch die Ergebnisse seiner Studien über den Ursprung des Milzbrandes präsentieren. Mit Beharrlichkeit hatte Cohn zu diesem Kongreß nicht nur seine Fachkollegen, sondern auch alle Professoren der Medizinischen Fakultät eingeladen. Eigentlich war es weniger ein Kongreß als vielmehr eine fünftägige Versuchsreihe. Koch war im Gegensatz zu Pasteur kein guter Redner. Die einzige Möglichkeit, die Mediziner davon zu überzeugen, daß der Milzbrand eine Krankheit war, die von Mikroben hervorgerufen wurde, war der experimentelle Beweis. Deshalb zog er am 29. April seinen besten Anzug an, setzte sich seine goldene Brille auf und nahm den Zug nach Breslau. Mit sich führte er ein Mikroskop, Gläschen mit Tröpfchen, die eine große Anzahl Bazillen enthielten, und einen großen Käfig mit etwa 30 Mäusen. In fünf Tagen konnte er so zeigen, daß die mit den Bazillen infizierten Mäuse den Milzbrand entwickelten, während die übrigen gesund blieben. Dann demonstrierte er, wie der Zyklus des Bazillus aussah und wie sich die Sporen entwickelten und führte damit die Beziehung zwischen diesen Entwicklungsphasen und dem Krankheitsverlauf allen deutlich vor Augen.

Die anwesenden Mediziner waren betroffen, wie alle Menschen, die mit einer neuen Situation konfrontiert sind und sich mehr von der Macht der Gewohnheit als von ihrer Auffassungsgabe leiten lassen. Es gab einige lobenswerte Ausnahmen, wie Julius Friedrich Cohnheim, der in Breslau Pathologie lehrte und sich sofort der neuen Theorie anschloß. Aber die Mehrheit der Ärzte begriff nicht oder wollte nicht begreifen. Koch lief Gefahr, in sein Wollsteiner Exil zurückkehren und weiter die Vorwürfe seiner Frau anhören zu müssen, die den Gestank der Mäuse nicht ertrug, vor allem nicht, wenn sie an Milzbrand starben. Es wurden Versuche unternommen, eine Stelle als Professor oder Forscher an einem geeigneten Institut für ihn zu finden. Aber für die Universität hätte es zumindest der Empfehlung eines namhaften Wissenschaftlers bedurft, zum Beispiel Virchows, der jedoch diesbezüglich keinerlei Anstalten machte, während das Kultusministerium wie üblich Opfer der eigenen Bürokratie wurde. Dann ließ Bismarck für seinen Leibarzt Dr. Struck das Gesundheitsamt gründen, an das dieser Koch berief. Struck rechtfertigte seine Wahl in einem noblen Brief an den Staatssekretär Hofmann, dem er erklärte, daß er mit dieser Ernennung vor allem eine Ungerechtigkeit wiedergutmachen und »den bislang nicht genügend gewürdigten Bestrebungen eines Mannes vom Werte Kochs auf dem Feld der experimentellen Pathologie und der Mikroskoptechnik Rechnung tragen« wolle. Erst 1880 jedoch trat Robert Koch seinen Dienst im Berliner Gesundheitsamt an, wo er zwei Assistenten erhielt und ein großes und gut ausgestattetes Labor zur Verfügung hatte.

Die Mediziner der Universität dagegen ignorierten ihn weiter und folgten darin dem wahrlich nicht rühmlichen Beispiel des großen Virchow. Am 25. März 1882 hielt die Physiologische Gesellschaft von Berlin einen Kongreß ab, bei dem Koch bekanntgab, den Tuberkulosebazillus entdeckt zu haben. Mit seiner gewohnten Bescheidenheit referierte Koch ohne Rhetorik die Entwicklung seiner Forschungen und erklärte, um welchen Bazillus es sich handelte, wie man ihn erkannte, welches die Gewebe waren, in denen er sich entwickelte und wie man ihn bekämpfen könnte. Nachdem er seine Präsentation beendet hatte, setzte er sich und wartete auf die Kommentare des Auditoriums und eventuelle Einsprüche. Im Saal waren einige der herausragendsten Persönlichkeiten der deutschen Wissenschaft versammelt, darunter Paul Ehrlich und Virchow. Doch niemand erhob sich, um das Wort zu ergreifen, und alle wandten sich Virchow zu, dem einzigen, der nach allgemeiner Meinung ein verläßliches und endgültiges Urteil abgeben konnte. Aber Virchow stand auf, nahm seinen Hut und ging. Er hatte nichts zu sagen. Koch hatte die wahre Ursache der Krankheit gefunden und bewiesen, daß die Tuberkulose keine erbliche und chronische Ernährungskrankheit war, wie der Großteil der Mediziner glaubte. Aber statt sich über diesen neuen Erfolg der Medizin zu freuen, war Virchow verärgert und verletzt, weil er die Bedeutung der Zellularpathologie herabsetzte und ihm das Gefühl gab, Vertreter einer bald überholten Auffassung zu sein. Der Widerstand war jedoch sinnlos und schwächlich, denn die traditionelle Medizin hatte keine Kraft mehr für einen Gegenangriff. Die härtesten Schlachten hatten bereits unter extrem ungünstigen Bedingungen Edward Jenner und Ignaz Semmelweis geschlagen, denn sie verfügten noch nicht über die soliden experimentellen Beweise, die Kochs und Pasteurs Stärke ausmachten.

Ruhm und Undank:
Das Schicksal von Jenner und Semmelweis

Die Behandlung von Infektionskrankheiten bedurfte nicht erst der Entstehung der Bakteriologie. Ohne irgend etwas von Bakterien und Viren zu wissen, schützte man sich etwa im Orient seit der Antike mit einer simplen Immunisierungstechnik vor Pocken: Man infizierte Gesunde mit dem Pockeneiter von Kranken, die auf dem Weg der Genesung waren. Es handelte sich um einen riskanten Eingriff, der jedoch gute Resultate erbrachte, wenn er sauber durchgeführt wurde.

Pocken sind beim Menschen eine schwere Infektionskrankheit. Sie werden von einem Virus hervorgerufen, der zur selben Familie gehört wie die Pockenviren bei Rindern, Pferden und Vögeln. Ihr Kennzeichen sind Pusteln und eine starke Beeinträchtigung des Allgemeinbefindens. Sie haben eine Inkubationszeit von zehn Tagen, in denen der Kranke keine Beschwerden hat. Danach folgen zwei oder drei Tage, in denen der Patient Frösteln, hohes Fieber, Kopfschmerzen, Übelkeit, Erbrechen und Kreuzschmerzen bekommt. Sofort danach beginnt die eigentliche Ausbruchphase: Die Temperatur sinkt rasch und es tauchen rote Hautflecken auf, die sich in die charakteristischen Blasen verwandeln. Diese vereitern, und die Haut des Patienten wird in der Folge mehr oder weniger ödematös. An diesem Punkt kehrt das Fieber zurück und der Allgemeinzustand des Kranken verschlechtert sich. Es folgt eine Phase der Austrocknung und Abschuppung des Schorfs, die bleibende, mehr oder weniger tiefe weißliche Narben hinterläßt. Die Prognose ist immer unsicher und die Sterblichkeit schwankt je nach klinischer Form der Krankheit und anderen Faktoren. In der Vergangenheit war sie sehr hoch. Erst der Einsatz der Impfung, die Edward Jenner 1798 einführte, ermöglichte schließlich die völlige Ausrottung der Krankheit in den westlichen Ländern. Wer die Krankheit überlebt, erwirbt gegen sie eine mehr oder weniger dauerhafte Immunität und erkrankt im allgemeinen kein zweites Mal an ihr. So kam man auf die Idee, Gesunde leicht zu infizieren, um zu verhindern, daß sie sich die ernste und tödliche Form der Krankheit zuzogen. Da die Technik darin bestand, den Virus der Pocken (Variola) einzuimpfen, wurde sie »Pockenimpfung« (»Variolation«) genannt.

Die absichtliche Infizierung gesunder Menschen mit dem Pockeneiter zur Vorbeugung gegen die Krankheit kam, wie erwähnt, in der Spätantike in Indien in Gebrauch und ist zum erstenmal 590 n. Chr. schriftlich belegt. Ursprünglich war die Technik in ein mystisch-religiöses Ritual eingebettet. Das Impfritual führten die Brahma-Priester durch, die nach Fasten und Gebeten zur Inokulation schritten. Dabei ritzten sie die Haut mit kleinen Schnitten auf und rieben Pockeneiter vermischt mit Ganges-Wasser in die Wunde. In Europa führte die

Schriftstellerin Mary Wortley Montagu die Pockenimpfung ein. Sie war die Frau des britischen Botschafters in der Türkei, hatte die Krankheit als Erwachsene selbst bekommen und ihren Bruder durch sie verloren. Die Vorteile der Impfung hatte sie in Konstantinopel kennengelernt, wo sie 1717 ihren ersten Sohn impfen ließ. Zurück in England warb sie ab 1721 unter Medizinern, in der Gesellschaft und bei Hofe für die Einführung der Impfung. Auf ihre Anregung hin verbreitete sich die Pockenimpfung zwischen 1723 und 1760 in ganz Großbritannien. Die Technik ähnelte der orientalischen: Man ritzte die Haut an einem Arm und rieb den Eiter eines Pockenkranken in die Wunde. Im Gegensatz zur natürlichen Infektion über die Atemwege trug die Impfung des Virus unter die Haut wahrscheinlich dazu bei, daß der Krankheitsverlauf fast immer gutartig verlief.

Die Ärzte bekämpften die Impfung nicht. Gerade sie waren es, die sie trotz der Opposition einiger Theologen wie Reverend Edward Massey in ganz England und den amerikanischen Kolonien verbreiteten. Nach 1760 jedoch wurde die Impfung aufgrund der Risiken und Schwierigkeiten, die sie mit sich brachte, nach und nach aufgegeben. Zwischen zwei und fünf Prozent der Geimpften zog sich nämlich die Krankheit in jedem Fall zu und starb daran. 1752 zum Beispiel starben in Boston bei einer Epidemie 30 von 2124 Geimpften. Ein anderes Risiko bestand darin, durch die künstliche Variolation Epidemien auszulösen, wenn man nicht geschickt genug vorging und den Eiter nicht im richtigen Moment abnahm.

Diese Probleme waren Edward Jenner, einem Landarzt ohne Universitätsabschluß, wohlbekannt. Er entdeckte schließlich die Möglichkeit einer risikolosen Immunisierung. Jenner hatte erfahren, daß die Bauern allgemein jeden für immun gegenüber menschlichen Pocken hielten, der sich bei pockeninfizierten Kühen angesteckt hatte. Die Kuh- oder Rinderpocken sind eine insgesamt viel harmlosere Krankheit als Pocken bei Menschen: Sie verursacht Hautrisse am Euter der Kühe, so daß sich die Bauern beim Melken leicht anstecken konnten. In diesen Fällen bekam ihre Haut leichte Risse, die jedoch auf die Hände beschränkt blieben und spontan abheilten. Wenn es sich bewahrheitete, daß diese schwache Form der Pockeninfektion gegen die menschlichen Pocken immunisierte, so Jenners Überlegung, konnte man daraus eine Behandlung entwickeln, bei der das Risiko gleich Null wäre. Er führte Kontrollexperimente durch, und es stellte sich heraus, daß die Bauern recht hatten: Die Infektion mit Kuhpocken immunisierte gegen menschliche Pocken. Aber der eigentliche Durchbruch sollte erst noch kommen.

Im Mai 1796 brachen auf einer Farm in Berkeley, der Geburtsstadt Jenners, die Kuhpocken aus, und eine Melkerin, Sarah Nelmes, infizierte sich. Am 14. Mai entnahm Jenner den Eiter aus einer der Pusteln an den Händen der Frau und übertrug ihn durch leichte Schnitte in den Arm des jungen James Phipps, der damals acht Jahre alt war. Das Kind entwickelte die Symptome einer leichten Pockenerkrankung, die keine augenfälligen Zeichen hinterließ. Zwei Monate später versuchte Jenner, ihn mit menschlichen Pocken zu infizieren, aber der Junge war immun. Die wesentliche Technik der Pockenschutzimpfung war gefunden.

Jenners Experimente waren schlüssig und gut durchgeführt, die Ergebnisse unzweideutig, und darüber hinaus gab es in der medizinischen Praxis bereits fast 50 Jahre Erfahrung mit der Pockenimpfung. Alles ließ also darauf schließen, daß die Impfung sofort und mit großem Wohlwollen aufgenommen werden würde. Und so schien es tatsächlich. Anfänglich gab es nur geringen und schwachen Widerstand. Die Royal Society verweigerte Jenner die Möglichkeit, seine Entdeckung offiziell zu präsentieren. Die Begründung war höflich, aber wenig rühmlich:

»Es ist nicht angebracht, daß Sie Ihren Ruf aufs Spiel setzen, indem Sie den Gelehrten Ideen präsentieren, die derart vom erworbenen Wissen abweichen und zudem so irrig sind.«

Für irrig hielt man, daß es eine Beziehung zwischen einer Krankheit beim Tier und beim Menschen geben könnte, so ähnlich sie sein mochten. Und es kam allen unerhört und gefährlich vor, Menschen (noch dazu infizierte) tierische Körpersäfte einzuimpfen.

Diese Idee wurde nicht nur vom alten Philosophen Kant vertreten, der kurz vor seinem Tod seine Klarsichtigkeit völlig eingebüßt hatte, sondern auch von einigen Ärzten. Der namhafteste und kampflustigste war Benjamin Moseley, ehemaliger medizinischer Offizier der englischen Truppen in Jamaika und Fachmann für Tropenmedizin, der damals im Chelsea Hospital in London arbeitete. Moseley vertrat die Auffassung, daß die Pocken nichts mit der ähnlichen Krankheit bei Kühen zu tun hätten und daß die Jennersche Impfung jeder Grundlage entbehrte. Außerdem fragte er sich: »Wer vermöchte zu sagen, welche Folgen es im Laufe der Jahre haben könnte, einen tierischen Saft in den menschlichen Körper zu impfen?« Einige weit unvorsichtigere Kollegen wie Dr. William Rouley und Dr. Squirrel meinten, die Antwort zu kennen: Ihrer Meinung nach würden die Personen, die man mit dem Rindervirus impfte, einen Prozeß der »Minotaurisation« durchleiden, d. h. sie würden sich nach und nach in Kühe verwandeln. Sie veröffentlichten sogar Stiche von menschlichen Köpfen, die sich solchermaßen veränderten und Züge von Kühen zeigten. Andere Stellungnahmen von angesehenen Persönlichkeiten gegen die Impfung kamen von Sir Isaac Pennigton, Medizinprofessor an der Universität von Cambridge, und von John Birch, Leibarzt des Prinzen von Wales und Chirurg des St. Thomas Hospitals.

Aber alles in allem fielen diese Widerstände nicht ins Gewicht und konnten den Siegeszug der neuen Behandlungstechnik nicht aufhalten. Das erste Impfzentrum wurde 1800 von einem Anhänger und Kollegen Jenners, George Pearson, in der Warwick Street in London eröffnet, und die Technik verbreitete sich danach schnell nicht nur in Europa, sondern auch in Nordamerika, Mexiko, auf Kuba und den Philippinen. Vor allem die Militärs begannen damit, sich impfen zu lassen. Im Jahre 1800 wurden alle Mannschaften der englischen Flotte geimpft; Napoleon ließ seine Armee 1805 impfen und erließ 1809 ein Dekret zugunsten der neuen Therapie. 1803 wurde das Royal Jennerian Institute zur Durchführung der Impfungen gegründet, dessen erster Leiter Jenner wurde. Im Jahr zuvor hatte ihm das britische Parlament 10 000 Pfund Sterling in Würdigung seiner Verdienste zuerkannt, und 1807 wurden ihm weitere 20 000 Pfund gewährt. 1813 verlieh ihm die Universität von Oxford die Ehrendoktorwürde. Mehr oder weniger rasch wurde die Pockenimpfung in allen Staaten gesetzlich vorgeschrieben. In Amerika geht das Gesetz der Impfungspflicht auf das Jahr 1855 zurück, und in England ratifizierte das Parlament ein ähnliches Impfgesetz 1871.

Vor allem in England regte sich aber mit Erlaß dieses Gesetzes Widerstand, und neun Jahre später formierte sich – zeitgleich mit den Attacken gegen Pasteur und Koch – eine regelrechte internationale Liga der »Impffeinde«, die »Societas Universa Contra Vaccinum Virus« unter Vorsitz des belgischen Arztes Boens. Es handelte sich um eine Gesellschaft, die vor allem aus Ärzten bestand, über beträchtliche finanzielle Mittel verfügte und in der Lage war, den Unmut des Volkes zu schüren und zu lenken. Volkes Stimme erhob sich besonders in Birmingham und Leicester, wo am 23. März 1885 eine der heftigsten öffentlichen Demonstrationen stattfand, die es jemals gegen ein Gesundheitsgesetz gab. Die Kämpfe und Demonstrationen griffen in der Folge auch auf andere Städte über, und am 5. August 1898 sah sich das Parlament (House of Commons) genötigt, einen Zusatzartikel in das Gesetz aufzunehmen: Jeder, der gegenüber dem Magistrat erklärte, daß ihm das Gewissen die Impfung seiner Kinder verbot, war danach von dieser Pflicht ausgenommen. Auch auf wissenschaftlicher Ebene setzten die Impfgegner ihren Kampf fast bis zum Ende des 19. Jahrhunderts fort und warnten vor angeblichen Folgeschäden der Impfung. Boens vertrat etwa die Meinung, daß die Impfung das Gewebe auflöst und den Körper für alle Ansteckungskrankheiten wie Diphtherie, Schwindsucht und Typhusfieber empfänglich macht, während andere, wie etwa der französische Zahnarzt Cartier, behaupteten, daß die Impfung die erbliche Syphilis von Kind zu Kind übertrug, die außerdem die »erste und grundlegende Ursache der Karies« sei. Jenner, der 1823 gestorben war, mußte glücklicherweise diesen irrationalen Kreuzzug nicht mehr miterleben, der allerdings seinem Ruf nichts anhaben konnte.

Ignaz Philipp Semmelweis hatte nicht soviel Glück. Er machte eine Entdeckung von unschätzbarem praktischen Wert, aber die Wissenschaft seiner Zeit lehnte ihn ab. Die Feindseligkeit der akademischen Welt behinderte seine Karriere und er starb, paradoxerweise, an derselben Krankheit, deren Vorbeugung er entdeckt hatte, noch dazu als Patient der Nervenheilanstalt der Wiener Universität, eben jener Hochschule, die sich geweigert hatte, ihm zu glauben. Semmelweis war also ein Opfer, aber nicht nur der Wissenschaft, wie viele Biographen von Louis-Ferdinand Céline bis zur großen Medizinhistorikerin Erna Lesky hervorhoben haben. Tatsächlich war Semmelweis auch ein Opfer seiner selbst: Wie Galois unternahm er alles Erdenkliche, um ignoriert und verbannt zu werden.

Im April 1847 machte Semmelweis eine Entdeckung: Das Kindbettfieber, an dem viele Frauen starben, die im Krankenhaus niederkamen, und dessen Ursache und Behandlung man damals nicht kannte, mußte eine Infektionskrankheit derselben Art sein wie jene, an der Chirurgen starben, die sich im Verlauf von Leichenbeschauungen oder während der Operation infizierter Patienten zufällig verletzt hatten. Semmelweis hatte nicht etwa mikroskopisch kleine Organismen entdeckt (oder von ihrer Existenz auch nur etwas geahnt), die für diese Infektion verantwortlich waren. Er hatte nur begriffen, daß der Professor oder die Studenten, die eine Frau untersuchten, nachdem sie von der Autopsie einer infizierten Leiche kamen oder eine infizierte Frau untersucht hatten, der unglückseligen Patientin eine tödliche Krankheit übertrugen. Die Ursache des Kindbettfiebers war also der Arzt selbst, der von einem zum anderen Patienten etwas übertrug, das an seinen Händen haften blieb und Krankheit und Tod verursachte. Semmelweis war völlig unfähig, dieses Etwas genauer zu definieren, er nannte es einfach »Leichenmaterie« und identifizierte es mit einem üblen Geruch, der vor allem von den Händen der Chirurgen und Studenten ausströmte, nachdem sie aus dem Operations- oder Autopsiesaal kamen.

Wenn dies stimmte, reichte es, den üblen Geruch zu beseitigen, wodurch wahrscheinlich auch die gefährliche Leichenmaterie neutralisiert würde. »Um die Leichenpartikel zu zerstören, die an den Händen haften«, erklärte er selbst, »benutzte ich etwa seit Mitte Mai 1847 Chlorwasser, mit dem ich und alle Studenten uns vor der Visite die Hände waschen mußten. Nach einiger Zeit gab ich das Chlorwasser aufgrund seiner hohen Kosten auf und ersetzte es durch den billigeren Chlorkalk.« Die Ergebnisse gaben ihm sofort recht: Zwischen Juni und Dezember 1847 starben von 1841 Wöchnerinnen nur 56 an Kindbettfieber, was einem Prozentsatz von 3,04 entsprach. 1846 dagegen, als keinerlei vorbeugende Maßnahmen getroffen wurden, waren von 4010 Wöchnerinnen 459 gestorben, d. h. 11,4 Prozent.

Semmelweis kam zu diesen Resultaten nach strengen Überlegungen und einer großen Zahl von Experimenten, mit denen er alle anderen Theorien widerlegt hatte, die bis dahin über den Ursprung des Kindbettfiebers aufgestellt worden waren. Er hatte drei bedeutende Persönlichkeiten der Wiener Medizin, die seine Professoren gewesen waren und ihm trotz seines schwierigen Charakters Wohlwollen entgegenbrachten, ständig auf dem laufenden gehalten: Joseph Skoda, vielleicht der größte Kliniker seiner Zeit; Baron Karl von Rokitansky, der berühmteste Anatom und Pathologe nach Virchow, und Ferdinand Hebra, der allgemein als Begründer der modernen Dermatologie gilt. Gerade Hebra war es, der der Wissenschaftswelt die Entdekkung seines glücklosen Schülers, dem es bislang noch nicht gelungen war, eine feste akademische Position zu finden, vorstellen wollte. Im Dezember 1847 schrieb er darüber einen ersten Artikel und einen weiteren im April 1848, in dem er sogar feststellt:

»Diese äußerst wichtige Entdeckung, die einen gleichberechtigten Platz wie die Jennersche Impfung verdient, hat sich nicht nur in überraschender Weise in unserer Klinik bestätigt, sondern auch im Auslande.«

Am 18. Oktober 1849 trat Skoda mit einem Vortrag an der Akademie der Wissenschaften in Wien auf den Plan, in dem er die später von der Medizinischen Fakultät akzeptierte Forderung aufstellte, eine Untersuchungskommission einzusetzen, um den therapeutischen Wert der neuen Entdeckung unzweideutig zu klären. Was Rokitansky betrifft, der unter anderem auch die Verantwortung für Organisation und Vorsitz der Kongresse der Kaiserlich-königlichen Gesellschaft für Medizin in Wien trug, so sorgte er dafür, daß Semmelweis am 15. Mai 1850 seine Theorie zum erstenmal und noch dazu vor einem hochkarätigen wissenschaftlichen Publikum präsentieren konnte. Alle Artikel und die Vorträge, die Semmelweis unterstützten, erschienen auch im Ausland, und seine Freunde setzten in ihren Briefen ihre ganze wissenschaftliche Autorität ein, um der neuen Theorie Glaubwürdigkeit zu verleihen.

Aber die Bemühungen waren vergebens. Abgesehen von wenigen enthusiastischen Befürwortern blieb die Wissenschaftswelt skeptisch oder sogar feindselig. Schwerer wog, daß dies auch für ihre namhaftesten Vertreter galt. Es handelte sich um eine derart hartnäckige, verbreitete und ungerechtfertigte Opposition, daß Hebra sogar erklärte:

»Wenn man dereinst die Geschichte menschlicher Fehler erzählt, wird man nur schwerlich ein so machtvolles Beispiel finden, und man wird verblüfft sein, wie derart fähige und spezialisierte Menschen in ihrer eigenen Wissenschaft so blind und so dumm sein konnten.«

Er spielte eindeutig auf jene Geburtshelfer und Gynäkologen an, die den harten Kern der Widerstandsfront gegen Semmelweis bildeten und dessen Theorie angriffen und hartnäckig ablehnten. Es besteht kein Zweifel, daß die Haltung der Geburtshelfer entscheidend von persönlichen Motiven bestimmt wurde. Das gilt besonders für die Differenzen, die Semmelweis mit Johann Klein hatte, dem Direktor der Klinik, in der er arbeitete.

Klein war zu jener Zeit 56 Jahre alt und war bereits seit 1823 Direktor der ersten Gebärklinik des Wiener Allgemeinkrankenhauses, das damals das größte Krankenhaus der Welt war. Nach allgemeiner Einschätzung der Historiker war er in wissenschaftlicher Hinsicht eine Null. Er war jedoch gut bei Hofe eingeführt und konnte sich weitreichender Beziehungen rühmen, die er, geschickt und ehrgeizig, wie er war, auszunutzen verstand. Tatsächlich hatte er sich ins Amt gehievt, indem er Professor Boer ausbootete, dessen Assistent er gewesen war. Gegen jedes Reglement hatte er diesen vorzeitig in Pension geschickt. Kleins Klinik war es, in die Semmelweis im Februar 1846 als Assistent eintrat. Bereits nach wenigen Monaten kam es zwischen den beiden zu Meinungsverschiedenheiten, und Klein versuchte sich von Semmelweis und dessen unangebrachter und lästiger Unternehmungslust mit einem seiner Tiefschläge zu befreien. Die Regeln im Hospital sahen vor, daß man in derselben Klinik nur zwei Jahre Assistent sein konnte, aber Klein überredete den Vorgänger von Semmelweis, Dr. Breit, eine Verlängerung von zwei Jahren zu beantragen und erwirkte dafür die Genehmigung des Kultusministers, Baron Sommaruga, der sein intimer Freund und Beschützer war. Breit blieb folglich auf seiner Stelle und Semmelweis mußte die Klinik verlassen. Der Schuß traf jedoch nicht ganz ins Schwarze: Im März 1847 wurde Breit Professor in Tübingen und Semmelweis trat seine Assistenzstelle an, die er nach dem Gesetz bis 1849 hätte besetzen sollen.

Aber was hatte er nur getan, um soviel entschlossene Feindseligkeit auf sich zu ziehen? Er hatte schlicht entdeckt, daß die Sterblichkeit in Kleins Abteilung sehr hoch war: 1848 genau 9,92 Prozent. Die Sache war wohlbekannt, und in der Vergangenheit hatte das Ministerium (immer von Klein geleitete) Untersuchungskommissionen eingesetzt, die nichts anderes hatten tun können als den Sachverhalt festzustellen und die hohe Todesrate zufälligen Umständen zuzuschreiben. Semmelweis jedoch hatte noch eine andere seltsame Anomalie bemerkt: Die Entbindungsklinik hatte zwei Abteilungen, die erste leitete Klein, die zweite Professor Bartsch. In der Abteilung von Bartsch war die Sterblichkeit an Kindbettfieber viel niedriger, genau 3,38 Prozent von 100 gegenüber rund 10 Prozent in der ersten Abteilung. Kurz: in Kleins Abteilung wurde viel häufiger gestorben. Die Sache war derart offensichtlich und mittlerweile so bekannt, daß die

Wissenschaft und gesunder Menschenverstand

Schwangeren alles daran setzten, zu einem Zeitpunkt in der Aufnahme anzukommen, wo sie mit Sicherheit in der zweiten Abteilung untergebracht wurden. Mehrfach waren Frauen auf der Straße niedergekommen, während sie auf die Aufnahmestunde dieser Abteilung warteten.

Es handelte sich um ein wirkliches Rätsel: Die beiden Abteilungen lagen nebeneinander, wurden nach den gleichen Kriterien und unter den gleichen Bedingungen geführt, und doch hatten sie eine völlig unterschiedliche Sterblichkeitsrate. Erst nach einem Jahr intensiver Arbeit gelang es Semmelweis, den Grund herauszufinden: Ein Ministerialerlaß von 1840 hatte festgelegt, daß Medizinstudenten und Hebammen nicht mehr zusammen ausgebildet wurden; die Studenten wurden der ersten, die künftigen Hebammen der zweiten Abteilung zugewiesen. Der grundlegende Unterschied zwischen Studenten und Hebammen bestand darin, daß letztere keine Autopsien durchführten. Die Ausbildung der Studenten sah dagegen Leichenschauen vor, die normalerweise vor der Visite in der Entbindungsstation durchgeführt wurden, wo die Studenten und Professoren ankamen, ohne sich vorher die Hände gewaschen oder die Kleider gewechselt zu haben. Semmelweis gelangte zu dem Schluß, daß Schwangere und Wöchnerinnen gerade von den Studenten und Professoren angesteckt wurden.

Nachdem die Tatsache einmal festgestellt war, rang Semmelweis Klein die Zustimmung ab, strenge prophylaktische Maßnahmen einzuführen: Vor dem Eingang jedes Krankensaals ließ er ein Becken mit flüssigem Desinfektionsmittel aufstellen. Klein hatte anfänglich nichts dagegen: Wenn die Prozedur, so bizarr sie in seinen Augen erscheinen mochte, dazu dienen konnte, die Sterblichkeit in der Abteilung zu vermindern, konnte er nur gewinnen. Bald wurde ihm jedoch klar, daß er dabei war, die Zügel seiner Klinik seinem Assistenten zu überlassen. Tatsächlich beschrieb ein Schweizer Besucher die Wiener Entbindungsstation als eine seltsame Klinik, »wo der Assistent kommandiert, während der Lehrstuhlinhaber den Widerspenstigen spielt«. Klein begriff außerdem, daß es ihm nicht gelingen würde, das Verdienst des eventuellen Erfolgs von Semmelweis selbst zu verbuchen. Dieser wäre vielmehr in die Lage gekommen, ihm den Posten wegzuschnappen, genau wie er selbst es seinerzeit mit seinem Direktor getan hatte. Von da an begann er, den Wert der Ideen von Semmelweis zu bestreiten, auf jede Weise die Karriere seines Assistenten zu behindern und zu versuchen, ihn so weit wie möglich von Wien zu entfernen.

Als Semmelweis nach Ablauf seiner zweijährigen Assistenzzeit daher (genau wie Breit vor ihm) eine Verlängerung beantragte, bewilligte Klein sie nicht, und als Semmelweis um eine freie Dozentenstelle in Geburtshilfe bat, zog er die Sache in die Länge. Am Ende mußte er nachgeben, aber er veranlaßte, daß er die Stelle nur mit einer gänzlich ungewöhnlichen Beschränkung erhielt: Semmelweis durfte seine Studenten nur an Puppen, nicht an Patienten aus Fleisch und Blut ausbilden. Auf diese Weise würde er keinerlei Recht haben, einen Fuß in seine Klinik zu setzen. Nach diesem Affront verließ Semmelweis, was ihm alle seine Freunde vorwarfen, Wien demonstrativ und kehrte nach Budapest zurück. Das war wirklich ein Fehler: Klein war schon alt, und wenn Semmelweis in Wien geblieben wäre, hätten es Skoda und seine anderen Freunde bewerkstelligt, daß er seine Professur bekommen hätte, sobald Klein tot war. Als dieser sieben Jahre später starb, wurde der zuverlässigste seiner Assistenten, Karl Braun, zu seinem Nachfolger bestimmt. Von dieser angesehenen Position führte Braun den Kampf seines Lehrers gegen den »wilden Ungarn«, wie alle Semmelweis nannten, weiter. Im Juli des Vorjahres war Semmelweis inzwischen ordentlicher Professor für Geburtshilfe an der Universität von Pest geworden, aber es handelte sich um eine nachrangige Position, absolut nicht zu vergleichen mit dem Prestige, das ihm der gleiche Lehrstuhl an der Universität von Wien verschafft hätte.

Klein nahm auch direkten Einfluß auf die Haltung seiner anderen Assistenten, auch wenn er miterleben mußte, wie sein eigener Schwiegersohn, Dr. Chiari, später Professor für Geburtshilfe in Prag, in die feindlichen Reihen überwechselte, bevor er 1855 vorzeitig an der Cholera starb. Braun war jedoch der hartnäckigste und kämpferischste Gegner von Semmelweis. 1855 veröffentlichte er ein Pathologiehandbuch für Geburtshilfe und Gynäkologie, in dem er beim Kindbettfieber dreißig mögliche Ursachen auflistete, darunter Gefühls- und Gemütserschütterung, falsche Kost, Durstfieber, Überheizung des Zimmers und Erkältung, und sogar zu hohe Fensterbänke hatte er unter Verdacht.

Es waren jedoch nicht nur die Schüler Kleins, die sich den Ideen von Semmelweis widersetzten. Stark ins Gewicht fiel auch die Opposition von unabhängigen Geburtshelfern und Gynäkologen wie Friedrich Wilhelm Scanzoni von Lichtenfels, zuerst Assistent in Prag und dann Professor in Würzburg, von Hifrat Kiwish von Rotterau, der erst Professor in Würzburg und dann in Prag war, sowie von Joseph Spaeth, Mitglied der Akademie der Wissenschaften in Wien und Professor für Geburtshilfe an der Wiener Hebammenschule. Im allgemeinen widersprachen diese Autoren Semmelweis, weil sie keinen triftigen Grund sahen, eine alte Theorie aufzugeben, der zufolge der Hauptgrund des Kindbettfiebers atmosphärischen Bedingungen zugeschrieben werden mußte. Diese Überzeugung teilte (und bekräftigte wiederholt) auch Virchow, dessen Autorität auch Mediziner gegen Semmelweis einnahm, die keine Spezialisten in Geburtshilfe oder Gynäkologie waren. Auf der Grundlage desselben Vorurteils sprach sich die Akademie für Medizin in Paris bei zwei verschiedenen Gelegenheiten, 1851 und 1858, offiziell gegen die Theorie von Semmelweis aus.

Der Widerstand der englischen Ärzte wirkte dagegen paradox: Bereits 1795 hatte ein Arzt aus Aberdeen, Alexander Gordon, intuitiv erfaßt, daß das Kindbettfieber »nur Frauen befällt, die von einem Arzt visitiert werden, unter ärztlicher Behandlung niederkommen oder von einer Krankenschwester versorgt werden, die vorher einen mit der Krankheit infizierten Patienten gepflegt hat«. Folglich wurden in englischen und irischen Kliniken recht früh hygienische und prophylaktische Maßnahmen ergriffen, durch die sich die Sterblichkeit erheblich reduzierte. Auch in Amerika war es eine außergewöhnliche Persönlichkeit, der Dichter und Arzt Oliver Wendell Holmes, der 1843 zu derselben Schlußfolgerung gelangt war. Die Ideen von Semmelweis lagen genau auf der gleichen Linie und verallgemeinerten die Folgerungen von Gordon und Holmes, indem sie eine präzise Beziehung zwischen der Infektion herstellten, welche das Kindbettfieber auslöste, und ähnlichen bakteriellen Infektionen, die sich auch Mediziner und Studenten am Operationstisch zuziehen konnten. Aber in England wollte man einer solchen Verallgemeinerung nicht folgen, und da man gute therapeutische Resultate mit der eigenen vagen Theorie erzielt hatte, blieb man ihr treu und hielt den Vorschlag von Semmelweis für ein wenig phantastisch.

Diese Haltung läßt das wahre Hindernis erkennen, das eine allgemeine Annahme der von Semmelweis vorgeschlagenen Therapie vereitelte. Er verfügte einfach nicht über einen triftigen Beweis: Seine Partikel von Leichenmaterie wirkten wie ausgedacht und erfunden, ohne klare experimentelle Konturen. Semmelweis war kein Mikroskopexperte; daher war er nicht in der Lage gewesen, den wahren Verantwortlichen der Krankheit, den Streptokokkus, zu identifizieren. Und er konnte seine Widersacher nicht zum Schweigen bringen, wie es statt dessen am 11. März 1879 Pasteur gelang. Émile Roux, Schüler und Nachfolger Pasteurs, erzählte, daß man an jenem Tag in der Akademie für Medizin in Paris über die Ursache des Kindbettfiebers diskutierte. Semmelweis war seit vierzehn Jahren tot, aber die gelehrten Mediziner der Akademie ergingen sich noch immer über den Einfluß der meteorologischen Bedingungen und die Vergiftung der Milch der Wöchnerinnen als Auslöser der Krankheit. Pasteur erhob sich von seinem Platz und rief:

»Was die Epidemie verursacht, ist nichts von alledem. Es sind der Arzt und das medizinische Personal: Sie übertragen die Mikrobe von einer erkrankten Frau auf eine gesunde.«

Der Redner hielt nur mit Mühe seinen Zorn zurück und erwiderte, daß dies wohl stimmen möge, daß aber die angebliche Mikrobe schließlich nie gefunden worden sei und vielleicht auch nie gefunden würde. Pasteur, der eine halbseitige Lähmung erlitten und das linke Bein nicht bewegen konnte, hinkte nach vorne, kritzelte eine Kette von Streptokokken auf die Tafel und rief: »Da ist sie!«

Der französische Wissenschaftler hätte evidente Beweise für seine Behauptungen vorweisen und experimentell beweisen können, daß der Streptokokkus, der in Kontakt mit einer Verletzten kam, nicht nur die Wöchnerin oder die Schwangere, sondern auch gesunde Frauen und Männer infizierte. Semmelweis dagegen konnte nicht auf solche schlagenden Beweise bauen. Unter diesen Bedingungen und mit den Daten, über die er verfügte, bestand die einzige Erfolgsaussicht in einer geschickten Informationskampagne. Leider war er auch in dieser Hinsicht in einer anderen Lage als Pasteur, der ein zäher Polemiker und gewandter Verfechter seiner eigenen Ideen war. Semmelweis dagegen schätzte weder das Schreiben noch das öffentliche Sprechen, er war nicht nur zu Kompromissen, sondern auch zu den elementaren Vorsichtsmaßnahmen und kleinen diplomatischen Listen unfähig, die der Zweckmäßigkeitssinn jedem praktischen Menschen nahelegt. Er hielt sich für den Entdecker einer offenkundigen Wahrheit und verlangte, daß alle sie sofort und vorbehaltlos akzeptierten, wie Céline schrieb:

»Dort, wo Semmelweis gescheitert ist, hätten die meisten von uns mit einfacher Klugheit und elementarer Umsicht Erfolg gehabt. Er hatte kein Gespür für die kleinen Gesetze seiner Epoche, jenseits derer die Dummheit eine unbeherrschbare Macht wird – oder er mißachtete sie bewußt. In menschlicher Hinsicht war er ungeschickt.«

Mit der Zeit nahm diese Haltung eindeutig pathologische Züge an. Semmelweis wurde ernstlich paranoid, mit eindeutigen Anzeichen von Verfolgungswahn, Halluzinationen und unkontrollierbaren Aggressivitätsausbrüchen. 1861 entschloß er sich schließlich, ein Buch zu schreiben (*Die Ätiologie, der Begriff und die Prophylaxis des Kindbettfiebers*), das deutlich Zeichen dieses Wahns trägt. Seine Entdeckung bezeichnet er als »ewige Wahrheit«, »die Sonne des Kindbettes, die 1847 in Wien aufging«, und im Vorwort stellt er unwiderruflich fest:

»Das Schicksal hat mich zum Verteidiger der Wahrheiten ausersehen, die in diesem Buche niedergelegt sind. Und nun ist es meine klare Pflicht, zur Verteidigung dieser Wahrheiten an die Öffentlichkeit zu treten [...] Dieses Buch wurde geschrieben, damit die Ärzte zum Wohle der Gesundheit der Menschen zur selben Überzeugung gelangen wie ich.«

Nicht ohne Grund nannte einer seiner Gegner, Professor Breisky, das Buch »den Koran des Kindbettfiebers« und seinen Autor »den Fieberpropheten«, der mit »göttlicher Grobheit« jeden angreift, der es wagt, anders darüber zu denken.

Nach 13 Jahren des Schweigens begann Semmelweis, offene Briefe an einzelne Ärzte, Akademien und Gesellschaften zu schicken und nahm am Ende sogar zu Flugblättern Zuflucht. Der Ton der Briefe an seine Gegner war gleichzeitig prophetisch und drohend: Er nannte jeden einen Mörder. Joseph Spaeth schrieb er zum Beispiel, nachdem er mit Statistiken die tragische Wirkung des Kindbettfiebers demonstriert hatte: »Sie, Herr Professor, haben an diesem Massaker mitgewirkt. Die Mörder müssen jetzt aufhören, und ich bleibe auf der Hut, um dem ein Ende zu machen. Wer immer gefährliche Irrtümer über das Kindbettfieber zu verbreiten wagt, wird mich auf seinem Weg treffen, zum Kampf bereit. Für mich existiert kein anderes Mittel, um dieses Blutbad aufzuhalten, als meine Gegner ohne jede

Rücksicht zu demaskieren.« Friedrich Wilhelm Scanzoni von Lichtenfels schrieb er dagegen:

»Herr Medizinalrat, über ganz Deutschland ist eine beträchtliche Zahl von praktizierenden Ärzten verstreut, die Sie ausgebildet haben und die aus Unwissenheit wahre Kriminelle sind. Ihre Lehre, Herr Medizinalrat, gründet sich auf Leichen von Wöchnerinnen, die aus Ignoranz ermordet wurden. Ich habe den festen Entschluß gefaßt, dieser mörderischen Praxis ein Ende zu setzten. Wenn Sie, auch ohne meine Theorie direkt zu bekämpfen, weiterhin in Schrift und Lehre das Kindbettfieber als epidemisch bezeichnen, werde ich Sie vor Gott und den Menschen einen Mörder nennen. Sie werden noch zu gut davonkommen, wenn die Geschichtsschreibung Sie aufgrund ihrer Gegnerschaft zur rettenden Theorie dereinst als Nero der Medizin darstellen wird.«

Um den Seelenzustand zu verstehen, in dem das Buch und die Briefe geschrieben wurden, muß man sich vergegenwärtigen, daß Ignaz, das erste Kind von Semmelweis (der im Jahr zuvor die 18jährige Marie Weidenhofer geheiratet hatte) am 14. Oktober 1858 nur 36 Stunden nach seiner Geburt an Gehirnwassersucht starb; am 20. November 1859 wurde seine Tochter Mariska geboren, die nur vier Monate lebte, bevor sie an Bauchfellentzündung verstarb. Zu den Halluzinationen, die ihn schon in seinen schlaflosen Nächten und nun auch während der Tage quälten, kamen nun noch obsessive Nachforschungen über eventuelle Erbfehler, die den schmerzlichen Tod der Kinder erklären konnten. Nach der Geburt von drei völlig gesunden Kindern in den folgenden Jahren (zwei Mädchen, Margit und Antonia, und ein Junge, Bela) schien Semmelweis seine geistige Gesundheit zurückzuerlangen. In Wirklickeit aber verschlechterte sich sein Geisteszustand weiter, so daß seine Kollegen mit viel Takt beschlossen, ihm an der Universität und auf der Entbindungsstation des Sankt-Rocco-Hospitals in Budapest einen Stellvertreter an die Seite zu geben. Ausgerechnet auf der Fakultätsratssitzung, wo diese Entscheidung bestätigt werden sollte, zeigte Semmelweis offenkundige und ernste Zeichen geistiger Verwirrung: Statt seine Meinung zu sagen, zog er ein Papier aus der Tasche und begann mit feierlicher Stimme, den Gelöbnistext vorzulesen, den die Hebammen bei der Aufnahme in den Dienst aufsagen mußten.

Leider durfte er zu dieser Zeit noch operieren. Bei einem Eingriff verletzte er sich am Finger, und als seine Frau, seine Freunde und treuesten Schüler ihn im Juli 1865 in die Klinik für Geisteskrankheiten der Universität von Wien einlieferten, war sein Blut bereits vergiftet. Semmelweis starb am 13. August 1865 ausgerechnet an der Infektion, die auch die Wöchnerinnen bekamen. Sein Freund Hebra hatte ihn noch in die Klinik begleitet und ihm erzählt, sie besuchten sein neues Institut. Als ihm klar wurde, wo er sich befand, begann er zu toben, und sechs Krankenpfleger mußten einschreiten und ihn in eine Zwangsjacke stecken.

Es ist schwierig zu sagen, ob die geistige Umnachtung von Semmelweis eine natürliche Entwicklung seines paranoiden Wahns war, der sich schon in den 50er Jahren gezeigt hatte (und dem 1846 ein Nervenzusammenbruch vorausgegangen war, der Skoda veranlaßt hatte, ihn für zwei Wochen nach Venedig in die Ferien zu schicken). Einige Autoren vertreten die Auffassung, daß seine Geisteskrankheit Folge einer Syphilis war, die er sich in jungen Jahren zugezogen hatte. Anläßlich seines 100. Todestages entschloß man sich, seine Gebeine in sein Geburtshaus zu überführen, und bei dieser Gelegenheit führte Professor Regöly-Merei eine paläopathologische Untersuchung durch, bei der er kein Anzeichen für Syphilis fand. Er stellte hingegen fest, daß Semmelweis sich wahrscheinlich bei einem Sturz vom Pferd im Jahre 1851 eine »traumatische Pachymeningitis« zugezogen hatte. Da seine Frau in einigen Interviews im Jahre 1906 mitteilte, Semmelweis habe häufig über Kopfschmerzen geklagt, wenn sich seine geistige Verfassung verschlechterte, könnte es sein, daß am Ende andere Leiden seine Paranoia nur überdeckten.

V

Sag niemals nie

Hertz und Poincaré glauben nicht an das Radio

Am 12. Dezember 1901 um 12.30 Uhr saß Guglielmo Marconi in St. John's in Neufundland, Kanada, und wartete mit aufgesetztem Kopfhörer auf das vereinbarte Morsesignal aus dem englischen Poldhu in Cornwall: die drei Punkte des Buchstabens S. Es handelte sich um ein entscheidendes Experiment, und Marconi war verständlicherweise angespannt. Trotz der bis dahin erreichten Erfolge galt die Kommunikation durch Radiowellen als nur begrenzt tauglich, weil man annahm, daß sie nicht über große Entfernungen genutzt werden konnte. Zum erstenmal konnte Marconi sich nicht sicher sein: Würden die von England ausgesandten Signale den Atlantik überqueren können? Die Wissenschaftswelt war mehr als skeptisch. Einer seiner Biographen, William Percy Jolly, schrieb, daß Marconi niemals so große wissenschaftliche Autorität erlangt hätte, wenn ihm nicht geglückt wäre, was alle Wissenschaftler damals für unmöglich hielten: eine Botschaft von Europa nach Amerika zu übermitteln. In diesem Fall hätte Marconi nie den Nobelpreis erhalten, allenfalls hätte er durch eine eigene kleine Rundfunkstation reich werden können, wie Tommy Lipton, der schottische Emigrant, der sein Vermögen mit einer berühmten Teemarke gemacht hatte. Für die offizielle Wissenschaft der Zeit war die Erfindung des Radios unmöglich.

Die Physik kannte den Mechanismus und die Gesetze der Verbreitung der Hertz-Wellen recht gut, und auf der Grundlage dieses Wissens konnte man zu dem Schluß gelangen, daß Botschaften via Radio der Erdkrümmung nicht folgen konnten und sich im Raum verlieren würden. Gerade als Marconi seine Antennen vorbereitete, gab der große französische Physiker Henri Poincaré im Jahrbuch des Bureau des Longitudes von Paris seine *Notice sur la télégraphie sans fil* (»Bemerkung über die drahtlose Telegraphie«) in Druck, in der er erklärte, daß die nutzbare Reichweite der Radiowellen 300 Kilometer nicht übersteigen könne.

Poincarés Überlegung war einfach und geradlinig: Die Radiowellen sind elektromagnetische Wellen, genau wie das Licht, von dem sie sich nur durch ihre Länge unterscheiden. Die Länge der Lichtwellen liegt in der Größenordnung von 0,8 Tausendstel Millimeter, während die von Heinrich Hertz erzeugten Wellen einige Meter Länge aufweisen. Während sich also die Lichtwellen nicht (oder kaum) brechen und als geradlinige Strahlen betrachtet werden können, zeigen die Hertz-Wellen dagegen starke Brechungen. Es handelt sich jedoch nicht um einen Nachteil, bemerkt Poincaré, denn während Lichtwellen gerade wegen ihrer Geradlinigkeit vom kleinsten Hindernis aufgehalten werden, das sich ihnen in den Weg stellt, »umgehen [Radiowellen] Hindernisse wie kleine Hügel oder die Erdkrümmung, die uns gewaltig vorkommen«. Dies war ein großer Vorteil, der aber nach Poincaré und den anderen kompetenten Wissenschaftlern leider eine Grenze hatte: Es war nicht möglich, zwei Stationen zu verbinden, die weiter als 300 Kilometer auseinanderlagen.

Der Grund dafür war einfach: Die Radiowellen waren immer noch elektrische Wellen und verhielten sich also wie das Licht. So gebrochen und nichtlinear sie waren, war ihre Richtung doch mehr oder weniger parallel zur Tangente der Erdkugel an dem Punkt, wo sich die Sendeantenne befand. Es war also möglich, mit Stationen in Kontakt zu treten, die hinter dem Horizont lagen und von der Erdkrümmung verborgen waren, aber nicht über eine bestimmte Grenze hinaus. Alles in allem würde die Streuung in mehr als 300 Kilometer Entfernung die Erdkrümmung nicht mehr kompensieren und die Wellen würden weiter entlang der Tangente verlaufen und nicht mehr zu empfangen sein.

Die Übertragung über den Ozean war keine technische, sondern eine theoretische Unmöglichkeit und ließ sich direkt aus den elektromagnetischen Gesetzen ableiten. Dennoch war Marconi der Meinung, daß er es versuchen mußte. Seine Erfahrung sagte ihm, daß es möglich war: Es war ihm mehrfach passiert, mit Schiffen in Kontakt

Sag niemals nie

zu treten, die schon hinter der Horizontlinie verschwunden waren. Vor dem Mittag dieses 12. Dezember hätte man nur schwerlich sagen können, wer recht hatte, Marconi oder Poincaré, aber eine halbe Stunde später war die Frage beantwortet: Die Entscheidung fiel zugunsten von Marconi. Den Gesetzen des Elektromagnetismus zum Trotz, aus denen sich die Unmöglichkeit der Übertragung über große Entfernungen ergab, war das Signal aus Poldhu deutlich in St. John's in Neufundland empfangen worden. Keiner der beiden ahnte es, aber es gab einen »Trick«: Um die Erde herum, in vielen Kilometern Höhe, gab es drei durch die Einwirkung der Sonnenstrahlung auf die Gasmoleküle in der dünnen Atmosphäre dieser Regionen entstandenen Ionenschichten. Diese Ionen bilden eine Art Billardbande für die Radiowellen, die so auf die Erde zurückreflektiert werden. Die Gesetze der Physik wurden durch die Radioübertragung also nicht im geringsten verletzt, und hätte es keine Ionosphäre gegeben, wäre die Reichweite von Marconis Signalen tatsächlich nicht größer als 300 Kilometer gewesen.

Dieser Tatbestand, zweifellos unangenehm für eine Persönlichkeit vom Kaliber Poincarés (der weit größere wissenschaftliche Verdienste hatte als Marconi, auch wenn er nie den Nobelpreis erhielt), ist dennoch nichts im Vergleich zu dem, was Heinrich Hertz passierte, dem Entdecker der Radiowellen, der sein ganzes Leben lang hartnäckig die Möglichkeit von Übertragungen via Radio leugnete.

1888 schrieb ihm ein gewisser Ingenieur Hubert von der Handelskammer Dresden, um ihn zu fragen, ob die von ihm entdeckten elektromagnetischen Wellen, die der Theorie zufolge die gleiche Natur wie Lichtwellen haben sollten, nicht dazu benutzt werden könnten, ein neues Kommunikationsmittel zu schaffen, das den optischen Telegraphen optimieren würde. Dieses Übertragungssystem hatte Claude Chappe in den letzten Jahren des 18. Jahrhunderts erfunden, ein Priester, der sich der französischen Revolution angeschlossen hatte und auch ein fähiger Ingenieur war. Sein Flügeltelegraph bestand aus einer Reihe von kleinen Stationen, die etwa 15 Kilometer voneinander entfernt waren, so daß zwei aufeinanderfolgende Stationen in guter Sichtweite lagen. Es handelte sich um kleine Türme, auf die mit Kellen versehene Flügel montiert waren, die in verschiedenen Positionen insgesamt 70 Zeichen bilden konnten: Buchstaben, Nummern oder konventionelle Sätze, die mit Hilfe eines Fernrohrs von der folgenden Station gelesen wurden. Die erste Linie dieser »Ampeln« wurde 1794 zwischen Paris und Lille über eine Distanz von 200 Kilometern errichtet. Das System verbreitete sich auch in Italien und im Rest Europas und wurde mit Leuchtscheinwerfern perfektioniert, um auch nachts senden zu können. Die Technik war unzweifelhaft rudimentär, aber immerhin ermöglichte sie, eine Nachricht mit bemerkenswerter Geschwindigkeit weiterzuleiten: Für eine Botschaft von Calais nach Paris benötigte man nur vier Minuten.

Um 1860 war das Netz der optischen Telegraphen nahezu völlig durch den elektrischen Telegraphen ersetzt worden, der 1837 in Gebrauch kam und sich dann schnell verbreitete, so daß 1851 ein unterseeisches Kabel verlegt wurde, mit dem sich telegraphische Signale vom europäischen Festland nach England schicken ließen. 1866 wurde eine Unterseeverbindung zwischen Europa und Amerika in Betrieb genommen. Die Idee des obskuren Ingenieurs Hubert war offensichtlich, einen Hybriden zu schaffen, der Merkmale des optischen Telegraphen mit denen des elektrischen verband, im Grunde also, einen Telegraphen ohne Kabel zu bauen. Die gleiche Idee hatte acht Jahre später Guglielmo Marconi.

Die Antwort von Hertz war überhaupt nicht ermutigend: Die optische Telegraphie, so erklärte er, benutzt Linsen und Spiegel, um das Licht zu konzentrieren, die divergierenden Strahlen der Lichtquelle zu parallelen Strahlen zu bündeln und sie in eine einzige Richtung zu lenken. Dies war seiner Meinung nach mit Radiowellen nicht möglich. Da diese viel länger waren und streuten, wären dazu enorme Linsen und Spiegel erforderlich gewesen. Wellen von einigen Metern Länge hätten so Spiegel von mehreren Kilometern Größe erfordert. Hertz schrieb in seinem langen Antwortbrief:

»Wenn sie konkave Spiegel von der Größe eines Kontinents bekommen könnten, dann wären Sie durchaus in der Lage, zu den Ergebnissen zu gelangen, die Ihnen vorschweben; mit normalen Spiegeln dagegen könnten Sie praktisch nichts anfangen, sie hätten nicht die geringste Wirkung. Dies jedenfalls ist meine Meinung.«

Es war eine falsche Meinung, auch wenn sie von allen Physikern der Zeit geteilt wurde. Für die Entwicklung der »drahtlosen Telegraphie« waren überhaupt keine gigantischen und unmöglichen Reflektorspiegel erforderlich, es reichte eine kleine Glasröhre mit zwei Elektroden und ein bißchen Metallfeilspäne zum Nachweis elektrischer Wellen: den Fritter oder Kohärer. Hertz und seine Kollegen gerieten durch die falsche Analogie zwischen Licht und Radiowellen auf den Holzweg. Es war nicht nötig, die Wellen zu bündeln, es reichte, wenn ein Instrument auf irgendeine Weise ihre Ankunft feststellen konnte.

Die Glühbirne, das Flugzeug und andere unmögliche Träume

Es war weder das erste noch das letzte Mal, daß die akademische Welt es riskierte, die Möglichkeit von großen, tatsächlich kurz bevorstehenden theoretischen oder technischen Fortschritten zu leugnen. Am 25. Februar 1693 zum Beispiel schrieb Newton an Richard Bentley, einen jungen Prälaten, der die Kenntnis seines Werkes hatte vertiefen wollen, daß er Ferneinwirkungen ohne Medium für unmöglich halte:

»Daß ein Körper von ferne auf einen anderen durch den leeren Raum einwirken könne, ohne die Vermittlung von etwas, dank dessen oder vermittels dessen die Wirkung oder Kraft von einem Körper auf den anderen befördert werden kann, ist für mich eine derartig große Absurdität, daß ich nicht glaube, ein Mensch mit wirklicher Befähigung in philosophischen Dingen könnte sie sich zu eigen machen.«

Mitte des 19. Jahrhunderts glaubte der große französische Philosoph Auguste Comte wie die Mehrheit der Wissenschaftler seiner Zeit, daß man lediglich die Bewegung und Entfernungen der Himmelskörper berechnen könne, während es absolut unmöglich sei, ihre physikalische und chemische Natur zu studieren. Die immensen Entfernungen, die uns von den Sternen trennen, machten nach einer sehr verbreiteten Überzeugung eine genaue Analyse ihrer Zusammensetzung absolut unmöglich. Nur zwei Jahre nach dem Tod von Comte, 1859, führten die Studien von Gustav Kirchoff und Robert Bunsen zur Entdeckung des Spektroskops, das sofort zum Studium der Sterne eingesetzt wurde, um ihre chemische Zusammensetzung zu bestimmen. Und damit stand man erst am Beginn einer neuen großen Epoche astronomischer Forschung: 1930 wurde die Radioastronomie aus der Taufe gehoben, 1950 das erste infrarotsensible Teleskop eingesetzt und 1960 begann mit dem Abschuß der ersten Raumsonden die Weltraumastronomie, die es möglich machte, bei der astronomischen Forschung das gesamte Spektrum der elektromagnetischen Wellen einzusetzen.

1878 hielt Sir William Preece (eben jener weitsichtige Ingenieur, der das britische Postministerium leitete, das 1896 als erstes Guglielmo Marconi die Türen öffnete) einen Vortrag in der Royal Society in London, um den Sinn und die wirkliche Bedeutung der Verbesserungsversuche der ersten elektrischen Glühbirnen zu erklären, die Thomas Edison in Amerika durchführte. Einerseits ging es darum, Glühbirnen mit einem möglichst hohen Vakuum und Drähten zu produzieren, die sich nicht zu schnell verbrauchten, während andererseits ein System der Aufteilung der elektrischen Energie mit parallelen Kreisläufen erfunden werden mußte, das den Einsatz auf Straßen und in Häusern möglich machte. Dies seien, so Preece, technisch unlösbare Probleme, und daher kam er zu dem Schluß, daß die elektrische Beleuchtung eine »völlig idiotische Idee« sei. Nur wenige Monate später, am 21. Oktober 1879, gelang es Edison, eine Glühbirne 13 Stunden lang hintereinander brennen zu lassen. Preece war kein Universitätsprofessor, aber er war Schüler von Faraday gewesen und galt zur damaligen Zeit in Großbritannien als einer der kompetentesten Experten für Elektrizität und Elektromagnetismus. Und er war nicht der einzige, der Edison nicht traute. Der große Ingenieur und Industrielle Wilhelm Siemens, in England zu Sir William ernannt, kommentierte die Nachricht von Edisons Erfolgen (an die er nicht glauben wollte):

»Diese sensationellen Nachrichten sind als nutzlos für die Wissenschaft und schädlich für ihren wahren Fortschritt entschieden zu tadeln.«

In Amerika ließ sich Professor Henry Morton, der Edison persönlich kannte und sein Nachbar war, nicht einmal herab, persönlich vorbeizugehen, um zu sehen, ob die Glühbirne funktionierte oder nicht: Er schrieb dem Erfinder ein Billett, um »im Namen der Wissenschaft« zu protestieren, überzeugt, daß die Beleuchtungsexperimente nichts anderes als »ein offenkundiger Mißerfolg« sein konnten, »der wie ein wunderbarer Erfolg angepriesen wird, kurz: ein wirklicher Betrug der Öffentlichkeit.«

Sag niemals nie

1896 äußerte sich Lord Kelvin, einer der größten Wissenschaftler des 19. Jahrhunderts, in einem Brief an den damaligen Oberst Baden Powell:

»Ich habe kein Fünkchen Glauben an die Möglichkeit einer Luftschiffahrt, außer der ballongestützten, und erwarte mir auch keinerlei Ergebnis von den Versuchen, von denen man reden hört.«

1903 schrieb Simon Newcomb, Professor für Mathematik und Astronomie an der John Hopkins Universität, einen Artikel, um seinen Kollegen Langley zu diskreditieren und die mathematische Unmöglichkeit einer flugfähigen motorgetriebenen Maschine zu beweisen, die schwerer als Luft ist. Nur zwei Wochen später gelang den Brüdern Wright ihr erster Flug. Die Wissenschaftsgemeinde glaubte jedoch lieber weiter an die Mathematik als an die Evidenz, bis Präsident Roosevelt 1908 vor den Augen des ungläubigen Pionierkorps und der Wissenschaftspresse in Fort Myers eine öffentliche Demonstration abhalten ließ, um die Sache ein für allemal zu klären.

1917 behauptete Robert Millikan, der 1923 den Nobelpreis erhalten sollte, daß es nie gelingen würde, die im Atomkern enthaltene Energie nutzbar zu machen. Dies war auch die Meinung von Ernest Rutherford in einem öffentlichen Vortrag am 11. September 1933 vor der British Association for the Advancement of Science. Die Nachricht wurde am folgenden Tag im *New York Herald Tribune* abgedruckt, und der boshafte Journalist erinnerte daran, daß Lord Kelvin genau 26 Jahre vorher vor derselben Gesellschaft behauptet hatte, das Atom sei unzerstörbar und undurchdringlich, so daß es folglich nicht möglich sei, seine innere Struktur zu erforschen. Kurz vor seinem Tod im Jahre 1937 hatte Rutherford sogar eine lebhafte Auseinandersetzung mit dem ungarischen Physiker Leo Szilard über die Möglichkeit, aus Nuklearreaktionen in großem Maßstab Energie zu gewinnen, und behauptete energisch, daß dies nie möglich sein würde. Mehr aus einer Art Trotz als um ihn vom Gegenteil zu überzeugen, begab sich Szilard in ein Patentbüro und ließ sich solche Atomreaktionen patentieren. Drei Jahre später wurde die Spaltung des Urankerns entdeckt und sechs Jahre später explodierte die erste Atombombe in Hiroshima.

Aber am seltsamsten war es, daß auch Niels Bohr derselben Meinung war wie Rutherford. Auch er glaubte nicht, daß die Atomenergie jemals eine praktische Anwendung erfahren könnte (so in einem Artikel von 1937, der erst 1961 zum erstenmal vollständig veröffentlicht wurde). In einem Gespräch mit einigen seiner Kollegen listete er gut 15 Gründe für diese Überzeugung auf. Dennoch eröffnete gerade ein Aufsatz von Bohr, den er zwei Jahre später zusammen mit John Wheeler in der amerikanischen Zeitschrift *The Physical Review* veröffentlichte, die Phase der Atomphysikforschungen, die zur H-Bombe führte.

Auch Einstein, dessen berühmte Formel $E = mc^2$ es erlaubt, genau die Energiemenge zu berechnen, die in einem Atom enthalten ist und freigesetzt werden kann, erklärte verschiedentlich, daß es undenkbar sei, diese gewaltige neue Energiequelle zu erschließen. Noch weit argloser war Otto Hahn, der Entdecker der Kernspaltung des Urans, als er gefragt wurde, ob es seiner Meinung nach jemals möglich wäre, die Atomenergie zu domestizieren: »Das wäre zweifellos gegen den Willen Gottes.« Wahrscheinlich änderte Niels Bohr seine Meinung gegen Ende des Jahres 1938, gerade als Otto Hahn und Friedrich Straßmann die Uranspaltung gelang; Lise Meitner brachte die Nachricht nach Kopenhagen, als Bohr im Begriff stand, nach Amerika abzureisen. Einstein dagegen änderte seine Meinung im Sommer 1939, sehr wahrscheinlich kurz bevor er Roosevelt seinen berühmten Brief vom 2. August 1939 schrieb, der mit den Worten begann:

»Kürzliche Arbeiten von Enrico Fermi und Leo Szilard, die mir als Manuskripte übersandt wurden, veranlassen mich zu der Annahme, daß in naher Zukunft das Element Uran in eine neue und wichtige Energiequelle verwandelt werden kann.«

Dem Grafen von Lemarois, der ihm auf einen seiner Befehle geantwortet hatte, »Das ist nicht möglich!«, erwiderte Napoleon am 9. Juli 1813: »›Unmöglich‹ ist kein französisches Wort.« Alle genannten Beispiele scheinen zu beweisen, daß es das Wort »unmöglich« auch in der Wissenschaft nicht gibt und die Wissenschaftler besser daran täten, es aus ihrem Vokabular zu streichen. Neue Entdeckungen werden allein schon deshalb für unmöglich gehalten, so meinte Bacon, der erste große moderne Wissenschaftsphilosoph, weil es an Vorstellungskraft mangelt und man zu sehr die Aufmerksamkeit auf das richtet, was bereits entdeckt worden ist. Ihm zufolge mußte man dem »nicht mehr weiter« der Alten das »weiter« der neuen Wissenschaft entgegensetzen. Deshalb ließ er auf dem Frontispiz seines berühmtesten Werks, *Novum organum*, die mythischen Säulen des Herkules abbilden, ein Bild für die angeblichen Grenzen des Wissens, und setzte als Motto in die Mitte die Worte des Propheten Daniel: »*Multi pertransibunt et augebitur scientia*« (»Viele werden weiter gehen, und das Wissen wird fortschreiten«).

An den Grenzen der Wissenschaft

Aber was liegt jenseits der herkulischen Säulen des Wissens? Und wenn nichts unmöglich ist, ist dann alles möglich? Diejenigen, die unkritisch und mit gezogenem Schwert die Argumente der Ketzer vertreten, scheinen dies zu bejahen. In einem kürzlich erschienenen Buch, *Forbidden Science*, (»Verbotene Wissenschaft«), listet der bereits wegen seines Angriffs auf die Evolutionstheorie bekannte Richard Milton hier nicht nur die Forschungen des italienischen Chemikers Piccardi über nicht-reproduzierbare Phänomene und die Ächtung von Arp auf, sondern auch die kalte Fusion, die verbogenen Löffel von Uri Geller, Semyon Kirlians Fotografien der Aura »bioplasmatischer Energie«, die mythogenetischen Strahlen von Alexander Gurwitsch, die kontroversen Theorien von Wilhelm Reich, die Homöopathie und andere medizinische Therapien und natürlich die Astrologie, übersinnliche Wahrnehmung, Telekinese und UFOs.

Wenn nichts unmöglich ist, dann ist alles möglich: Nimmt man diesen Standpunkt ein, befindet man sich in genau der gleichen Situation wie unsere Kultur vor der Geburt der Wissenschaft. Die Wissenschaft ist keine Methode, um unmittelbar die Wahrheit zu finden, sondern vielmehr der Weg, dem man folgen muß, wenn man um das Wissen einer bestimmten Zeit eine rationale Grenze ziehen und trennen will, was mit einer gewissen Verläßlichkeit als real angesehen werden kann und was dagegen als illusorisch zu betrachten ist.

Wissenschaft entstand, als Forscher begriffen, daß sie beginnen mußten, an allem zu zweifeln und sich strenge Regeln zu geben. So konnte man nur noch wie mit Bleifüßen voranschreiten, aber dies war nötig, um sich nicht ständig in unfaßlichen Illusionen zu verlieren. Die Gesamtheit dieser Regeln bildet die experimentelle Methode. Sie ist kein sicherer Weg, um die Wirklichkeit zu erfassen, sondern, wie Peter Brian Medawar sagte, ein Sammlung von Vorsichtsmaßnahmen, um die Wissenschaft in einem Zustand »kontrollierten Irrtums« zu halten. Im Kern ist das erste Ziel der Wissenschaft nicht so sehr, die Wahrheit zu erkennen, als sich vor Fehlern zu schützen. Die Vorsicht der offiziellen Wissenschaft ist folglich vollauf gerechtfertigt. Die erste Reaktion auf eine Neuheit muß immer und in jedem Fall der Zweifel sein. Aber dies bedeutet nicht, sie sollte gleich für unmöglich erklärt und geächtet werden. Wenn man – auf der Grundlage der Theorien und des damaligen Wissens – im Jahre 1901 der Meinung sein konnte, wissenschaftlich gesehen seien Radioübertragungen von Großbritannien nach Kanada wenig wahrscheinlich, berechtigte doch nichts zu der Annahme, sie seien unmöglich. Das Unmöglichkeitsverdikt setzt nämlich die immer riskante Überzeugung voraus, daß eine Theorie vollständig und endgültig ist und das experimentelle Wissen, also die Fakten, bekannt und ebenso komplett verfügbar ist. Im Großteil der Fälle ist dies nicht so: Eine Theorie kann falsch oder unvollständig sein, und unter den Fakten kann es ein noch unbekanntes Phänomen geben.

Im Falle von Poincaré und Marconi zum Beispiel hatte der französische Physiker allen Grund, seine Kenntnis der Theorie für verläßlich und hinreichend vollständig zu halten, aber keiner der beiden konnte die Existenz der Ionosphäre voraussetzen. Zweifellos war Marconi weniger kompetent, weil er dachte, Radiowellen würden entscheidend von der Leitfähigkeit der Erdkruste und des Meeres beeinflußt. Marconi illustrierte die Idee mit einer Graphik: Sie zeigte eine Antenne, die Wellen ausstrahlte, welche nach einem Sprung die Erde erreichen und wieder nach oben zurückgeworfen werden, bevor sie zur Erde zurückkommen. Die Radiowellen bewegten sich also Marconi zufolge in großen Sprüngen entlang der gekrümmten Oberfläche unseres Planeten vorwärts. Die Idee war strenggenommen nicht ganz falsch, aber Land hat gegenüber dem Meer eine verminderte Leitfähigkeit. In jedem Fall aber ist das für die Zwecke der Übertragung wirklich relevante Phänomen die Reflexion der Welle von der Ionosphäre. Das Kuriose ist, daß einige Wissenschaftler nach dem Erfolg des Experiments glaubten, Marconi habe recht: Man stellte gleich eine entsprechende Theorie auf, die erst endgültig aufgegeben wurde, nachdem Heaviside die Rolle der Ionosphäre geklärt hatte. Interessant ist diese Episode aufgrund ihres exemplarischen Werts: Schematisch können wir sagen, daß Marconi, wie Kolumbus von einer falschen Idee ausgehend, ein für die Wissenschaftler der Zeit undenkbares Ziel erreichte. Hier liegt die Wurzel des Dramas und der Schmach des Wissenschaftlers: daß jemand, der weniger kompetent und ausgebildet ist und noch darüber hinaus von einem Irrtum ausgeht, etwas Neues und Wahres entdecken kann. Wie kann es zu einem derartigen Widerspruch kommen?

Die Erklärung muß auf dem Feld der Logik gesucht werden. Schuld ist nämlich das, was man »den Fluch der Implikation«[9] nennen könnte. Die Wissenschaft basiert auf strengen Beweisführungen, und der Kern jeder rigorosen Beweisführung ist die Folgerung oder Implikation, die in Sätzen mit einer »Wenn-dann-«Struktur Ausdruck findet. Ihre Bedeutung rührt daher, daß sich beweisen läßt, daß alle anderen »Verbindungen« oder Aussageformen auf sie zurückgeführt werden können und ihrerseits wiederum auf die Negation zurückführbar sind, d. h. auf den Ausdruck »es ist nicht wahr, daß«. Wenn ich also sage »p impliziert q«, ist es, als sagte ich »es ist nicht wahr, daß von den beiden nur entweder p oder q wahr ist«. Dies scheint eine Kleinigkeit zu sein, aber diese Kleinigkeit hat gravierende Folgen. Sage ich zum Beispiel »wenn zwei und zwei vier sind, dann liegt London in England«, stimmt die Aussage aus logischer Sicht haargenau, denn *mutatis mutandis* sage ich nur, daß es nicht wahr ist, daß von den beiden Feststellungen entweder die eine oder die andere falsch ist. Tatsächlich sind beide wahr: Zwei plus zwei macht vier, und London liegt in England.

Für die Tätigkeit des Wissenschaftlers stellt dies kein großes Problem dar. Es bedeutet lediglich, daß er sich nicht nur auf die Logik verlassen kann, wenn er eine Implikationsbeziehung zwischen zwei Phänomenen oder zwei Hypothesen herstellt. Das Schlimme kommt erst noch. Vom logischen Standpunkt ist nämlich die Implikation wahr, auch wenn die Prämisse der beiden Teile falsch ist. Wenn ich sage, »der Mond ist eine flache Scheibe, daher existiert der Mond«, ist die Beweisführung korrekt, denn ich stelle lediglich fest, daß die beiden Teile der Implikation sich nicht wechselseitig ausschließen: Ich kann feststellen, daß der Mond flach ist (was falsch ist) und gleichzeitig, daß der Mond existiert (was stimmt). Dies hat ernste Folgen für die Arbeit des Wissenschaftlers, weil es bedeutet, daß jeder, auch wenn er von falschen Prämissen ausgeht, zu wahren Folgerungen kommen kann. Dieses Prinzip entdeckten die stoischen Logiker und erneut die mittelalterlichen Philosophen, die es entstaubten und betrübt feststellen mußten: *ex falso sequitur omnia*, »aus dem Falschen läßt sich alles ableiten«. Hier liegt also die Erklärung dafür, warum auch Dilettanten, Wirrköpfe und Inkompetente etwas Wahres und Neues sagen können. Und dies ist auch der Grund, warum die verrückte Argumentation von Kolumbus funktionierte: »Der Erdumfang beträgt 30000 Kilometer, folglich werde ich in 4400 Kilometer Entfernung von den Azoren Land finden.« Die Prämisse war falsch, aber die Vorhersage war richtig. Dasselbe läßt sich von Marconi sagen, dessen Theorie von der Leitfähigkeit der Erde falsch war. Trotzdem gelang es ihm, in Kanada die Nachricht zu empfangen, die ihm vom fernen Großbritannien zugesandt wurde.

Um dies zu begreifen, ist es nicht einmal nötig, die Logik zu bemühen: Es handelt sich im Grunde um die selbstverständliche Erkenntnis, daß die wahren Dinge, die wir über die Welt wissen, weder alles sind, was man über sie wissen kann, noch erlauben, alles, was es noch zu wissen gibt, logisch und automatisch daraus abzuleiten. Die Wirklichkeit übertrifft nicht nur immer das logisch Vorhersehbare (wo die Experten und Kompetenten im Vorteil sind), sondern auch das Vorstellbare (wo statt dessen die Anti-Konformisten, die Kreativen und Inkompetenten die besseren Voraussetzungen mitbringen). Aber warum geben Wissenschaftler ständig der Versuchung nach, Neuheiten, die sie nicht voraussagen und Entdeckungen, die sich nicht machen konnten, für unmöglich zu halten?

Infantile Fixierung

Rousseau sagte, Wissenschaftler seien Menschen, die weniger Vorurteile haben als andere, aber wesentlich hartnäckigere. Hartnäckig bis zum Umfallen, könnte man hinzufügen. Tatsächlich meinte Thomas Kuhn, daß sich bei einer wissenschaftlichen Revolution die Anhänger der alten Theorien nie überzeugen lassen, und erinnerte an einen berühmt gewordenen Ausspruch von Max Planck:

»Eine neue wissenschaftliche Wahrheit triumphiert nicht, indem sie ihre Gegner überzeugt, sondern weil ihre Gegner schließlich sterben und eine neue Generation heranwächst, die an sie gewöhnt ist.«

Warum soviel Starrköpfigkeit? – Weil Wissenschaftler konstitutionell infantil sind, wie der große Schweizer Psychologe Jean Piaget meinte. Das sieht wie eine banale Antwort aus, aber die Erklärung ist viel ernster, als es den Anschein hat. Vergleicht man die geistige Entwicklung des Kindes mit der Entwicklung der Wissenschaft, so Piaget, entdeckt man zahlreiche und überraschende Analogien. Im Laufe seiner Entwicklung erkundet das Kind seine Umwelt, um sich an sie anzupassen. Diese Assimilation vollzieht sich fortschreitend in vier Hauptphasen. Auch die Wissenschaft ist Piaget zufolge eine biologische Anpassung, die verschiedene Stadien durchgemacht hat. Nun kann man nicht sagen, daß die Entwicklungsstadien der Wissenschaft die geistige Entwicklung des Kindes nachvollziehen, wohl aber sind die Mechanismen, die den Übergang von einem zum anderen Stadium ermöglichen, die gleichen. Dies sind nach Piaget im wesentlichen drei: Der erste erlaubt die Überwindung von Pseudo-Notwendigkeit oder Pseudo-Unmöglichkeit, der zweite den Übergang von den Attributen zu Beziehungen, d. h. die Einführung eines Maßes, wo vorher nur auf Eigenschaften Bezug genommen wurde; der dritte, rein formale Mechanismus gründet auf der Analyse der möglichen Transformationen zwischen diesen Beziehungen.

Piaget mißt dem ersten dieser Mechanismen besondere Bedeutung bei und meint zum Beispiel, daß »die Geschichte der Mechanik (von Aristoteles bis Newton) als Geschichte der fortschreitenden Eliminierung von Pseudo-Notwendigkeit gelesen werden könnte«. Seiner Meinung nach »ist die Pseudo-Notwendigkeit in den ersten Stadien der Psychogenese des Wissens ein häufiges Phänomen, Ausdruck der Schwierigkeit, sich andere Möglichkeiten als die in einer gegebenen Realität vorhandenen vorzustellen.« Es handelt sich mit anderen Worten um einen Mechanismus, der dazu verführt, nur das für möglich zu halten, was wir beobachten, aus dem schlichten Grund, weil wir sehen, wie es geschieht. Das ist der Grund, warum alle Kinder erklären, das Wasser der Flüsse fließe zu Tal, »weil es in den See fließen muß«, oder daß in der Nacht der Mond am Himmel strahlt, weil er uns leuchten muß. Piaget erklärt weiter:

»Da das Wirkliche am Anfang aus dem besteht, was sich direkt von der Wahrnehmung beobachten läßt, glaubt jeder, es zu kennen, und wenn eine Tatsache mit einiger Beständigkeit wiederkehrt, wird sie gerade deshalb als notwendige und einzig mögliche Tatsache in ihrem Bereich angesehen.«

Das Kind befreit sich von dieser Blockierung mit etwa sieben bis acht Jahren, wenn es in der Lage ist, gleichzeitig viele Möglichkeiten vorwegzunehmen, »die dadurch gleichzeitig möglich werden, weil es zwischen ihnen explizite Beziehungen gibt«. In der Wissenschaft dagegen, unterstreicht Piaget, wird das Risiko, Opfer der Pseudo-Notwendigkcit zu bleiben, nie vollständig überwunden. Während nämlich das Kind, sobald es das Jugendalter hinter sich hat, eine adäquate, stabile und in gewissen Grenzen vollständige Anpassung an seine Umwelt erwirbt, erfordert das Metier des Wissenschaftlers dagegen eine ständige Verfeinerung und Vervollkommnung der Theorien. So hält er nicht inne, wenn er gelernt hat, daß ein Blitz gefährlich ist und daß es während eines Gewitters klüger ist, Schutz zu suchen; er will verstehen, woraus Blitze bestehen, und dies bringt ihn dazu, eine Theorie über elektrische Phänomene zu formulieren. Danach will er verstehen, was Elektrizität ist, und ist dann gezwungen, eine Theorie über den Aufbau des Atoms aufzustellen. Von hier aus versucht er, zu einer Theorie der Elementarteilchen zu gelangen. Wie die meisten meinen, ein endloser Prozeß. Nun, so betont Piaget, »da weitere Entwicklungen nicht vorherbestimmt sind und in jedem Fall neue Konstruktionen erfordern«, folgt daraus, daß beim Übergang von der einen zur anderen sich immer wieder neu das Problem stellt, Pseudo-Notwendigkeiten oder Unmöglichkeiten zu überwinden, die auf der Grundlage der vorangehenden Anschauung vorausgesehen werden.

Piaget unterstreicht, daß dieser unter den drei Mechanismen eine besondere Bedeutung annimmt, weil er »als Blockierung wirkt«, und diese Blockierung kann »auf jeder Ebene wissenschaftlichen Denkens« auftauchen; folglich »kann die Entdeckung einer neuen Möglichkeit lange Zeit von Pseudo-Notwendigkeiten blockiert werden«. Auf theoretischer Ebene geht die Blockierung der Pseudo-Notwendigkeit auf die Struktur der vorangehenden Theorie selbst zurück, die besonders zwei Konsequenzen hat: die Beschränkung möglicher Beobachtungen und die Schaffung falscher Verallgemeinerungen, die schließlich gegenüber den richtigen vorherrschen. Aber da Theorien nicht aus sich heraus fortbestehen, ohne von Wissenschaftlern getragen zu werden, sind es in der Praxis gerade die Wissenschaftler, die anderen Wissenschaftlern Unmöglichkeiten und Pseudo-Notwendigkeiten entgegenhalten, besonders jenen Kollegen, die daran arbeiten, neue Möglichkeiten zu suchen. Dies ist der psychologische und erkenntnistheoretische Ursprung des starrsinnigen Festhaltens an alten Theorien, die in den Rang von Vorurteilen herabgesunken sind. Gewöhnlich versuchen anerkannte und mächtige Wissenschaftler, die gerade veraltende Vorstellungen vertreten, auf jede Weise, andere Wissenschaftler zu bremsen oder ihnen Knüppel zwischen die Beine zu werfen, wenn diese einen neuen (von allen für falsch gehaltenen) Weg beschritten haben, der sich nicht selten schließlich als der richtige erweist.

Es handelt sich um ein infantiles Sich-Sträuben, eine Art Angst vor dem Neuen: Ein anerkannter Wissenschaftler, vielleicht ein Nobelpreisträger, verhält sich schließlich wie ein Kind von sechs Jahren. Er hält das, was er weiß, für derart sicher, daß er andere Ideen oder substantielle Erweiterungen alter Theorien nicht einmal in Erwägung zieht. Er weigert sich hartnäckig, zu lernen und zu wachsen. Die gewöhnlichste Form, die diese Weigerung annimmt, ist das Vorurteil der Vollständigkeit des eigenen Wissens und eine Art Angst vor dem Irrationalen. Vom ersten haben wir bereits gesprochen; wenden wir uns daher dem zweiten zu.

Wissenschaftler und Alchimisten

Wissenschaftler bekämpfen, wie jeder weiß, Überzeugungen und Glaubenslehren, die etwas mit magischem Denken zu tun haben und allem, was entfernt mit Magie zusammenhängt. Die vielgestaltige Welt der Astrologie, der Parapsychologie, des Spiritismus, des Mesmerismus, der Phrenologie oder der Homöopathie wird als »Pseudowissenschaft« etikettiert und strikt an den Rand der offiziellen Wissenschaft gedrängt; daher wird sie manchmal wohlwollender als *marginal science* bezeichnet. Natürlich wissen alle, daß diese Haltung vollauf gerechtfertigt ist. Vor allem deshalb, weil die Wissenschaft entstand, als sie einen Weg fand, sich von der Magie zu trennen und zu unterscheiden. Die Erfolge des wissenschaftlichen Denkens sind so zahlreich und von solcher Qualität, daß schon ein bißchen verrückt oder unbedarft sein muß, wer die Magie wieder ins Zentrum der zeitgenössischen Kultur gerückt sehen möchte.

Dies bedeutet jedoch nicht, daß magisches Denken nicht im Inneren einer stark von Wissenschaft und Technologie geprägten Kultur wie der unsrigen nutzbar gemacht werden kann. Im Gegenteil: Es läßt sich gar nicht vermeiden. Fast jeder Erfolg von Wissenschaft oder Technologie ist nichts anderes als die Verwirklichung eines Traums, der lange vorher von einem Magier geträumt wurde. Ein klassischer Fall ist die Umwandlung der Metalle, die schon immer von den Alchimisten verfolgt wurde.

Bis zum zweiten Jahrzehnt des 20. Jahrhunderts hielt die Chemie den Prozeß der Stoffumwandlung für unmöglich. Seit 1919 wissen wir dagegen, daß sie möglich ist. In jenem Jahr bombardierte Rutherford ein Stickstoffatom mit Alpha-Teilchen und verwandelte es in ein Sauerstoffatom. Die Interpretation dieser Experimente ist klar und überzeugend: Das Stickstoffatom besitzt sieben Elektronen; wenn es ein Alpha-Teilchen absorbiert, das nichts anderes als ein Heliumatom ist und folglich zwei Elektronen besitzt, stößt es einen Wasserstoffkern aus, der ein Elektron mit sich nimmt. Es verbleiben also acht. D. h. das Atom mit sieben Elektronen, das Stickstoffatom, hat sich in ein Atom mit acht Elektronen verwandelt. Aber ein Atom mit acht Elektronen ist kein Stickstoff mehr; die Ordnungszahlen von Moseley sagen uns, daß es Sauerstoff ist. Der Stickstoff hat sich folglich in Sauerstoff verwandelt. Rutherford hatte also die erste Kernumwandlung der Wissenschaftsgeschichte vollzogen. Zum erstenmal war es dem Menschen geglückt, den so lange von Alchimisten verfolgten Traum zu realisieren.

Rutherford hatte sicher kein Gold produziert, aber er fand das Rezept, um es herzustellen, denn nachdem man einmal ein Stickstoffatom in ein Wasserstoffatom umgewandelt hatte, war es nicht schwierig, ein Quecksilberatom in ein Goldatom zu verwandeln. Tatsächlich wurde das Wort »Umwandlung«, das ein klassischer alchimistischer Begriff ist, damals ausgiebig gebraucht und erschien häufig im Titel von Aufsätzen und Büchern. Rutherford liebte es, sich im Spaß als Alchimist zu präsentieren und wurde von einigen Biographen auch als solcher bezeichnet. André George betitelte seine Würdigung nach dem Tod Rutherfords »Lord Rutherford oder Der Alchimist«, und eins der wichtigsten Bücher Rutherfords ist *The Newer Alchemy* (»Die neue Alchemie«), ein Titel, der seinerzeit einige Verblüffung auslöste. In seinem Raum im Cavendish Laboratory hing ein Holzstich über den Apparaten an der Wand, der ein alchimistisches Labor mit einem Krokodil zeigte. An der Außenmauer des Laboratoriums in der Nähe des Eingangs ließ der russische Physiker Pyotr Kapitza, einer seiner treuesten Schüler, von dem Bildhauer Eric Gill ein Krokodil meißeln. Kapitza, der Rutherford in seinen Briefen manchmal »das Krokodil« nannte, wollte nie erklären, warum, aber viele folgen Bernhard Cohens Vermutung, daß die Wahl auf dieses Tier fiel, weil es im Mittelalter ein Symbol für Alchimie war.

Müssen wir also zu dem Schluß kommen, daß die mittelalterliche Magie gegenüber der rationalistischen Wissenschaft recht behalten hat, die seit Antoine Laurent de Lavoisier die Unzerstörbarkeit und Unveränderlichkeit der Elemente verkündet hatte und damit die absolute Unmöglichkeit von Stoffumwandlungen? Durchaus nicht. Ohne ausschließen zu wollen, daß Alchimisten zuweilen solche Umwandlungen gelangen, ist doch zu betonen, daß sie nie in der Lage waren, eine genaue Formel, die Beschreibung einer sicheren und reproduzierbaren Vorgehensweise zu liefern, um sie zu bewerkstelligen. Die verläßlichste und plausibelste Beschreibung der Art und Weise, wie Alchimisten in einigen Fällen Stoffumwandlungen gelungen sein könnten, bieten Louis Pauwels und Jacques Bergier in *Aufbruch ins dritte Jahrtausend*.

Diesen Autoren zufolge begann der Alchimist damit, in einem Achat- oder Kristallmörser eine Mischung aus drei fundamentalen Bestandteilen zuzubereiten: ein Mineral (gewöhnlich arseniger Schwefelkies), ein Metall (Eisen, Blei, Silber oder Quecksilber) und eine organische Säure (Zitronen- oder Weinsteinsäure). Fünf oder sechs Monate wurden diese Zutaten ständig gemischt und danach alles in einem Schmelztiegel über einen Zeitraum von zehn Tagen langsam mit steigender Temperatur erhitzt. In dieser Phase werden giftige Gase freigesetzt, besonders der Dampf des Quecksilbers, der Schäden am zentralen Nervensystem verursacht, und arsenischer Wasserstoff, der, so Pauwels und Bergier, »mehr als einen Alchimisten umgebracht hat«. Schließlich muß der Inhalt des Schmelztiegels mit einer Säure unter polarisiertem Licht gelöst werden, wozu mit einem Spiegel reflektiertes schwaches Sonnenlicht oder Mondlicht eingesetzt werden kann. Der flüssige Anteil dessen, was man so erhält, wird verdampft, während der feste Anteil erneut sehr hohen Temperaturen ausgesetzt wird. Die Operation wird mehrere Jahre lang hunderte Male wiederholt. Der Alchimist weiß nicht, warum er dies alles tut und spricht in der Erwartung, daß sich bei dieser Arbeit langsam der »universelle Geist« verdichtet, von »heiliger Geduld«. Aber Pauwels und Bergier zufolge kann diese geduldige Wiederholung als Erwartung eines unmerklichen Ereignisses gedeutet werden, wie das Einfangen eines kosmischen Strahls oder einer kleinen Variation des Magnetfeldes der Erde, ein »Schmetterlingseffekt«, wie wir es heute nennen würden, die Operation in bedeutsamer Weise beeinflußt. Um sicherzugehen, daß dieses Ereignis mit annehmbarer Wahrscheinlichkeit eintritt, muß die Arbeit über viele Jahre fortgesetzt werden.

Am Ende dieser Zeit gilt die erste Phase als abgeschlossen. Der Alchimist fügt dann seiner Mischung ein Oxidationsmittel hinzu, zum Beispiel Kalinitrat. Dann beginnt eine sehr langsame Arbeitsphase, die sich ebenfalls viele Jahre hinzieht und immer auf der Erhitzung bei hohen Temperaturen basiert. Dieses Mal wartet man dabei auf ein Zeichen, über das die alchimistischen Texte uneins sind: Einige meinen, das Zeichen ereigne sich, wenn man eine Lösung erhalte, während andere auf die Bildung von Kristallen auf der Oberfläche der Flüssigkeit warten. Wiederum andere vertreten die Auffassung, daß statt dessen auf ihr eine Oxidschicht erscheinen muß, die dann zerreißt und das glänzende Metall enthüllt.

»Nachdem er dieses Zeichen erhalten hat, nimmt der Alchimist die Mischung aus dem Schmelztiegel und läßt sie vor Luft und Feuchtigkeit geschützt bis zum ersten Tag des folgenden Frühlings reifen.«

Nach dieser Frist wird die Mischung in ein transparentes Gefäß gefüllt, dieses mit einer besonderen, vom mythischen Hermes Trismegistos entwickelten Technik verschlossen (deshalb »hermetischer« Verschluß genannt). Das so versiegelte Glas wird mit großer Vorsicht erhitzt, wobei die Temperatur genau bemessen wird, um Explosionen zu vermeiden. Auch dieser Arbeitsgang von Erhitzung, Abkühlung und erneuter Erhitzung dauert Monate und Jahre, bis man das erhält, was in den alchimistischen Büchern unterschiedlich als »Rabenflügel« oder »alchimistisches Ei« bezeichnet wird und Pauwels und Ber-

Sag niemals nie 249

gier zufolge nichts anderes sein soll als ein Elektronengas, eine Bündelung von freien Elektronen.

An diesem Punkt wird das Gefäß in einer völlig dunklen Umgebung, die nur vom Licht des fluoreszierenden Gases erhellt wird, geöffnet, und das Gas, das sich beim Kontakt mit der Luft abkühlt, produziert ein oder mehrere neue Elemente. Mit dieser Vorgehensweise gelingt dem Alchimisten nach vielen Jahren und mit viel Glück – sofern er es vermeiden konnte, durch die Quecksilbergase verrückt zu werden oder sich bei Explosionen zu verbrennen – eine Stoffumwandlung.

Die wissenschaftliche Deutung dieses Verfahrens, die Pauwels und Bergier bieten, ist nicht leicht mit dem offiziellen Wissen über Chemie und Atomphysik zu vereinbaren, aber man kann ihr eine gewisse marginale Plausibilität zusprechen. Ich glaube aber, alle stimmen mit mir überein, daß es sich um ein weit langsameres und (was die Resultate betrifft) weit unsichereres Verfahren handelt als die Methode Rutherfords. Heute besteht kein Zweifel daran, daß der Atomphysiker viel besser, verläßlicher und schneller Stoffumwandlungen bewirken kann als ein Alchimist, der strenggenommen nie in der Lage ist, ein Endergebnis zu garantieren und in jedem Fall einen Zeitraum benötigt, der ein gesamtes menschliches Leben abdecken kann. Sicher hat der Alchimist, so scheint es jedenfalls, einen Vorteil gegenüber dem Physiker, weil er aus den Überbleibseln auf dem Boden des Kristallgefäßes, die er monatelang mit dreifach destilliertem Wasser wäscht, das Lebenselixier erhält. Hier muß sich die Wissenschaft damit begnügen, der Alchimie den Vortritt zu lassen. Auch wenn Frank Tipler, ein mathematischer Physiker mit durch und durch regulärem Werdegang, gerade ein Buch mit dem Titel *Die Physik der Unsterblichkeit* veröffentlicht hat, ist die Wissenschaft der Auffassung, daß die Entwicklung des Lebenselixiers noch viel Arbeit erfordert. Während also Fulcanelli, der letzte große Alchimist, nach Auskunft seiner Gläubigen noch in anderem Gewande unter uns weilt, starb Rutherford endgültig 1937: Die Wissenschaftler haben ihn beweint, aber sie haben sein Hinscheiden nicht als Widerlegung seiner Entdeckung betrachtet.

Genau genommen kann nicht einmal das Lebenselixier als völlig unmöglich angesehen werden. Die Wissenschaft hat keinerlei Grund und keinen Vorteil davon, dies zu behaupten. Gegenüber absurden und übertriebenen Sehnsüchten und Hoffnungen kann sie sich nur mit einem Motto retten, das schon trivial geworden ist: »Wir tun unser Möglichstes; für das Unmögliche bitten wir noch um etwas Geduld.« Wichtig ist jedoch, daß die Wissenschaft, wenn sie einen einst als unmöglich verworfenen Traum erfüllt und Realität werden läßt, dies in einem ganz anderen Kontext mit Beweisführungen und Techniken tut, die der typischen Denkweise und Kultur der Magie völlig fremd sind. So nehmen diese Verwirklichungen eine ganz andere Bedeutung an. Von der Magie zur Wissenschaft überzugehen ist so, wie aus einem Traum zu erwachen. Auch Träume können wahr werden, aber wir wissen auch, daß die Wirklichkeit niemals ganz dem Traum entspricht. Im nachhinein können wir bestätigen, daß an der alchimistischen Idee der Stoffumwandlung etwas Wahres dran war, aber dieses Etwas kam einem bloßen Traum schon sehr nahe.

Müssen wir also doch sagen, daß die Wissenschaft sich irrte, als sie so lange Zeit die Möglichkeit der Stoffumwandlung ausschloß, so wie sie sich irrte, als sie die Glühbirne, das Radio, das Flugzeug und die chemisch-physikalische Analyse von Sternen für unmöglich hielt? Leider ja, und man muß den Schluß ziehen, daß eines der Hindernisse, die sich dem wissenschaftlichen Fortschritt in den Weg stellen, gerade die fehlende Anerkennung dessen ist, was an Gutem in Ideen stecken kann, die den Horizont von Theorien und Meinungen übersteigen, welche zu einem gegebenen Zeitpunkt für vernünftig gehalten werden. In bestimmten Grenzen bedarf die Wissenschaft geradezu des Irrationalen und kann nicht darauf verzichten. Dazu muß man nicht erst die lange Reihe von illustren Wissenschaftlern auflisten, die regelmäßig zu einem Medium gegangen sind oder Materialisationen und Teleplasmen nachjagten. Es genügt vollauf, an Newtons Koffer zu erinnern.

Newtons Koffer

Als Newton starb, hinterließ er einen Koffer, der zur großen Enttäuschung seiner Enkelin und Erbin Catherine Barton nur Papiere enthielt: eine enorme Menge von Aufzeichnungen, insgesamt 25 Millionen Wörter. Viele Notizen behandelten, wie nicht anders zu erwarten, Mathematik und Physik, aber der größte Teil, wer hätte das je gedacht, Alchimie und Theologie: Seite um Seite über die Umwandlung der Elemente, den Stein der Weisen, das Lebenselixier, gefolgt von langen Interpretationen der Apokalypse und der Prophezeiungen Daniels – alles streng häretisch. Das reicht von der Ablehnung des Dogmas der Dreieinigkeit bis zur Identifizierung der katholischen Kirche mit dem Drachen der Apokalypse und des Papstes mit dem Antichrist.

Der Testamentsvollstrecker Thomas Pellet empfahl weise, die Papiere verborgen zu halten. Die Tochter von Catherine Barton, Catherine Conduitt, brachte sie als Mitgift in ihre Ehe mit John Wallop ein, dem Viscount of Lymington, der die Papiere derart schätzte, daß er sie in seinem Schloß Hurstbourne Park in North Hampshire begrub, wo sie 130 Jahre blieben. Einer der wenigen, die das Privileg hatten, den Koffer zu durchstöbern, war Bischof Samuel Horsley, Herausgeber des Gesamtwerks von Newton, der schockiert den Deckel schloß und mit niemandem darüber sprach. 1872 schickten die Erben Portsmouth die Papiere nach Cambridge, wo eine namhafte Kommission ein akkurates Inventar erstellte, die Aufzeichnungen von wissenschaftlichem Interesse aussortierte und kaufte und den Rest nach Hurstbourne Park zurücksandte.

Da die Wissenschaft sie hartnäckig ablehnte, wurden die übrigen Papiere 1936 dem Auktionshaus Sotheby's anvertraut, um sie an den Meistbietenden zu verkaufen. Die Aufzeichnungen über Alchimie erwarb der große Ökonom John Maynard Keynes und schenkte sie dem King's College in Cambridge. Andere Manuskripte wurden getrennt verkauft und sind heute als Besitz verschiedener Institutionen über Amerika und Großbritannien verstreut. Die Papiere von theologischem Interesse, die am geringsten geschätzt wurden, erwarb der Arabist Abraham Shalom Yahuda, der sie ohne Erfolg den Universitäten von Harvard, Yale und Princeton anbot. Schließlich hinterließ er sie verzweifelt dem Staat Israel. Nach einigen Jahren der Unentschlossenheit nahm sich 1969 die Bibliothek der Universität von Jerusalem ihrer an, aber niemand machte sich die Mühe, sie zu studieren. Kürzlich hat sie der Wissenschaftshistoriker Maurizio Mamiani wieder ausgegraben.

Aber hat sich die Mühe gelohnt? Ich würde sagen ja, weil die Aufzeichnungen nicht nur neues Licht auf die verschrobene und komplexe Persönlichkeit eines der größten Genies der Menschheit werfen, sondern auch zeigen, wieviel auf dem Grund des wissenschaftlichen Unternehmens noch heute unweigerlich magisch und esoterisch bleibt. Die alchimistischen und theologischen Spekulationen Newtons können nicht bloß, wie es noch Richard Westfall tat, der jüngste und bedeutendste Biograph Newtons, als anderes, unerwartetes und bizarres, aber wissenschaftlich irrelevantes Gesicht eines großen Genies angesehen werden. Heute schält sich eine andere und revolutionäre Sichtweise heraus: Der wahre Newton ist der Alchimist und Theologe, weil aus diesen Studien nicht nur die Ziele der *Philosophiae naturalis principia mathematica* geboren wurden, sondern auch die Methode dieser Bibel der modernen Physik.

Die von Mamiani herausgegebene Ausgabe der ersten, bislang unveröffentlichten Fassung der *Trattato sull Apocalisse* (»Abhandlung über die Apokalypse«) trägt zu dieser neuen Sicht entscheidend bei. Sie zeigt, daß Newton die regulae philosophandi, den logischen Kern seiner wissenschaftlichen Methode, ursprünglich ausarbeitete, um die Sprache der Heiligen Schrift und besonders der Apokalypse zu interpretieren. Erst später wendete er sie auf die Physik an. Und dieser Gebrauch der Methode liegt nicht nur zeitlich früher. Newton war überzeugt, daß es nur eine Wahrheit gibt und Gewißheit nur auf einem Weg zu erlangen ist: durch die Beherrschung der Bildsprache der Prophezeiungen. Er fand den Schüssel dieser Sprache in 70 Definitionen und 16 Regeln, die er in Wirklichkeit, wie Mamiani zeigt, aus einem Logikhandbuch von Robert Sanderson übernahm, das er als Student gelesen hatte. Die wissenschaftliche Methode, die in der Physik verwendet wird, ist nichts anderes als eine Vereinfachung und Reduktion dieser Regeln, weil die Welt der Physik für Newton den am leichtesten zu begreifenden Aspekt der Realität darstellte. Komplizierter dagegen war die Chemie, wo seiner Meinung nach eine direktere Verwendung der Bild- und Symbolsprache der Propheten erforderlich war.

Die wissenschaftliche Methode war also für Newton nichts anderes als eine vereinfachte Version der korrekten Interpretationsmethode der Prophezeiungen: Die Kenntnis der Heiligen Schrift bildete das Fundament und die Voraussetzung der sicheren und vollständigen Erkenntnis der physischen Welt. Galilei, der riskiert hatte, verbrannt zu werden, weil er das Gegenteil behauptet hatte, ruhe in Frieden. Diese kuriose Verflechtung von Theologie, Alchimie und

Wissenschaft mag vielen interessant, aber veraltet und für die Wissenschaft im Grunde irrelevant erscheinen. Aber ist es wirklich so unwichtig, daß Newton erst seine *Principia* schrieb, nachdem er Jahre als Magier, Alchimist und Theologe verbracht hatte? Ist es nicht vielmehr so, daß sich hinter jedem Wissenschaftler noch heute ein Koffer Newtons verbirgt? Die Nachforschungen der Historiker legen genau dies nahe.

Was bei den theologischen und esoterischen Texten Newtons überrascht, ist die fast pathologische Forderung nach Gewißheit und endgültigen und vollständigen Erklärungen. Der große Isaac verheimlicht nicht, daß er sich im Zeichen des unmittelbar bevorstehenden Weltuntergangs und des Jüngsten Gerichts für den letzten und endgültigen Deuter der Heiligen Schrift hält. Ähnlich präsentierte er sich in der Physik als Autor einer sicheren, endgültigen und vollständigen Erklärung des Universums, und mehr als 200 Jahre lang gab ihm die Wissenschaftswelt recht. Dann kamen der Elektromagnetismus, Einstein, die Atomphysik und die Quantenmechanik, und es schien fast, daß man wieder bei Null beginnen müsse. Die totale Gewißheit ist in eine unendliche Zahl von Zweifeln und Hypothesen zersprungen. Heute geben sich die Wissenschaftler, belehrt durch die Geschichte und den Philosophen Karl Popper, überzeugt, daß ihre Theorien weder sicher noch endgültig sind. Aber warum behauptet Stephen Hawking dann weiterhin, daß eine allumfassende Theorie in Sicht sei und die Physik kurz davor stehe, sie zu formulieren? Warum schreiben theoretische Physiker wie Paul Davies Bücher wie *Gott und die moderne Physik*?

Die Wahrheit ist, daß die Wissenschaft anscheinend nie die Idee akzeptiert hat, daß ihre eigene immer nur die vorletzte Version der Wahrheit ist, wie Jorge Luis Borges sagen würde. Wonach sie heimlich weiter strebt, ist die Gewißheit, die möglichst totale und endgültige Sicherheit. Noch heute kann daher der Kittel des Wissenschaftlers nicht den Mantel des Magiers und die Stola des Priesters verbergen. So sehr er versucht, seine fernen Ursprünge zu leugnen, bleibt der Wissenschaftler immer kaum merklich, aber dauerhaft mit der Religion und der Magie verbunden, den Berufen seiner Vorgänger. Dieses Band wird umso sichtbarer, je mehr er sich und andere davon zu überzeugen sucht, daß er die einzig mögliche Wahrheit gefunden hat. Gerade wenn er versucht, rational zu beweisen, den Schlüssel zum Universum zu besitzen, tut er der Vernunft unrecht und wird wieder zum Magier, und gerade, wenn er andere Meinungen kategorisch zurückweist, wird er wieder zum Priester.

Offenbar muß man daraus den Schluß ziehen, daß der Wissenschaftler seinen Beruf nicht gut ausübt, wenn er nicht ein bißchen Magier und ein bißchen Priester bleibt. Der Grund liegt beinahe auf der Hand, und Einstein hat ihn in einem bekannten Aufsatz über Wissenschaft und Religion genannt: Ohne das Irrationale wüßte der Wissenschaftler weder, wohin er gehen noch was er suchten sollte. Solange Computer keine Träume, Sehnsüchte, Sympathien, Ängste, Obsessionen und Paranoia haben, also alle Symptome der Irrationalität, werden sie weder etwas schaffen noch die Wissenschaft voranbringen können. Denn es ist diese dunkle und trübe Quelle, aus der die menschliche Rationalität schöpft, um immer komplexere Bilder der Wirklichkeit zu ersinnen. Nicht nur können wir uns dem Irrationalen nicht entziehen, wir sollten es auch gar nicht. Wir müssen uns damit abfinden, damit zu leben, es nutzbringend einzusetzen und lediglich vermeiden, in Wahn und Obskurantismus zurückzufallen. Das ist nicht leicht, aber möglich. Es reicht, sich wie Wissenschaftler und nicht wie Magier oder Priester zu benehmen.

Der wahre Wissenschaftler: Exorzist des Irrationalen und Prediger der Toleranz

Ich fand immer Darwins vorsichtige und tolerante Haltung beispielhaft, der sich im Gegensatz zu seinem großen Jünger und Apostel Thomas Huxley nie mit Bischöfen in die Haare geriet und nie ein fanatischer Anhänger der Theorie wurde, die er selbst aufgestellt hatte. Als er zu einer spiritistischen Sitzung eingeladen wurde, lehnte er als guter Gentleman nicht ab und erklärte dem unduldsamen Huxley mit großer Offenheit gegenüber dieser neuen Erfahrung: »Ich glaube, es könnte der Mühe lohnen.« Was den Spiritismus anging, so meinte Darwin, daß »man viele sehr stichhaltige Beweise benötigen würde, um glauben zu können, daß er mehr als ein bloßer Trick ist«. Einer Nachbarin, Lady Derby, die ihn um seine Meinung gebeten hatte, antwortete er:

»Nichts ist in dieser Hinsicht so schwierig wie die Festlegung einer genauen Trennungslinie zwischen dem, was man glauben kann und dem, was man skeptisch beurteilen muß.«

Seine Erfahrung hatte ihn überzeugt, daß es sich um einen Betrug handelte, aber er fühlte sich nicht berechtigt, dies kategorisch zu behaupten.

Nur wer von der irrationalen Überzeugung beherrscht wird, recht zu haben, fühlt sich befugt, endgültige Urteile zu fällen. Gerade dies aber sollte ein Wissenschaftler nie tun, und zwar gerade deshalb, weil streng technisch gesehen seine Wahrheit die wahrscheinlichste und fast immer die beste ist, wenn auch nicht notwendigerweise die letztgültige. Obwohl es heute einen unübersehbaren Trend zum Mystizismus und zum Irrationalen gibt, besteht daher kein Grund, einen Kreuzzug gegen die Astrologie oder gegen die Parapsychologie zu beginnen. Solange die Leute an Gedankenübertragung glauben, für Ferngespräche aber ihre Mobiltelefone benutzen, ist die Wissenschaft nicht ernstlich in Gefahr. Viel wichtiger ist es dagegen, sich vor den Fallstricken der Unmöglichkeitsverdikte zu schützen, die Wissenschaftler häufig verhängen.

Die Wissenschaft kann natürlich nicht alle Extravaganzen ernst nehmen, die jemandem in den Sinn kommen können, der sich als Wissenschaftler aufspielt. Alle Probleme unverstandener Genies entstehen aber, weil Wissenschaftler nie vor Fehlurteilen gefeit sind, wenn sie die Ideen von Amateuren und Außenseitern, ja selbst von Paranoikern, Mystikern und Okkultisten für unmöglich erklären. Es geht also darum, die heikelsten Fälle mit der notwendigen wissenschaftlichen Strenge zu behandeln, aber zugleich auch tolerant und demokratisch vorzugehen. Der erste wichtige Schritt in diese Richtung wäre, die Jurisdiktion des Tribunals der Wissenschaft auf das Feld zu beschränken, das von der wissenschaftlichen Kompetenz ihrer bedeutendsten Vertreter abgedeckt wird. Was außerhalb der Zuständigkeit der Wissenschaft im allgemeinen oder des Wissens ihrer kompetentesten Repräsentanten liegt, darüber sollte man auch kein Urteil fällen. Mehr noch: Es sollte nicht einmal in Erwägung gezogen werden.

Der Fall Galilei bietet ein erstes wichtiges Beispiel dafür, was um jeden Preis vermieden werden sollte. Da es den Wissenschaftlern nicht gelang, auf streng wissenschaftlicher Ebene die Haltlosigkeit der kopernikanischen Theorie zu beweisen (sie hatten hier zwar gute Kritikpunkte, wußten sie aber nicht zu nutzen), nahmen sie zu sachfremden, im wesentlichen religiösen Argumenten Zuflucht. Es ist, als hätte das Tribunal der Wissenschaft seine eigene Inkompetenz und Ohnmacht verkündet: Da man unbedingt die Theorie und ihren unliebsamen Verfechter verurteilen wollte, wandte man sich an das Tribunal des Glaubens. Wie schließlich auch der Papst einräumte, verbrannte sich die Kirche die Hände, als sie diese heiße Kartoffel annahm. Tatsächlich aber geht, wie schon gesagt, das erste Fehlurteil auf das Konto der Wissenschaftler, schlimmer noch, sie waren nicht in der Lage, es wissenschaftlich zu begründen: Galilei konnte und durfte nicht verurteilt werden, und die Zuflucht zu sachfremden Argumenten und einer unbeteiligten Macht war ein Mißbrauch.

Die erste Einsicht, um solche Fehltritte zu vermeiden, muß also sein, alle Erwägungen und Einflüsse auszuschalten, die mit Wissenschaft im strengen Sinne nichts zu tun haben. Auszuschalten sind vor allem religiöse, aber auch ideologische, politische und ökonomische Einflüsse sowie Vorurteile psychologischer Natur. Daß ein Forscher keinen akademischen Titel hat und sogar ein bißchen seltsam und unangepaßt wirkt wie Heaviside, heißt nicht notwendigerweise, daß seine Ideen irrelevant oder falsch sind, und es ist nicht richtig, Hillman oder Arp zum Schweigen zu bringen, indem man die Notwendigkeit vorschiebt, Geld oder »Teleskopzeit« sparen zu müssen. All diese Erwägungen dürfen eine streng wissenschaftliche Analyse auf keinen Fall beeinflussen. Sie können sich nämlich als Vorurteile auswirken, die das Interesse von den wirklich wichtigen Fragen ablenken oder ganz andere Beweggründe, die man nicht so gerne eingesteht, verdecken oder maskieren.

Die zweite Einsicht aus dem Fall Galilei ist die Weigerung, Fragen zu diskutieren, die außerhalb der Reichweite des gegenwärtigen wissenschaftlichen Wissens liegen. Die Wissenschaft unterscheidet sich von der Magie und auch von der Religion, weil sie zwar nach Wahrheit strebt, aber nicht vorgibt, sie ganz und unmittelbar zu besitzen. Im 17. Jahrhundert, als es noch schwierig war, einen Wissenschaftler von einem Magier zu unterscheiden, wäre es nicht nur gewöhnlichen Leuten, sondern auch der Wissenschaftsgemeinde schwer gefallen zu begreifen und zu erklären, welcher Unterschied nicht nur zwischen

Galilei und Kepler, sondern auch zwischen Galilei und einem der vielen Magier oder Alchimisten bestand. Verschiedene andere vor Galilei hatten Teleskope gebaut, in Italien besonders Giambattista Della Porta, der auch einer der Begründer der Accademia dei Lincei war, eine der ersten modernen wissenschaftlichen Gesellschaften, in der auch Galilei Mitglied war. Aber waren die beiden deshalb Kollegen und Della Porta ein Wissenschaftler im gleichen Sinn wie Galilei? Offenbar nicht, und zwar aus einem einfachen Grund: Das Feld wissenschaftlich behandelbarer Probleme war für Galilei viel kleiner als für Della Porta. Zu den Fragen, die letzterer lösen zu können meinte (und die er sogar, zumindest nach eigener Auskunft, schon 1586 gelöst hatte) gehörten »ein Spiegel, der auf eine Meile Entfernung ein Feuer entfacht; ein anderer, mit dem man mit einem Freund vermittels des Mondes über tausend Meilen räsonieren kann; eine Brille, mit der man einen Menschen über tausend Meilen entfernt erkennen kann und andere wundersame Dinge«, zu denen natürlich der »*lapis philosophorum*« gehörte, d. h. der Stein der Weisen, der für Stoffumwandlungen unverzichtbar war (eine Entdeckung, die er wohl noch nicht perfektioniert hatte, da er 1612 in einem Brief schrieb, daß er noch daran arbeitete und fürchte, ein anderer in Neapel könne ihn vor ihm »synthetisieren«). Galilei hatte einen weit klareren Verstand, er kannte die Grenzen der eigenen wissenschaftlichen Möglichkeiten gut. Auch wenn er sich bei der Geburt seiner Kinder umgehend ihr Horoskop stellen ließ und sogar riskierte, in den Prozeß des Abtes und Astrologen Orazio Morandi verwickelt zu werden, kann man ihn nicht als Astrologen bezeichnen, und er hätte es nie für einen Teil seiner Aufgabe gehalten, den Stein der Weisen zu finden. Auch hätte Galilei nie wie Descartes zu träumen gewagt, einmal ein Teleskop zu bauen, das so stark wäre, daß man sehen kann, »ob es auf dem Mond Lebewesen gibt«.

Das wissenschaftliche Wissen hat in jeder Epoche genau umrissene Grenzen, die von den verfügbaren Theorien und Instrumenten (für Berechnungen oder Experimente) bestimmt werden. Obwohl es also, wie Karl Popper gezeigt hat, nicht möglich ist, eine genaue Unterscheidung oder »Demarkationslinie« zwischen dem zu ziehen, was wissenschaftlich und was nicht wissenschaftlich ist, kann man dennoch bestimmen, ob ein Problem in einem bestimmten Moment der Wissenschaftsgeschichte wissenschaftlich behandelbar ist oder nicht.

Behandelbar bedeutet, das ist klar, nicht unmittelbar lösbar und impliziert auch keine Vorhersage. Würde das Behandelbare mit dem Vorhersagbaren zusammenfallen, wäre es ja leicht, Entdeckungen zu machen, aber paradoxerweise käme die Wissenschaft dann zum Stillstand. Es gäbe keinerlei Raum mehr für das Unvorhersehbare. Die Wissenschaft muß also Sorge tragen, die Tür zum Unvorhersehbaren immer offen zu halten. Die Schwierigkeit liegt darin, daß diesem häufig das Absurde auf dem Fuße folgt, und damit die totale Niederlage der Wissenschaft.

Eine der am wenigsten erwarteten und wichtigsten Entdeckungen in der Entstehungszeit der zeitgenössischen Physik waren die Kathodenstrahlen, die der englische Chemiker und Spiritist Sir William Crookes 1878 entdeckte. Zunächst war es ausgesprochen schwierig zu begreifen, was diese Strahlen waren. Crookes, bestärkt durch die Meinung von Cromwell Varley, Physiker und ebenfalls Spiritist, vertrat die Auffassung, es handle sich um den vierten Zustand der Materie, um einen strahlenden Stoff, der seiner Ansicht nach »genauso materiell ist wie ein vor uns stehender Tisch, während andere Eigenschaften beinahe den Charakter einer Strahlungskraft haben«. Es handelte sich für Crookes also um ein Mittelding zwischen Materie und Energie: Energie, die man in Materie verwandeln konnte und umgekehrt. Und er folgerte:

»Wir sind tatsächlich bis zu der Grenze vorgedrungen, an der sich Materie und Energie vermischen, in jenen Bereich, der zwischen dem Bekannten und dem Unbekannten liegt, der mich immer in besonderer Weise angezogen hat.«

Crookes war zu der Überzeugung gelangt, die wissenschaftliche Grundlage für die Erklärung mediumistischer Phänomene gefunden zu haben.

Als er es jedoch wagte, bei der Royal Society einen Aufsatz über dieses Thema einzureichen, erhielt er eine höfliche aber entschiedene Absage:

»Die Royal Society wäre bereit gewesen, Mitteilungen über die Existenz einer noch unbekannten natürlichen Kraft in Erwägung zu ziehen, wenn diese Mitteilungen hinreichende Beweise enthalten hätten; aber aufgrund der Unwahrscheinlichkeit der von Herrn Crookes beglaubigten Fakten und des völligen Mangels wissenschaftlicher Strenge in seinen Behauptungen wird sein Bericht der Aufmerksamkeit der Royal Society nicht für würdig erachtet.«

Tatsächlich bestanden die experimentellen Daten, die Crookes beigebracht hatte, in noch dazu sporadischen und wankelmütigen Äußerungen des Mediums Daniel Douglas Home. Home ließ bei seinen Sitzungen ein Akkordeon erklingen, das in einem Käfig in der Luft zu schweben schien, der sich natürlich unter einem klassischen spiritistischen Tisch befand.

1885 entdeckte auch Wilhelm Conrad Röntgen einen neuen Strahlungstyp, der für die Wissenschaftler ebenso unvorhergesehen und unbegreiflich wie die Kathodenstrahlung war. Röntgen vermied jedoch streng jedwede wissenschaftsfremde Betrachtung oder Mutmaßung und nannte die neue Strahlung sehr vorsichtig »X-Strahlen«, eben weil er nicht in der Lage war, ihre Natur zu bestimmen. Seine Entdeckung wurde von allen großen wissenschaftlichen Gesellschaften akzeptiert und anerkannt, und sie war auch die erste, die Schlagzeilen auf den Titelblättern der europäischen Tageszeitungen machte. Die Wissenschaftswelt hatte also recht, die Entdeckung der Kathodenstrahlung und der X-Strahlen zu akzeptieren (obwohl sie neue und fremdartige physikalische Größen einführten), weil sie auf soliden und wiederholbaren Experimenten beruhten. Dagegen war sie nicht der Meinung, daß die Äußerungen des Mediums Douglas Home durch das Akkordeon irgendeinen experimentellen Beweis für die Existenz einer neuen Kraft oder eines neuen Materiezustands boten.

In jeder Epoche gibt es Probleme, die nicht wissenschaftlich behandelt werden können und folglich unentscheidbar sind. In diesen Fällen müssen sich die Wissenschaftler vor jeder Art von Urteil hüten und sich darauf beschränken, die Grenzen ihrer eigenen Kompetenz zu präzisieren. Die Royal Society erklärte nicht, mediale Fähigkeiten seien unmöglich: Sie stellte lediglich klar, daß ihre Merkmale und die experimentellen Bedingungen, unter denen sie auftraten, außerhalb ihrer Kompetenz lagen.

In dieser Hinsicht hat sich die offizielle Wissenschaft bereits sehr gelehrig gezeigt, und es bleibt nur zu hoffen, daß sie in Zukunft zu einer »absoluten Toleranz« findet und nie eine wissenschaftliche Hypothese für unmöglich erklärt, nur weil sie nicht wissenschaftlich behandelt werden kann.

Der am weitesten verbreitete Fehler besteht jedoch nicht so sehr darin, die eigenen Grenzen und die eigene Kompetenz bei Hypothesen wie der von Crookes zu verkennen, als vielmehr Erfindungen wie die Glühbirne oder das Radio auszuschließen, weil man das eigene Wissen überschätzt oder ihm zu sehr vertraut. Man könnte sagen, daß Lord Kelvin oder Simon Newcomb nicht die kompetentesten Leute waren, um die Möglichkeit von Flugzeugen zu beurteilen. Aber Hertz war Ende des 19. Jahrhunderts sicher der kompetenteste Wissenschaftler, um die Möglichkeit von Radioübertragungen einzuschätzen, und ebenso sicher ist, daß er sie entschieden leugnete.

Eine derartige geistige Starrheit ist zum Teil psychisch bedingt und beruht auf der überheblichen Annahme der Vollständigkeit des eigenen Wissens. Mit Piaget haben wir diese Haltung als infantil bezeichnet, aber in vielen Fällen kann sie auch von rein wissenschaftlichen Erwägungen bestimmt oder jedenfalls verstärkt werden. Beim Radio war es die Analogie zwischen Radio- und Lichtwellen, die Hertz und Poincaré in die Irre führte. Diese Annahme war nur teilweise richtig und für die Beurteilung der Fernübertragung nicht von Belang. Es war die Geschichte des Elektromagnetismus und der Entdeckung der neuen Wellen, die beide in diese Richtung trieb, und die Analogie wirkte wie eine Scheuklappe.

Für Marconi, der mit der Entwicklung des Elektromagnetismus nicht so gut vertraut war, hatte diese Analogie einen viel geringeren Stellenwert und beeinflußte sein Vorhaben nicht im geringsten. Seine Ideen gingen in eine völlig andere Richtung: Für ihn war das Wesentliche, mit verschiedenen technischen Vorrichtungen die neuen Wellen zu nutzen, um Botschaften über weite Entfernungen zu übertragen. In diesem Fall ging es weniger um Toleranz als um eine größere geistige Beweglichkeit: Hertz und Poincaré hätten den Kernbestand ihres Wissens über Elektromagnetismus überprüfen und sich fragen müssen, ob die Analogie nicht weniger wichtig sein könnte als sie annahmen, oder ob sie nicht sogar vernachlässigt und aufgegeben werden konnte.

Jenseits des elften Gebotes

In den vorangegangenen Kapiteln haben wir das Toleranzprinzip historisch, psychologisch und auch soziologisch begründet. Aber es gibt auch einen rein theoretischen Grund, keine, nicht einmal die absurdeste Hypothese im vorhinein von der Hand zu weisen. Dieses Motiv hängt mit dem Wesen der Wissenschaft zusammen: Sie ist, wie heute wohl allgemein akzeptiert wird, ein unendliches Unternehmen, nicht nur, weil sie (wie Karl Popper uns gelehrt hat) aus kurzlebigen Theorien besteht, die früher oder später falsifiziert und ersetzt werden, sondern auch, weil ihr Gegenstand (die Gesamtheit der Dinge, also das Universum) offenbar unendlich und unerschöpflich ist. So unendlich und unerschöpflich, daß es auch das Undenkbare enthalten kann. Die dies behaupten, sind keineswegs Amateurphilosophen oder phantasierende Mystiker, sondern absolut unverdächtige Wissenschaftler.

Philip Morrison, einer der führenden Mitarbeiter beim Manhattan-Projekt, schrieb kürzlich ein ganzes Buch zum Beweis, daß nichts zu phantastisch ist, um wahr zu sein, und Tullio Regge vertritt seit Jahren die Hypothese der Unendlichkeit des Universums gegen jene, die wie Stephen Hawking die endgültige Theorie des Alls für beinahe abgeschlossen halten und das Ende der Physik vorhersagen. Sicher bewegt man sich bei Themen wie dem Universum oder dem Unendlichen an den Grenzen des rational Erfaßbaren, ohne Garantie, daß die Wissenschaftlichkeit gewahrt bleibt, aber dies bedeutet nicht, wie Wittgenstein zuerst meinte, daß man notwendigerweise darüber schweigen muß. Vor allem ist eine unabweisbare historische Feststellung zu treffen: Der Mensch, getäuscht vom gesunden Menschenverstand und konditioniert von seinem Sicherheitsbedürfnis, hat sich das Universum immer als geschlossenes und endliches System vorgestellt, aber er war dann gezwungen, die vermeintlichen Grenzen des Kosmos immer mehr zu erweitern, je mehr sein Wissen nach und nach wuchs. Archimedes glaubte, der Radius des Universums betrüge eine Million Kilometer, während Ptolemäus meinte, er müsse mehr als 200 Millionen Kilometer betragen. Der persische Astronom Qutb al-Din Shirazi machte sich die Mühe nachzurechnen und kam zu dem Schluß, daß man die Zahl um das Siebenfache erhöhen mußte. Als es 1838 Friedrich Wilhelm Bessel schließlich erstmals gelang, die Entfernung eines Sterns (61 Cygni) zu berechnen und er bewies, daß er 11 Lichtjahre entfernt war (mehr als hunderttausend Milliarden Kilometer), war klar, daß man dem Kosmos in der Antike naiverweise viel zu geringe Ausmaße zugeschrieben hatte. Die Frage schien endgültig beantwortet zu sein, als Einstein 1917 sein Modell eines (dank der Krümmung des Raums) endlichen und konstanten, aber nicht begrenzten Kosmos mit gleichmäßiger Materieverteilung skizzierte. Aber auch Einstein hatte sich geirrt: Das Universum, so meinte man später, entstand aus einer gewaltigen Explosion und befindet sich in ständiger Ausdehnung. Wenn es offen und unendlich ist, wird es sich immer weiter ausdehnen und die Galaxien werden sich immer weiter voneinander entfernen. Ist es dagegen geschlossen und endlich, wird auf die gegenwärtige Ausdehnungsphase eine Phase der Kontraktion folgen, und am Ende wird der Kosmos in sich zusammenstürzen und aufhören zu existieren.

Das Problem bleibt also offen. Aber die Daten, über die wir verfügen (und dies legt auch die Wissenschaftsgeschichte als ganze nahe), deuten eher auf ein unendliches Universum. Man kann also Regge zustimmen und folgern, daß die Idee eines unendlichen Universums nicht im mindesten wissenschaftlicher ist als die Annahme eines endlichen Kosmos, aber beim gegenwärtigen Stand der Dinge wahrscheinlicher. Ebenso wahrscheinlich ist, daß in einem unendlichen Universum die erweiterte Version des »elften Gebots« gilt. Dieses Gebot verdankt sich nicht Moses, sondern dem Nobelpreisträger Murray Gell-Mann, der die Auffassung vertrat, daß auf dem Gebiet der Elementarteilchen (sein Spezialgebiet) und der Quantenmechanik das Prinzip gelte »was nicht verboten ist, ist obligatorisch«. Auch hochgradig unwahrscheinliche Phänomene, so meinte er damit, ereignen sich früher oder später notwendig, sofern sie mit der Feldtheorie nicht inkompatibel sind. Regge schlägt in seinem Buch eine erweiterte Version dieses elften Gebots vor, das danach für das gesamte Universum und nicht mehr nur für die Teilchenphysik gelten soll: »Ein möglicher Gegenstand, auch wenn er extrem unwahrscheinlich ist, muß sich in irgendeinem Ereignis der Raumzeit realisieren.« Kurz, alles, was auch nur minimal wahrscheinlich ist, wird früher oder später Wirklichkeit.

In einem Gespräch mit dem Schriftsteller Primo Levi sagt Regge, dessen langer Umgang mit Zahlen offenbar seine Phantasie nicht beeinträchtigt hat:

»Eine Statue von Primo Levi aus tibetischem Olivenöl, das auf 200 Grad minus gefroren ist, gibt es sicher in irgendeinem Teil des Universums: Es handelt sich um ein extrem unwahrscheinliches Objekt, weshalb man sicher einige Milliarden Jahre reisen muß, um es aufzufinden, aber irgendwo existiert es. Das Universum ist unendlich, weil es allem Raum bieten muß, was erlaubt ist, denn alles was erlaubt ist, ist obligatorisch.« (*Dialogo: Primo Levi e Tullio Regge*)

Das elfte Gebot von Regge lädt dazu ein, das Eigenrecht des Unwahrscheinlichen und seiner Verfechter zu respektieren. Würden Wissenschaftler es befolgen, wären sie viel vorsichtiger: Sie würden viel länger nachdenken, bevor sie Theorien als absurd verurteilen, die sie nicht begreifen und die ihnen realitätsfern erscheinen. Dies ist meiner Meinung nach der erste große Vorteil, den die Wissenschaft aus der Hypothese eines unendlichen Universums ziehen kann. Diese Idee würde es erlauben, die Auseinandersetzung unter Wissenschaftlern, die unterschiedliche Theorien vertreten, auf zivilisiertere und demokratischere Grundlagen zu stellen. Dennoch bliebe es immer möglich, Verurteilungen auszusprechen, weil das Unmögliche offenbar grundsätzlich außerhalb dessen liegt, was wissenschaftlich behandelt werden kann. Alle Wissenschaftler, die von Kollegen drangsaliert und an den Rand gedrängt wurden, mußten sich gegen das Urteil zur Wehr setzen, ihre Ideen seien absolut unmöglich. Will man also wirklich eine demokratische Revolution innerhalb der Wissenschaftsgemeinde bewirken, muß man einen Weg finden, um auch dem Unmöglichen ein Existenzrecht zu gewähren.

Wie bereits angedeutet geht es hier um ein riskantes Unterfangen, denn das Unmögliche scheint Wissenschaft und Vernunft auszuklammern und, wie Hegel sagte, der Schlaf der Vernunft gebiert Ungeheuer. Dies ist der Grund, warum der epistemologische Anarchismus von Paul Feyerabend mit allgemeiner Feindseligkeit aufgenommen wurde. Sein Prinzip »alles geht« sichert vielleicht die Demokratie in der Wissenschaftsgemeinde, aber nicht die Strenge und die Ernsthaftigkeit der Wissenschaft. Wie bereits gesagt würde die Wissenschaft als intellektuelle Tätigkeit ihre Wesenszüge verlieren und – völlig vom Irrationalen absorbiert – verschwinden, wenn alles für gleich möglich gehalten wird. Das Unmögliche, so scheint es, ist nicht von dieser Welt. Nichts verbietet uns jedoch, neben unserer eigenen andere, alternative, parallele oder einfach benachbarte mögliche Welten in Betracht zu ziehen und anzunehmen, daß sich in ihnen ereignet, was in unserer unmöglich ist.

Auch hier bewegen wir uns an den Grenzen des Irrationalen, aber nicht ohne uns wenigstens teilweise auf die Wissenschaft zu stützen.

Nach Meinung von John A. Wheeler, Lehrer und Freund von Tullio Regge, garantiert uns niemand, daß dies das einzige existierende oder mögliche Universum ist. Für ihn ist es wahrscheinlicher, daß es eine lange, ja sogar unendliche Reihe von Universen gibt. Zusammen mit Hugh Everett und Neill Graham hat er ein Modell vorgeschlagen, in dem jedes dieser Universen aus wiederholten Ausdehnungen und Kontraktionen hervorgeht, welche die Materie schließlich erneut zu einer »anfänglichen Einheit mit der Ausdehnung null und unendlicher Temperatur« zurückführen. Unter diesen Bedingungen erhält sich die Energie auch im leeren Raum und kann durch eine neue Explosion ein neues Universum schaffen. Es würde sich hier wohlgemerkt nicht um die ewige Wiederholung derselben Welt handeln, sondern um immer neue Welten mit vermutlich neuen Konstanten und physikalischen Gesetzen.

Daher, so Wheeler, ist das, was wir Universum nennen, lediglich eine historische Phase, eine kurze Spanne im Leben eines energetisch aktiven leeren Raums, der neben unserer eigenen unendlich viele andere Welten hervorbringen wird, die einen anderen Aufbau haben, die wahrscheinlich von Beobachtern untersucht werden, die ebenfalls ganz anders sind als wir. Die Wissenschaftlichkeit dieser Hypothese ist umstritten (Regge etwa lehnt sie ab), aber aus historischer Perspektive erscheint sie mehr als plausibel, weil sie mit der Entwicklung der Kosmologie seit Kopernikus übereinstimmt und teleologische Verirrungen wie das berüchtigte »anthropische Prinzip«, das Robert H. Dicke und Brandon Carter in den 60er Jahren in einer Art »gegen-kopernikanischer« Revolte aufstellten, vermeidet.

Nach dem kopernikanischen Prinzip konnte und durfte die Position des irdischen Beobachters in keiner Weise privilegiert sein. Schlicht gesagt, der Mensch kann sich nicht als Zentrum des Universums betrachten. Das anthropische Prinzip geht dagegen in die gegenteilige Richtung und behauptet praktisch, das Universum sei eigens für uns geschaffen: Die Eckpfeiler dieses Universums, seine grundlegenden physikalischen Konstanten, sind nach dieser Idee so wie sie sind und nicht anders, weil der Kosmos andernfalls nicht den Menschen (uns) hervorgebracht haben könnte, dessen Existenz unabdingbar ist, damit er aus seinem Inneren heraus erkannt werden kann. Mit anderen Worten: Es haben sich das einzige erkennbare Universum und sein einziger möglicher Beobachter getroffen. In diesem Sinne ist das anthropische Prinzip ein Monstrum der Historiographie: Es geht in die entgegengesetzte Richtung der Entwicklungslinie seit Galilei. Dicke und Carter nehmen damit das Leibnizsche Diktum von der »besten aller Welten« allzu wörtlich, das Voltaire in *Candide* satirisch kommentierte, und führen in die Physik wieder eine für magisches Denken typische Teleologie ein. Die beste Art, solche unerlaubten philosophischen Rückfälle auszutreiben, ist gerade der Vorschlag Wheelers, der zu Folgerungen kommt, die nicht nur an die »unendlichen Welten« von Giordano Bruno erinnern, sondern auch an die ironischen Bemerkungen, mit denen Galilei die Widersacher des Kopernikanismus in Verlegenheit brachte.

In dieser neuen und umfassenderen Perspektive kann man eine weitere Ausdehnung des elften Gebots von Gell-Mann vorschlagen, um zu garantieren, daß auch das Unmögliche nicht nur zu seinem Recht kommt, sondern ihm sogar eine wissenschaftliche Existenznotwendigkeit zugestanden wird. Was in einem der vielen vorstellbaren Universen unmöglich ist, könnte in einem anderen möglich oder sogar notwendig sein. Die absurdesten Ideen und überspanntesten Hypothesen sind wortwörtlich »von einer anderen Welt«, in dem Sinne, daß sie Splitter und Fetzen von Theorien sind, die andere Zustände, andere Universen beschreiben. Sie können also wie nützliche Anstöße wirken, um andere Welten zu erkunden. Während es bislang erlaubt war, viele von ihnen als Beschreibungen von gänzlich unmöglichen Zuständen abzulehnen, ist es heute klüger und zweckmäßiger zu präzisieren, daß sich dieses Urteil nur auf den besonderen physikalischen Zustand bezieht, der unser eigenes Universum charakterisiert, das Gegenstand der wissenschaftlichen Forschung ist. Die Wissenschaftlergemeinde muß sich dessen bewußt sein, wenn sie nicht nur ihre wissenschaftliche Strenge so gut wie möglich gewährleisten will (wie sie es bereits tut), sondern auch eine raschere Entwicklung des Wissens ermöglichen möchte, die auf einer offenen und demokratischen Auseinandersetzung verschiedener Standpunkte beruht. Eine solche Haltung könnte geradezu der methodologische Angelpunkt einer neuen Phase der Forschung werden, wenn denn wirklich eine vollständige Theorie dieses besonderen Universums in Sicht wäre und man beginnen müßte, verschiedene alternative, parallele oder einfach nur mögliche Welten zu erkunden.

Unabhängig von ihrer Richtigkeit kann man die Hypothese von Wheeler somit als Fundament einer Art von »absolutem Toleranzprinzip« betrachten, daß meiner Meinung nach die Beziehungen unter den Wissenschaftlern sowohl innerhalb als auch außerhalb der Forschergemeinde und der wissenschaftlichen Orthodoxie regeln sollte. Natürlich gelten für die Anwendung dieses Prinzips die Vorsichtsmaßnahmen und Grenzen, auf die ich oben hingewiesen habe, und es versteht sich, daß es vor allem als ethisches Prinzip zu verstehen ist. Dennoch kann man trotz der gebotenen Vorsicht und der aufgezeigten Grenzen nicht ausschließen, daß es auch einen wissenschaftlichen Wert hat, der heute nur schwer und vielleicht überhaupt nicht zu beweisen ist. Mit einer Metapher, die, wie ich hoffe, nicht als beleidigend empfunden wird, läßt sich dennoch ihr allgemeiner Sinn zeigen. Es handelt sich um eine Übertragung der berühmten »Tippaffen« von Émile Borel von der Literatur auf die Wissenschaft. Nach der ursprünglichen Formulierung dieses französischen Marineministers, der die Zeit fand, grundlegende Beiträge zur Wahrscheinlichkeitsrechnung zu leisten, würden eine Million Affen, die auf ebenso vielen Schreibmaschinen tippen, in relativ kurzer Zeit die gesamte Weltliteratur produzieren, gesetzt den Fall, es gäbe einen Mechanismus, der die sinnvollen von den Myriaden von zufällig entstandenen sinnlosen Buchstabensequenzen herausfilterte. Natürlich könnte keiner der Affen mit Dante oder Shakespeare verglichen werden, weil keiner von ihnen sich die besondere Aufgabe gestellt hat, die *Göttliche Komödie* oder *Romeo und Julia* zu schreiben: Sie sollen lediglich alle zusammen die Werke der Weltliteratur tippen. Zweitens gingen weder Dante noch Shakespeare blind nach der Versuch-und-Irrtum-Methode zu Werke. Ihre Schöpfungen sind nicht das Ergebnis einer Auswahl zufällig produzierter Sätze. Der Wissenschaftler dagegen arbeitet im Grunde genau auf diese Weise: Er formuliert Theorien und Hypothesen auf eine stark vom Zufall beeinflußte Weise und unterzieht sie dann dem Experiment, das als selektiver Filter wirkt. Die Analogie mit den Tippaffen paßt daher besser zum Wissenschaftler als zum Künstler, weil dieser in keiner Weise an die Realität gebunden ist. Man könnte sagen, daß der Wissenschaftler ein gebundener, der Künstler dagegen ein ungebundener Schöpfer ist. Oder daß der Künstler selbst seine Schöpfungen filtert, während der Wissenschaftler der Kontrolle der physischen Wirklichkeit unterliegt. Das Kunstwerk ist also wirklich einzigartig und alle seine möglichen Variationen sind ohne Belang.

Der Vers »*O Mistress mine, where are you roaming?*« aus Shakespeares *Was ihr wollt* zum Beispiel ist nur eine der unzähligen möglichen Variationen der Buchstaben des englischen Alphabets, aus denen er besteht, und jemand hat ausgerechnet, daß man 300 Millionen Mal das vermutete Alter unseres Universums benötigen würde, um zufällig darauf zu kommen, wobei man eine Million Variationen in der Sekunde bearbeiten müßte. Alle Sequenzen, die nicht mit dem Vers von Shakespeare übereinstimmen, auch die entfernt ähnlichen wie »*O Mistrmine ess why yare reou amingro*« sind vollkommen unbedeutend und nutzlos, und dies entscheidet der Autor bereits, bevor sie ihm in den Sinn kommen. Bei der wissenschaftlichen Arbeit dagegen gebührt das letzte Wort der Natur, und deshalb kann manchmal gerade eine Kombination, die allen zusammenhanglos erscheint, richtig sein.

Schlimmer noch, nicht einmal die Hypothesen, die von der physikalischen Realität falsifiziert werden, können strenggenommen als völlig unbedeutend und unmöglich beiseite gelegt werden. Sie könnten zu einer der unendlichen Welten von Wheeler passen. Während Shakespeare nur eine endgültige Version von *Was ihr wollt* hinterlassen hat, könnte es dem Schöpfer gefallen haben, eine unendliche Zahl von Universen zu entwerfen. Damit hätte jeder, auch ein *crank*, die Möglichkeit, etwas Sinnvolles über eine von ihnen zu sagen.

Wenn dies wirklich so ist, müßte man den Schluß ziehen, daß es etwas Unmögliches für die Wissenschaft nicht geben kann: »Unmöglich« wäre nur das, was wir lange suchen und worauf wir lange warten müssen, bis es sich verwirklicht. Herodot sagte: »Alles, was möglich ist, ereignet sich, läßt man ihm nur die Zeit.« Vielleicht läßt sich dasselbe über das Unmögliche sagen. Wichtig ist, es nicht so eilig zu haben. Diesen Fehler machen oft diejenigen, die nicht an die Wissenschaft glauben und sofort sehen wollen, wie Dinge Realität werden, die vielleicht einer anderen Wirklichkeit angehören. Und wichtig ist, nicht hartnäckig die Augen zu schließen, wie es manchmal die Wissenschaftler tun.

Anmerkungen

1   Alte Bezeichnung für das nördliche China, abgeleitet vom Namen der Kitan, ein hirtennomadischer Stämmeverband der südlichen Mandschurei, der zu Beginn des 10. Jahrhunderts die Region um Peking eroberte. (A.d.Ü.)

2   Sammelbezeichnung für die fünf regulären Körper, d. h. für die Körper, die aus kongruenten regelmäßigen Vielecken bestehen und in deren Ecken immer gleich viele Flächen gleichartig zusammentreffen. Bereits bei Euklid findet sich der Beweis, daß es nur fünf platonische Körper (Tetraeder, Würfel, Oktaeder, Dodekaeder und Isokaeder) gibt. Platon benutzte die nach ihm benannten Körper im *Timaios* zur Interpretation der Elemente und ihrer Eigenschaften. (A.d.Ü.)

3   Verwendung eines unbewiesenen, erst noch zu beweisenden Satzes als Beweisgrund für einen anderen Satz. (A.d.Ü.)

4   Römerin, die der Sage nach die Sabiner in die Burg Roms einließ und von ihnen als Verräterin getötet wurde. (A.d.Ü.)

5   Gemeint ist Cornelia, Tochter des Scipio Africanus Maior und somit patrizischer Herkunft, eine der bedeutendsten römischen Frauengestalten des 2. Jahrhunderts vor Chr. Sie widmete sich nach dem Tod ihres Mannes der Erziehung ihrer Kinder, besonders des Tiberius und Gaius Gracchus, deren Größe und Untergang sie erlebte. Bruchstücke aus Briefen an ihren Sohn Gaius bezeugen ihre hohe Gesinnung. (A.d.Ü.)

6   Das Zurückbleiben einer Wirkung hinter dem jeweiligen Stand der sie bedingenden veränderlichen Kraft. (A.d.Ü.)

7   Jacques Benveniste veröffentlichte 1988 in *Nature* zusammen mit anderen Autoren einen Artikel, in dem eine ähnlich Behauptung aufgestellt wurde, die sich jedoch experimentell nicht bestätigte. (A.d.Ü.)

8   Das folgende Zitat ist entnommen aus Galileo Galilei, *Dialog über die Weltsysteme*, hrsg. von Hans Blumenberg (von Ferdinand Fellmann durchgesehene Übersetzung von Emil Strauß, Leipzig 1891).

9   In der formalen Logik eine Aussagebeziehung, die nur dann falsch ist, wenn die erste der beiden miteinander verbundenen Aussagen wahr und die zweite falsch ist. (A.d.Ü.)

Literatur

I. Verrückte oder unverstandene Genies?

Albert, R.S., *Genius and Eminence: The Social Psychology of Creativity and Exceptional Achievement*, Elmsford 1983.

Allen, H.S., »J Phenomenon and X-Ray Scattering«, in: *Nature*, 112, 1923, pp. 723-724.

Ders., »Charles Glover Barkla, 1877-1944«, in: *Obituary Notices of Fellows of the Royal Society of London*, 5, 1947, pp. 341-366.

Astruc, Alexandre, *Évariste Galois*, Paris 1994.

Atkins, H., »The Attributes of Genius from Newton to Darwin«, in: *Ann. R. Coll. Surg.*, 48, 1971, pp. 193-218.

Baldwin, James Mark, *The Story of the Mind*, New York 1898.

Ders., *Das Denken und die Dinge oder Genetische Logik. Eine Untersuchung der Entwicklung und der Bedeutung des Denkens*, 2 Bde., Leipzig 1908-1910.

Bartocci, Umberto, *America: una rotta templare*, Mailand 1995.

Becker, G., *The Mad Genius Conroversy*, Beverly Hills 1978.

Bennet, A.M., »Science: the Antitheses of Creativity«, in: *Perspect. Biol. Med.*, 11, 1968, pp. 233-246.

Briggs, John, *Fire in the Crucible: The Self-Creation of Creativity and Genius*, Los Angeles 1990.

Cristofanelli, P., Morasso, M.T. u. Selis Venturino, A. (Hg.), *Cristoforo Colombo: un ritratto grafologico*, Genua 1992.

Dreyer, John Louis Emil, *History of the Planetary Systems from Thales to Kepler*, Cambridge 1906.

Gerlach, Walter und List, Martha, *Johannes Kepler. Dokumente zu Leben und Werk*, München 1971.

Holton, Gerald, »Johannes Kepler's Universe: Its Physics and Metaphysics«, in: *Thematic Origins of Scientific Thought*, Cambridge (Mass.) 1973, pp. 69-90.

Infeld, Leopold, *Whom the Gods Love. The Story of Évariste Galois*, Resten 1978.

Lafleur, Laurance J., »Cranks and Scientists«, in: *The Scientific Monthly*, Nov. 1951, pp. 284-290.

Madariaga, Salvador de, *Kolumbus: Leben, Taten und Zeit des Mannes, der mit seiner Entdeckung die Welt veränderte*, Mailand 1960.

Ochse, R.A., *Before the Gates of Excellence: The Determinants of Creative Genius*, New York 1990.

Oldham, John M. und Bone, S., *Paranoia*, Madison 1994.

Ore, Oystein, *Niels Hendrik Abel*, Basel 1950.

Ostwald, Wilhelm, *Große Männer*, Leipzig 1909.

Pistarino, Geo, *Cristoforo Colombo: l'enigma del criptogramma*, Genua 1990.

Polanyi, M., »Genius in Science«, in: *Archs. Phil.*, 34, 1971, pp. 593-607.

Révész, Géza, *Talent und Genie. Grundzüge einer Begabungspsychologie*, München 1952.

Rothman, Tony, »Genius and Biographers: The Fictionalization of Évariste Galois«, in: *American Mathematical Monthly*, 89, 1982, pp. 84-106.

Ders., »The Short Life of Évariste Galois«, in: *Scientific American*, 246, 1982, pp. 136-148.

Rusconi, Roberto (Hg.), *Cristoforo Colombo: Libro de las profecias*, Rom 1993.

Siegel, Ronald K., *Wispers: The Voices of Paranoia*, New York 1994.

Simonton, Dean Keith, *Scientific Genius. A Psychology of Science*, New York 1988.

Stephenson, Bruce, *Kepler's Physical Astronomy*, Berlin 1987.

Ders., *The Music of the Heavens. Kepler's Harmonic Astronomy*, Princeton 1994.

Stephenson, R.J., »The Scientific Career of Charles Glover Barkla«, in: *American Journal of Physics*, 35, 1967, pp. 140-152.

Taylor, C.W. u. Barrow, F. (Hg.), *Research Conference on the Identification of Creative Scientific Talent*, New York 1963.

Terman, Lewis Madison, *Genius and Stupidity: A Study*, Salem 1975.

Toti Rigatelli, Laura, *Matematica sulle barricate. Vita di Évariste Galois*, Florenz 1993.

Valejo-Nagera, J.A., *Pazzi e celebri*, Mailand 1993 (ital. Übers.).

Wilson, Curtis, *Astronomy from Kepler to Newton*, London 1989.

Wynne, Brian, »C.G. Barkla and the J Phenomenon«, in: *Social Studies of Science*, 6, 1976, pp. 307-347.

Ders., »Between Orthodoxy and Oblivion: The Normalization of Deviance in Science«, in: *Sociological Review Monograph* (hrsg. von Richard Wallis), 27, Newcastle, März 1979, pp. 67-84.

Zangger, Eberhard, *Atlantis: eine Legende wird entziffert*, München 1992.

II. Die »kleine« Wissenschaft der Amateure und Außenseiter

Austin, James H., Chase, *Chance and Creativity. The Lucky Art of Novelty*, New York 1978.

Barrotta, Pierluigi, *Dogmatismo ed eresia nella scienza: Joseph Priestley*, Mailand 1994.

Becker, H.S., *Outsiders*, New York 1996.

Bernstein, Jeremy, *Cranks, Quarks and the Cosmos: Writings on Science*, New York 1993.

Brante, Thomas, Fuller, S. u. Lynch, W. (Hg.), *Controversial Science: From Content to Contention*, Albany 1993.

Catt, Ivor, *Das Catt-Konzept*, Düsseldorf/Wien 1972.

Ders., *Computer Worship*, London 1973.

Ders., *Electromagnetic Theory*, St. Albans 1979-80.

Ders., »The New Bureaucracy«, in: *Wireless World*, Dez. 1982, pp. 47-49.

Ders., *The Catt Anomaly*, St. Albans 1996.

Ders., Walton, D. u. Davidson, M., *Digital Hardware Design*, London 1979.

Commerford, M.T., *The Inventions, Researches, and Writings on Nikola Tesla*, New York 1984.

Horrobin, David F., »Referees and Research Administrators: Barriers to Scientific Research?«, in: *British Medical Journal*, 2, 1974, pp. 216-218.

Ders., »Scientific Medicine: Success or Failure?«, in: Weatherall, D.J., Ledingham, J.G.G. u. Warrell, D.A. (Hg.), *Oxford Textbook of Medicine*, London 1987.

Ders., »The Grants Game«, in: *Nature*, 339, 1989, p. 654.

Ders., »The Philosophical Basis of Peer Review and the Suppression of Innovation«, in: *JAMA*, 263, 1990, pp. 1438-1441.

Leland, I.A., *Nikola Tesla on his Work with Alternating Currents and Their Application to Wireless Telegraphy, Telephony, and Transmission of Power*, Denver 1992.

Martin, Brian, *Intellectual Suppression*, London 1986.

Morgan, Augustus de, *A Budget of Paradoxes*, London 1972.

Pais, Abraham, *Ich vertraue auf Intuition. Der andere Albert Einstein*, Heidelberg/ Berlin/Oxford 1995 (engl. Titel: *Einstein Lived Here*).

Reid, Gladys, »The Pharmacological Role of Zinc: Evidence From Clinical Studies on Animals«, in: *Medical Hypotheses*, 7, 1981, pp. 207-215.

Searle, George F.C., *Oliver Heaviside: The Man*, hrsg. von Ivor Catt, St. Albans 1987.

Sobel, Dava, *Längengrad: Die wahre Geschichte eines einsamen Genies, welches das größte wissenschaftliche Problem seiner Zeit löste*, Berlin 1996.

Strutt, Robert John, *John William Strutt, Third Baron Rayleigh*, London 1924.

III. Das ist unwissenschaftlich

AAVV, *Colloque d'histoire des sciences: I, Résistence et ouverture aux découvertes et aux théories scientifiques dans le passé*, Louvain, Centre d'Histoire des Sciences et des Techniques de l'Université Catholique de Louvain, 1972.

Arp, Halton, *Quasars, Reshifts, and Controversies*, Berkeley 1987.

Ders., Field, George Brooks u. Bahcall, John N., *The Redshift Controversy*, Reading (Mass.) 1973.

Ashton, S.V. u. Oppenheim, C., »A Method of Predicting Nobel Prizewinners in Chemistry«, in: *Social Studies of Science*, 8, 1978, pp. 341-348.

Barber, Bernard, *Science and the Social Order*, London 1953.

Ders., »Resistance by Scientists to Scientific Discovery«, in: *Science*, 134, 1961, pp. 596-602.

Bermant, Chaim, *Murmurings of a Licensed Heretic*, London 1990.

Brush, Stephen, »Prediction and Theory Evaluation: Alfven on Space Plasma Phenomena«, in: *Eos*, 9. Januar 1990, p. 19.

Collins, Harry M. u. Pinch, T., *The Golem: What Everyone Should Know about Science*, New York 1993.

Ders., »The Tea Set: Tacit Knowledge and Scientific Networks«, in: *Science Studies*, 4, 1974, pp. 165-186.

Cooke, R.M., *Experts in Uncertainty. Opinion and Subjective Probability in Science*, London 1991.

Dingle, Herbert, *Science at the Crossroads*, London 1972.

Duncan, Simon S., »The Isolation of Scientific Discovery: Indifference and Resistance to a New Idea«, in: *Science Studies*, 4, 1974, pp. 109-134.

Engelhardt, Hugo T. jr. u. Caplan, A.L. (Hg.), *Scientific Controversies: Case Studies in the Resolution and Closure of Disputes in Science and Technology*, New York 1987.

Evenett, P.J., »Fact or Artifact? Debate on the Reality of the Unit Membrane«, in: *Proceedings of the Royal Microscopical Society*, 15, 1980, pp. 334-335.

Fedoroff, Nina u. Botstein, D., *The Dynamic Genome: Barbara McClintock's Ideas in the Century of Genetics*, Cold Spring Harbor 1992.

Felix, L., *La science au goulag*, Paris 1981.

Feyerabend, Paul, »From Incompetent Professionalism to Professionalized Incompetence: The Rise of a New Breed of Intellectuals«, in: *Philosophy of the Social Sciences*, 8, 1978, pp. 37-53.

Hallam, Anthony, *Great Geological Controversies*, Oxford 1989.

Hetherington, Noriss S., »Edwin Hubble: Legal Eagle«, in: *Nature*, 16. Januar 1986, p. 189.

Hillman, Harold, »The Effect of Visible Light, Sound, Electric Current, Centrifugation and Sodium Ion on the Terminal Phosphate of ATP«, in: *Biochemical Journal*, 93, 1964, p. 14.

Ders., »The Effect of Visible Light on ATP Solution«, in: *Life Sciences*, 5, 1966, pp. 589-605.

Ders., »The Chemical Basis of Epilepsy«, in: *Lancet*, 2, 1970, pp. 23-24.

Ders., *Certainty and Uncertainty in Biochemical Techniques*, Henley on Thames 1972.

Ders., »Artefacts in Electron Microscopy and the Consequences for Biological and Medical Research«, in: *Medical Hypotheses*, 6, 1980, pp. 233-244.

Ders., »Cell Structure: Some Questions Not Answered by Electron Microscopists«, Brief in: *School Science Review*, 224, 1982, pp. 173-177.

Ders., »Biochemical Cytology: Has It Advanced in the Last 35 Years?«, in: *The Biologist*, 65, 1983, pp. 1-16.

Ders., »The Anatomical Synapse in Mammals by Light and Electron Microscopy«, in: *Medical Hypotheses*, 17, 1985, pp. 1-32.

Ders., »Fraud versus Carelessness«, in: *Nature*, 326, 1987, p. 736.

Ders., »How to Make Medical Research More Successful«, in: *Practitioner*, 231, 1987, pp. 998-1003, 1403-1409.

Ders., »Critique of Current Views on Receptors, and a New General Theory of Receptor Location and Action in Vivo«, in: *Medical Hypotheses*, 26, 1988, pp. 193-205.

Ders., »Mechanisms for the Prevention of the Diffusion of Unpopular Views in Liberal Societies«, in: *Accountability in Research*, 1, 1991, pp. 1-15.

Ders., »Resistance to the Spread of Unpopular Academic Findings and Views in Liberal Societies, Including a Personal Case«, in: *Accountability in Research*, 1, 1991, pp. 259-272.

Ders., »Some Microscopic Considerations about Cell Structure: Light versus Electron Microscopy«, in: *Microscopy*, 36, Frühjahr 1991, pp. 557-576.

Ders., *The Case for New Paradigms in Cell Biology and in Neurobiology*, Lewiston 1991.

Ders., »Honest Research«, in: *Science and Engineering Ethics*, 1, 1995, pp. 49-58.

Ders. u. Jarman, D., *Atlas of Cellular Structure of the Human Nervous System*, London 1991.

Ders. u. Sartory, Peter, »The Unit Membrane, the Endoplasmaic Reticulum and the Nuclear Pores are Artefacts«, in: *Perception*, 6, 1977, pp. 667-673.

Ders., »Whose Illusions?«, Brief an den *Observer*, 1. Januar 1978.

Holton, Gerald, »Models for Understanding the Growth and Excellence of Scientific Research«, in: ders. u. Graubard, S.R. (Hg.), *Excellence and Leadership in a Democracy*, New York 1962.

Hoyle, Fred, *Facts and Dogmas in Cosmology and Elsewhere. The Rede Lecture*, 1982, New York 1982.

Ders., *The Intelligent Universe*, London 1983.

Ders., *Home Is Where the Wind Blows: Chapters from a Cosmologist's Life*, Mill Valley 1994.

Ders., Burbidge, Geoffrey u. Narlikar, Jayant Vishnu, »A Quasi-Steady-State Cosmological Model with Creation of Matter«, in: *Astrophysical Journal*, 410, 20. Juni 1993, pp. 437-457.

Kauffman, George B. u. Beck, Mihaly Tibor, »Self-Deception in Science: The Curious Case of Giorgio Piccardi«, in: *Speculations in Science and Technology*, 10, 1986, p. 113.

Maddox, John, »The Return of Cosmological Creation«, in: *Nature*, 371, 1. September 1994, p. 11.

Masini, Giancarlo, Manzelli, P. u. Costa, M., *I segreti dell'acqua. L'opera scientifica di Giorgio Piccardi*, Rom 1994.

Marshall, Eliot, »Science beyond the Pale Space Physicists with Unorthodox

Theories Fight an Uphill Battle for Acceptance«, in: *Science*, 249, 6. Juli 1990, pp. 14-16.

Mendelsohn, Robert S., *Trau keinem Doktor: Über die enormen Gefahren der modernen Medizin und wie man sich davor schützen kann*, Münster 1988.

Mulkay, M.J., »Conformity and Innovation in Science«, in: Holmes, P. (Hg.), *The Sociology of Science*, Sociological Review Monograph, 18, 1972.

Murray, Robert Henry, *Science and Scientists in the Nineteenth Century*, London 1925.

Oldroyd, David R., *The Highlands Controversy: Constructing Geological Knowledge through Fieldwork in the Nineteenth Century*, Chicago 1990.

Pellegrini, Gerald u. Swift, Arthur, »Maxwell's Equations in a Rotating Medium: Is There a Problem?«, in: *American Journal of Physics*, 63, 1995, pp. 694-705.

Radner, D.B., »The Intolerance of Great Men«, in: *Ann. Med. Hist.*, 5, 1933, pp. 561-565.

Reif, Frederick, »The Competitive World of the Pure Scientist?«, in: *Science*, 134, 15. Dezember 1961, pp. 1957-1962

Richards, E., »The Politics of Therapeutic Evaluation: The Vitamin C and Cancer Controversy«, in: *Social Studies of Science*, 18, 1988, pp. 653-701.

Selleri, Franco, *Fisica senza dogma. La conoscenza scientifica tra svilluppo e regressione*, Bari 1989.

Sermonti, Giuseppe, *Il crepuscolo dello scientismo. Critica della scienza pura e delle sue impurità*, Mailand 1971.

Wallis, Richard (Hg.), *On the Margins of Science: The Social Construction of Rejected Knowledge*, Keele (Newcastle) 1979.

Watson, David Lindsay, *Scientists are Human*, London 1938.

Yalow, Rosalyn, »Presidential Address: Reflections of a Non-Establishmentarian«, in: *Endocrinology*, 106, 1980, pp. 412-414.

Dies., »Peer Review and Scientific Revolutions«, in: *Biological Psychiatry*, 21, 1986, pp. 1-2.

IV. Wissenschaft und gesunder Menschenverstand

Bernard Cohen, I., »La rivoluzione darwiniana«, in: *Le Scienze*, 30, pp. 51-58.

Bowler, Peter J., *Charles Darwin. The Man and His Influence*, Oxford 1990.

Burke, John J., *Cosmic Debris. Meteorites in History*, Berkeley 1983.

Cadeddu, A., *Dal mito alla storia. Biologia e medicina in Pasteur*, Mailand 1991.

Céline, Louis-Ferdinand, *Leben und Werk des Philipp Ignaz Semmelweis*, Wien 1980.

Conant, James B., *Science and Common Sense*, New Haven 1951.

Cromer, Alan, *Uncommon Sense: The Heretical Nature of Science*, London 1993.

Draper, John Williams, *Geschichte der Konflikte zwischen Religion und Wissenschaft*, Leipzig 1875.

Florkin, Marcel, *Naissance et déviation de la théorie cellulaire dans l'oeuvre de Theodor Schwann*, Paris 1960.

Futuyama, Douglas J., *Science on Trial: The Case for Evolution*, Sunderland (Mass.) 1995.

Heath, Sir Thomas Little, *Aristarchus of Samos, the Ancient Copernicus. A History of Greek Astronomy to Aristarchus Together with Aristarchus' Treatise on the Sizes and Distances of the Sun and Moon*, Oxford 1913.

Irvine, William, *Apes, Angels and Victorians. A Joint Biography of Darwin and Huxley*, London 1955.

Kertész, Robert, *Semmelweis. Der Kämpfer für das Leben der Mütter*, Zürich 1953.

Kruif, Paul de, *Mikrobenjäger*, Leipzig 1927.

Lesky, Erna, *Ignaz Philipp Semmelweis und die Wiener medizinische Schule*, Wien 1964.

Osterbrock, Donald E., *Pauper and Prince: Ritchey, Hale and Big American Telescopes*, Tucson 1993.

Paneth, Fritz A., »The Origin of Meteorites«, in: ders., Dingler, H. u. Martin, G.R. (Hg.), *Chemistry and Beyond*, New York 1964, pp. 127-153.

Santillana, Giorgio de, *The Crime of Galileo*, Chicago/London 1967.

Semmelweis, Ignaz Philipp, *Semmelweis' gesammelte Werke*, hrsg. von Tiberius von Györy, Jena 1905.

Unger, Hellmuth, *Robert Koch: Roman eines großen Lebens*, Berlin 1936.

Watermann, Remert A., *Theodor Schwann. Leben und Werk*, Düsseldorf 1960.

Westrum, R., »Science and Social Intelligence about Anomalies: The Case of Meteoroites«, in: *Social Studies of Science*, 8, 1978, pp. 461-493.

White, Andrew Dickson, *Geschichte der Fehde zwischen Wissenschaft und Theologie in der Christenheit*, Leipzig o.J. [um 1910].

V. Sag niemals nie

Arnold, A., *The Corrupted Sciences*, London 1992.

Barnes, B., *About Science*, Oxford 1985.

Bush, Vannevar, *Science Is Not Enough*, New York 1967.

Close, Frank, *Das heiße Rennen um die kalte Fusion*, Basel/Berlin u.a. 1992.

Crombie, Alistair Cameron (Hg.), *Scientific Change*, London 1963.

Enriques, Federigo, »La scienza eterodossa e la sua funzione sociale«, in: *Rivista di Scienza*, 1, 1907, pp. 323-328.

Goodfield, June, *An Imagined World. A Story of Scientific Discovery*, New York 1981.

Grim, Patrick (Hg.), *Philosophy of Science and the Occult*, Albany 1982.

Hawking, Stephen, *Anfang oder Ende: Inaugurationsvorlesung*, Paderborn 1991 (engl. Titel: *Is the End in Sight for Theoretical Physics?*).

Hayware, F.H., *Professionalism and Originality*, Salem 1974.

Huizenga, John R., *Kalte Fusion: das Wunder, das nie stattfand*, Braunschweig 1994.

Jaubert, Alain u. Lévy-Leblond, J.-M., *(Auto)critique de la science*, Paris 1975.

Jolly, William Percy, *Marconi*, London 1972.

Levi, Primo u. Regge, Tullio, *Dialogo*, Mailand 1984.

Milton, Richard, *Forbidden Science*, London 1994.

Morrison, Philip, *Nothing is Too Wonderful to Be True*, London 1995.

Nandy, Ashis (Hg.), *Science, Hegemony and Violence. A Requiem for Modernity*, Tokyo 1988.

Newton, Isaac, *Trattato sull'Apocalisse*, hrsg. von Maurizio Mamiani, Turin 1994.

Pauwels, Louis u. Bergier, Jacques, *Aufbruch ins dritte Jahrtausend. Von der Zukunft der phantastischen Vernunft*, Bern/Stuttgart 1962 (frz. Orginaltitel: Le matin des magiciens, Paris 1966).

Pékélis, Viktor, *Les découvertes »inuteles«*, Moskau 1978.

Pession, Giuseppe, *Guglielmo Marconi*, Turin 1941.

Piaget, Jean, *Einführung in die genetische Erkenntnistheorie*, Frankfurt am Main 1984.

Planck, Max, *Wissenschaftliche Selbstbiographie*, Leipzig 1948.

Poincaré, Henri, »Notice sur la télégraphie sans fil«, in: *Annuaire pour l'an 1902*, publié par le Bureau de Longitudes, A, 1902.

Polanyi, Michael, *Implizites Wissen*, Frankfurt am Main 1985.

Regge, Tullio, *Inifinito. Viaggio ai limiti dell'universo*, Mailand 1995.

Rifkin, Jeremy, *Kritik der reinen Unvernunft. Pamphlet eines Ketzers*, Reinbek 1989.

Slater, H., *The Heretics*, London 1991.

Truesdell, Clifford, *Great Scientists of Old as Heretics in the Scientific Method*, Charlottesville 1987.

Webster, Charles, *From Paracelsus to Newton. Magic and the Making of Modern Science*, Cambridge 1982.

Westfall, Richard S., *Isaac Newton. Eine Biographie*, Heidelberg/Berlin u.a. 1996.

Wolpert, Lewis, *The Unnatural Nature of Science*, Cambridge 1992.

Personenregister

Abbe, Ernst 127
Abel, Niels Henrik 48f., 53f.
Abetti, Giorgio 173
Adams, Walter S. 150
Alexander VI. (Roderigo Borgia),
    Papst 25
Alfven, Hannes 160
Alighieri, Dante 265
Altmann, Richard 131
Alzheimer, Alois 117f.
Amdahl, Gene 75
Archimedes von Syrakus 12, 39,
    182f., 260
Aristarchos von Samos 12, 181-183,
    185, 187
Aristoteles 170, 196, 206, 242
Armstrong, Neil 114
Arp, Halton 12f., 15, 151, 160-162,
    176f., 179f., 239, 256
Ashwor, John 121
Asimov, Isaac 96
Astruc, Alexandre 56
Augustinus, Aurelius 190, 193, 197
Bacon, Francis 170, 238f.
Bahcall, John N. 161
Baker, John R. 131, 136
Baldwin, James Mark 21-23
Bardon, Marcel 180
Barkla, Charles Glover 60-62, 65-72
Bartocci, Umberto 149

Barton, Catherine 250f.
Bartsch, Prof. 222
Beck, Mihaly Tibor 172
Becquerel, Henri 63
Bell, Alexander Graham 83
Bell, Eric T. 45
Bellarmino, Roberto 191-194, 205
Bentley, Richard 235
Benveniste, Jacques 171, 267
Bergier, Jacques 247-249
Bernard Cohen, I. 32, 40, 247
Berres, Joseph 127
Berzelius, Jakob 209
Bessel, Friedrich Wilhelm 261
Betti, Enrico 52
Bichat, Xavier 127
Bierce, Ambrose 63
Binet, Jaques 45
Biot, Jean-Baptiste 206f.
Birch, John 218
Bismarck, Otto von 213
Blumenberg, Hans 268
Boens, H. 218f.
Boer, Prof. 222
Bohr, Niels 65, 68, 70, 236f.
Boltzmann, Ludwig 20
Bonaparte, Napoleon 238
Bondi, Hermann 156, 169
Borel, Émile 266
Borges, Jorge Luis 253

Born, Max 166ff.
Boscaglia, Cosimo 187
Brahe, Tycho 34, 40
Braun, Karl 224
Breisky, August 227
Breit, Franz Xaver von 222, 224
Breschnew, Leonid Iljitsch 173
Bruno, Giordano 192, 264
Brush, Stephen 160
Bunsen, Robert 235
Burbidge, Geoffrey 155, 159f.
Burbidge, Margareth 155
Burke, John 206
Caccini, Tommaso 188f., 191
Cagniard de la Tour, Charles 209f.
Camus, Charles 43
Cano de Molina, Alfonso 97
Cantor, Georg 20
Carey, William 162
Carmichael, C. 71
Carter, Brandon 264f.
Cartier, Zahnarzt 219
Castelli, Benedetto 190
Catt, Freda 77
Catt, Ivor 73-79, 95, 99, 103, 148
Cauchy, Augustin-Louis 12, 48f., 51, 58f.
Ceci, Stephen J. 105
Céline, Louis-Ferdinand 219, 227
Chappe, Claude 233
Chevalier, Auguste 54
Chiari, Dr. 224
Chladni, Ernst 207
Chretien, Henri 150
Cigoli, Lodovico 188
Clausius, Rudolf Julius Emanuel 86
Cloos, Hans 162
Cochran, W. 169
Cohn, Ferdinand Julius 211f.
Cohnheim, Julius Friedrich 213
Colombo, s. Kolumbus, Christoph
Compton, Arthur Holly 70f.
Comte, Auguste 235
Conduitt, Catherine 251

Coresio, Giorgio 187
Cornelia, Tochter des Scipio Africanus Maior 268
Cosimo II. de' Medici 187
Creti, Marcello 102
Crombie, Alistair 36
Cromer, Alan 205f.
Crookes, William 258f.
Dalton, John 62
Daniel, Prophet 239
Danielli, James Frederic 130, 134
Darwin, Charles Galton 70
Darwin, Charles Robert 198-201, 203, 210, 254
Darwin, Emma 199
Darwin, Henriette 199
Davies, Paul 253
Davson, Hugh 130, 134
Delambre, Jean-Baptiste 41
Della Porta, Giambattista 257
Demante, Adélaide-Marie 42f.
Demokrit von Abdera 62
Derby, Lady 254
Descartes, René 257
Dicke, Robert H. 264f.
Dingle, Herbert 164, 166-169
Dorlodot, Prof. 201
Dreyer, John Louis Emil 36
Drude, Paul 23f.
Dubos, René 118
Duchâtelet, Vincent 56
Duesberg, Peter 148, 164
Dumas, Jean-Baptiste 209
Dunbar, R.T. 70f.
Duve, Christian de 132, 136
Eddington, Arthur Stanley 166
Edison, Thomas 12, 101, 236
Ehrlich, Paul 214
Einstein, Albert 13, 20, 23f., 98, 104, 147, 151, 165ff., 169, 238, 254, 261f.
Eratosthenes von Kyrene 26f.
Ersparmer, Vittorio 105
Estable, C. 138

Euklid 97, 268
Everett, Hugh 264
Faraday, Michael 82, 89, 236
al-Farghani, Ahmed 27
Fellmann, Ferdinand 267
Ferdinand I. de' Medici 187
Fermi, Enrico 20, 105, 194, 238
Ferrari, Lodovico 53
Ferraris, Galileo 101
Feyerabend, Paul 263
Feynman, Richard 104
Fibiger, Johannes Andreas 60
Fidler, Wilhelm 23
Field, George Brooks 161
Finsen, Niels, Ryberg 60
Florkin, Marcel 210
Fludd, Robert 37
Fontana, Felice 126, 138
Fontana, Niccolò, s. Tartaglia, Niccolò
Forman, Kapitän 97
Fourier, Jean-Baptiste-Joseph 49, 82
Fowler, Willy 155
Freud, Sigmund 30
Friedman, Alexander 151f.
Frumkin, R.M. 148
Fulcanelli, Alchimist 248
Galilei, Galileo 15, 20, 32ff., 36f., 96, 124ff., 149, 176, 181, 183ff., 186-198, 205f., 252, 255-257, 265, 268
Galois, Évariste 12, 41-60, 61, 63, 219
Galois, Nicholas-Gabriel 42, 46
Gamow, George 153, 155
Gardner, Martin 97
Gauquelin, Françoise 172
Gauquelin, Michel 172
Gauß, Karl Friedrich 79
Geller, Uri 239
Gell-Mann, Murray 164, 262, 265
George, André 246
Germaine, Sophie 49
Geymonat, Ludovico 173
Giarini, Orio 177
Gill, Eric 247

Gish, Duane 202
Gisquet, Henri 56
Goddard, Robert 12, 179
Gödel, Kurt 20
Gold, Thomas 156
Golgi, Camillo 131
Gordon, Alexander 225
Gottlieb, Michael 117
Gracchus, Gajus 268
Graham, Neill 264
Grassi, Orazio 195
Gray, Asa 201
Gregory, Richard 141f.
Großmann, Marcel 23
Gualdo, Paolo 187
Guigniaut, Direktor 47
Guillemin, Roger 12, 105, 163f.
Gurwitsch, Alexander 239
Güßmann, Franz 207
Hahn, Otto 238
Haldane, J.B.S. 104
Hale, George Ellery 150ff.
Harris, Geoffrey 163
Harrison, John 114
Harvey, William 174
Hawkes, Nigel 142f.
Hawking, Stephen 253, 261
Heaviside, Oliver 78, 79-85, 89, 95, 100, 241, 256
Hebra, Ferdinand 220f., 229
Hegel, Georg Wilhelm Friedrich 93, 263
Heisenberg, Werner Karl 119
Helmholtz, Hermann Ludwig Ferdinand von 92-95
Herbinville, Pescheux d' 56
Herodot 267
Hertz, Heinrich Rudolf 231-235, 260
Hetherington, Noriss S. 151
Heyerdahl, Thor 29
Hillman, Harold 13, 118-124, 132-147, 148, 176, 178f., 256
Hipparchos von Nizäa 183
Hippokrates 178

Hodde, Lucienne de la 56
Hoene-Wronski, Jósef Marja 51
Hofmann, Staatssekretär 213
Hogarth, William 113
Holmes, Oliver Wendell 225
Holton, Gerald 99
Home, Daniel Douglas 259
Hooke, Robert 125
Hooker, John D. 150
Hooker, Joseph 199
Horrobin, David F. 14, 106-116, 121,
    177f.
Horsley, Samuel 251
Hoyle, Fred 12, 151, 155-160, 177
Hubble, Edwin 151-154, 161f.
Hubert, Ingenieur 233f.
Huxley, Thomas 200f., 254
Illich, Ivan 118
Infantozzi, Carlo Alberto 55f.
Infeld, Leopold 55
Irvine, William 200
Isaias, Prophet 30
Jacobi, Carl Gustav Jacob 49
Jeans, James 184
Jenner, Edward 214-219, 221
Jesus von Nazareth 30f., 142
Joachim von Fiore 30
Johannes, Evangelist 30
Johannes Paul II. (Karl Wojtyla),
    Papst 193f., 256
Jolly, William Percy 231
Jordan, Camille 52
Jordan, David Starr 97
Josua, biblische Gestalt 189
Joule, James 86, 92
Kant, Immanuel 217
Kapitza, Pyotr 247
Karl X., König von Frankreich 46-47
Kauffman, George B. 172
Kelly, Anthony 120
Kelvin, William Thomson 12, 237,
    260
Kepler, Johannes 32-41, 257
Keynes, John Maynard 251

Kircher, Athanasius 37
Kirchoff, Gustav 235
Kirlian, Semyon 239
Klein, Felix 52
Klein, Johann 221, 222-224
Kleiner, Alfred 24
Koch, Robert 208, 210f., 212-214, 218
Koestler, Arthur 33, 36
Kolumbus, Christoph 12, 25-32, 37,
    41, 241f.
Koop, C. Everett 117
Kopernikus, Nikolaus 97, 181, 183f.,
    187, 264
Krebs, Hans Adolf 105, 124
Kretschmer, Ernst 19
Kützing, Friedrich Traugott 209f.
Kuhn, Thomas 13, 242
Lacroix, J.-F. 50
Lambert, Johann Heinrich 52
Lang, Serge 148
Lange-Eichbaum, Wilhelm 19
Langley, Prof. 237
Las Casas, Bartolomé, de 28
Lauder, William 97
Lavoisier, Antoine-Laurent de 247
Lefébure de Fourcy, Louis-Etienne
    44f.
Leibniz, Gottfried Wilhelm von 20,
    265
Lemaître, Georges 153, 158
Lemarois, Graf von 238
Leo XIII. (Vincenzo Gioacchino
    Pecci), Papst 190, 193f., 201
Leroy, Charles-Antoine-François 46
Lesky, Erna 219
Levi, Primo 262f.
Lie, Sophus 52
Liebig, Justus 12, 92f., 209-211
Lipton, Tommy 231
Lock, Stephen 105
Lodge, Oliver 61, 71, 84
Lodovico delle Colombe 188f.
Lombroso, Cesare 19
Lorentz, Hendrik Antoon 84, 165

Lorenz, Edward 171
Lorini, Nicoló 188f.
Louberg, Henri 177
Lubbock, John William 86f.
Ludwig XVIII., König von Frankreich 42
Louis Philippe d'Orléans 46f., 56
Lyell, Sir Charles 200
Mach, Ernst 20, 63, 84
Maddox, John 113, 160
Majorana, Ettore 20
Malpighi, Marcello 125
Malthus, Thomas Robert 178
Mamiani, Maurizio 251f.
Marconi, Guglielmo 12, 82, 101, 231-234, 236, 240-242, 260
Maric, Mileva (Ehefrau Albert Einsteins) 24, 147
Marinov, Stefan 97f.
Marshall, Eliot 180
Marsimedici, Erzbischof 188
Martin, Brian 148
Marx, Karl 199
Mascagni, Paolo 127
Masini, Giancarlo 172
Massey, Edward 216
Maximilian I. von Habsburg, Kaiser 206
Matthäus, Evangelist 31
Maxwell, James Clerk 81f., 86
Mayer, Robert 89-95, 100
McClintock, Barbara 12, 162
McCrea, William H. 167
Medawar, Peter Brian 104, 240
Meitner, Lise 238
Millikan, Robert 237
Milton, Richard 239
Monro jr., Alexander 127
Montagu, Mary Wortley 216
Morandi, Orazio 257
Morgan, Auguste de 97
Morris, Henry 203
Morrison, Philip 261
Morton, Henry 236

Moses, biblischer Patriarch 262
Moseley, Benjamin 217
Moseley, Henry Gwyn 61, 67, 68, 70, 246
Motel, Eugène du 56
Mpemba, Erasto 170
Murray, Robert Henry 85, 88, 149
Narlikar, Jayant Vishnu 159f.
Nelmes, Sarah 217
Neumann, Peter 52
Newcomb, Simon 237, 260
Newton, Isaac 20, 32f., 37, 97, 155, 235, 242, 250f.
Nixon, Richard 117
Nörremberg, M. 91
Ohm, Georg Simon 89
Oppenheimer, Robert Julius 194
Ord-Hume, Arthur Wolfgang Julius Gerald 98
Osterbrock, Donald 149, 151
Ostwald, Wilhelm 63
Pagel, Walter 174
Pais, Abraham 98
Pannocchieschi, Arturo 187
Parallax (Pseudonym von S. Gulden) 97
Park, Robert 180
Pascal, Louis 148
Passot, Félix 97
Pasteur, Louis 140, 208, 210f., 213f., 218, 226
Paton, G. 71
Pauli, Wolfgang 65
Pauling, Linus 164
Pauwels, Louis 247-249
Pearson, George 218
Pellegrini, Gerald 165f., 169
Pellet, Thomas 251
Pennington, Isaac 218
Penzias, Arno 154
Pepper, M. 78f.
Peters, Douglas P. 105
Phillips, Melanie 121
Phipps, James 217

Piaget, Jean 14, 243-245, 260
Piccardi, Giorgio 169-173, 239
Pidoux, Claude 211
Pius XII. (Eugenio Pacelli), Papst 202, 204
Piri Re'is (Achmet Muhieddin) 29
Pistarino, Geo 31
Planck, Max 24, 68, 84, 242
Platon 268
Podolsky, Boris 11
Poe, Edgar Allan 41
Poggendorff, Johann Christian 91
Poincaré, Henri 12, 231-233, 240, 260
Poisson, Denis 12, 48f., 50-52, 54f., 59
Polo, Marco 28
Pope, Alexander 155
Popper, Karl R. 107, 253, 257, 261
Porter, Keith Roberts 130, 145f.
Portsmouth, Erben Newtons 251
Poseidonios von Apameia 26
Poterin du Motel, Stéphanie 56ff.
Powell, Baden 12, 86, 237
Pratt, H.F.A. 97
Preece, William H. 12, 82ff., 236
Ptolemäus, Claudius 27, 169, 182-185, 187, 196, 261
Pythagoras von Samos 36
Qutb al-Din Shirazi 261
Raspail, François-Vincent 57f.
Rayleigh, Lord (John William Strutt) 85ff.
Reekie, Prof. 70
Regge, Tullio 261-264
Regöly-Merei, G. 229
Reich, Wilhelm 239
Reid, Gladys 108f.
Révész, Géza 19, 20-22
Ricardo, David 178
Richard, Louis 43-45, 48f.
Richmond, Mark 121
Righini, Guglielmo 173
Righini Bonelli, Maria Luisa 173
Ritchey, George Willis 149f.

Robards, Anthony 144
Roberts, K. 144
Robertson, J. David 130, 134
Rokitansky, Karl von 220f.
Röntgen, Wilhelm Conrad 63, 259
Roosevelt, Franklin Delano 238
Roosevelt, Theodore 237
Rosen, Nathan 11
Rothman, Tony 45, 51, 52, 57
Rotterau, Hifrat Kiwish von 225
Rouley, William 218
Rous, Francis Peyton 12, 163
Rousseau, Jean-Jacques 57f., 242
Roux, Émile 226
Rudolph II. von Habsburg 32
Ruffini, Paolo 51, 53
Ruffini, Remo 161
Russel, Bertrand 104
Rutherford of Nelson, Ernest 60, 63, 65, 68-71, 237, 246f., 249
Ryle, Martin 158
Sandeman, George 87
Sandeman, Robert 87
Sanderson, Robert 251
Santillana, Giorgio de 189
Sartory, Peter 140ff.
Savi, Paolo 127
Scanzoni von Lichtenfels, Friedrich Wilhelm 225, 228
Schally, Andrew 163
Scheiner, Pater 195
Schmidt, Maarten 154
Schramm, David 160
Schwann, Theodor 12, 209f.
Sciama, Dennis 154, 158
Scipio Africanus Maior 268
Scipione dal Ferro 53
Searle, George 80f.
Sedgwick, Adam 200
Segizzi, Michelangelo 191
Seitz, Charles 148
Seleucos, Astronom 182
Selleri, Franco 164
Semmelweis, Antonia 228

Semmelweis, Bela 228
Semmelweis, Ignaz 228
Semmelweis, Ignaz Philipp 12, 140, 214, 219-229
Semmelweis, Margit 228
Semmelweis, Mariska 228
Seneca, Lucius Annaeus 30
Sermonti, Giuseppe 203
Shakespeare, William 266f.
Shapley, Harlow 151
Siemens, Wilhelm 236
Sinclair, Clive 74f., 77
Skoda, Joseph 220f., 224, 229
Sommaruga, Baron 222
Sommerfeld, Arnold 65
Sotelo, J.R. 138
Spaeth, Joseph 225, 227
Squirrel, Dr. 218
Straßmann, Friedrich 238
Strauß, Emil 268
Streete, Thomas 32
Struck, Dr. 213
Swift, Arthur 165f.
Swift, Jonathan 113
Szilard, Leo 237f.
Tartaglia, Niccoló, (Niccoló Fontana) 53
Terquem, Obry 44
Tesla, Nikola 101f.
Thomson, Joseph John 61, 62, 65, 66, 68, 71
Tiberius 267
Tipler, Frank 249
Tschijewsky, Alexandre 173
Toti Rigatelli, Laura 51, 56
Tristram, Henri Baker 199f.
Turing, Alan Mathison 20
Turpin, Eugène 209
Urban VIII. (Maffeo Vincenzo Barberini), Papst 195
Van Leeuwenhoek, Antony 125, 127
Van Maanen, Adriaan 151
Varley, Cromwell 258
Vernier, Jean-Hippolyte 43, 45

Vespucci, Amerigo 26, 29, 33
Villard, Paul 63
Vincenzo di Grazia 187
Virchow, Rudolf 12, 212, 214, 220, 225
Viktoria, Königin von Großbritannien 83
Vizinho, José 27f., 32
Voltaire, (François-Marie Arouet) 265
Wagner-Jauregg, Julius 60
Wallop, John 251
Waterston, George 87f.
Waterston, John James 12, 85-89, 95
Watson, David Lindsay 149
Watson, W.H. 70
Way, Mary Eliza Jons 80f.
Weber, Heinrich 23
Wegener, Alfred 162
Weidenhofer, Marie 228f.
Weisman, Joel 117
Westfall, Richard 252
Wheeler, John A. 238, 264f., 267
Whittaker, Edmund 70, 82f., 166
Wilberforce, Samuel 200
Wilson, Curtis 33
Wilson, Marjorie 165f.
Wilson, R. 97
Wilson, Robert 154
Wittgenstein, Ludwig 261
Wöhler, Friedrich 91, 209
Woodley, Kapitän 97
Wright, Orville 237
Wright, Pearce 120
Wright, Wilbur 237
Wynne, Brian 61, 70ff.
Yahuda, Abraham Shalom 251
Yalow, Rosalyn 105, 164
Yerkes, Charles Tyson 150
Zeiss, Carl 127
Zuckermann, Solly 163
Zweig, George 164
Zwicky, Friedrich 151